全国电子信息类和财经类优秀教材
广东省教育厅“育苗工程（自然科学）”项目成果

计算机应用基础实验教程

（第4版）

张鉴新　钟晓婷　苑俊英　主编
郭中华　何伟宏　副主编

電子工業出版社
Publishing House of Electronics Industry
北京 · BEIJING

内容简介

本书是《计算机应用基础（第4版）》（ISBN 978-7-121-31587-9）的配套教材，是根据读者学习计算机的需要而编写的，对推动计算机应用基础课程的教学起辅助作用。

本书着重计算机基本应用能力的培养，融入了主教材中重要的知识点和使用计算机的方法与具体步骤。本书内容包括实验指导、习题集两部分，内容涵盖了计算机基础知识、Windows 10操作系统、Office 2016办公软件、Photoshop、网络基础及Internet、搜索引擎等。

本书可以作为高等学校"大学计算机"或"计算机基础"及相关课程的实验指导书和习题集。

图书在版编目（CIP）数据

计算机应用基础实验教程 / 张鉴新，钟晓婷，苑俊英主编. —4版. —北京：电子工业出版社，2017.8
ISBN 978-7-121-31595-4

Ⅰ. ① 计… Ⅱ. ① 张… ② 钟… ③ 苑… Ⅲ. ① 电子计算机－高等学校－教材 Ⅳ. ① TP3

中国版本图书馆CIP数据核字（2017）第116756号

策划编辑：章海涛
责任编辑：章海涛　　　　特约编辑：曹剑锋
印　　刷：三河市良远印务有限公司
装　　订：三河市良远印务有限公司
出版发行：电子工业出版社
　　　　　北京市海淀区万寿路173信箱　邮编　100036
开　　本：787×1092　1/16　　印张：14　　字数：358千字
版　　次：2010年9月第1版
　　　　　2017年8月第4版
印　　次：2017年8月第1次印刷
定　　价：36.00元

凡所购买电子工业出版社图书有缺损问题，请向购买书店调换。若书店售缺，请与本社发行部联系，联系及邮购电话：（010）88254888，88258888。

质量投诉请发邮件至zlts@phei.com.cn，盗版侵权举报请发邮件至dbqq@phei.com.cn。

本书咨询联系方式：192910558（QQ群）。

前　言

计算机技术已深入到人们生活的每个领域，高等教育承担着对大学生普及计算机应用技术的重要任务，本实验教程可帮助他们在短时间内掌握基本的计算机使用技能，并提高他们探索和掌握各种计算机工具的兴趣。

本书为广东省教育厅“育苗工程（自然科学）”之**“计算思维与应用型本科人才培养结合下的计算机专业基础课程建设”**项目成果之一，也是**广东省重点学科建设、应用型人才培养转型过程中的教学成果的经验总结。**

本书是《计算机应用基础（第4版）》（ISBN 978-7-121-31587-9）的配套教材，是根据读者学习计算机应用基础的需要而编写的，对推动计算机应用基础课程的教学起辅助作用。

本书着重计算机基本应用能力的培养，融入了主教材中重要的知识点和使用计算机的方法与具体步骤，适用于初学者学习，可以帮助读者在相对较短的时间内有效提高计算机的知识水平和计算机的应用能力。本书可作为应用型本科院校、独立学院及同等层次的学校各专业计算机基础课程的教材，也可供各类计算机培训班和个人自学使用。

本书内容包括实验指导、习题集两部分，内容涵盖了计算机基础知识、Windows 10 操作系统、Office 2016 办公软件、Photoshop、网络基础及 Internet、搜索引擎等，读者在学习过程中可根据实际情况进行选择。

第1部分实验指导分为8章，每章包含多个实验，每个实验分为实验目的和要求、实验示例和实验内容三部分。读者可根据实验目的及要求，了解每个实验需要掌握的内容；实验示例给出了具体的操作步骤和结果，以使读者加深理解；最后是实验内容，可供读者进行练习。

第2部分习题集也分为8章，每章分别提供了一定数量的判断题、选择题、填空题和简答题，读者可通过习题练习对教材内容进行巩固、提高和拓展。

本书由张鉴新、钟晓婷、苑俊英主编，由郭中华、何伟宏副主编。第1章（实验指导和习题集，下同）由苑俊英编写，第2章、第7章、第8章由郭中华编写，第3章、第6章由张鉴新编写，第4章由钟晓婷编写，第5章由何伟宏编写。全书由苑俊英负责统稿和定稿。

在本书的编写过程中，中山大学数据科学与计算机学院的杨智教授提出了许多宝贵的建议和意见，在此表示衷心感谢。

限于作者水平有限，书中难免有不妥之处，敬请指正。

本书在个别实验中添加了二维码，**读者可以直接扫描二维码观看实验效果**。

提示：请注意网络的安全性；扫描二维码将产生流量，请选择合适的网络环境。

本书的相关教学资料和部分习题的答案放置在 http://www.hxedu.com.cn（华信教育资源网）上，读者注册之后可以免费下载。

作　者

目　　录

第1部分　实验指导

第 2 部分 习题集

第 1 部分

实 验 指 导

第 1 章　计算机基础知识

实验 1　熟悉计算机的各种硬件

一、实验目的和要求

熟悉计算机的各种硬件组成。

二、实验内容

（1）根据实验室提供的实验用计算机，了解计算机的硬件组成，熟悉各硬件部件之间的连接情况。

① 认识计算机主机的外观（见图 1-1）及外部连接

步骤如下：

图 1-1　个人计算机外观

❶ 断电后，将计算机主机从电脑桌中移出，观察主机上的连线。

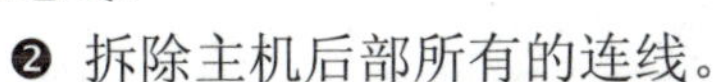

❷ 拆除主机后部所有的连线。

注意：拆除时，要捏紧插头部分，缓慢向外用力拆除，不能用力拉扯。

❸ 观察主机背面的接口组成（见图 1-2）。

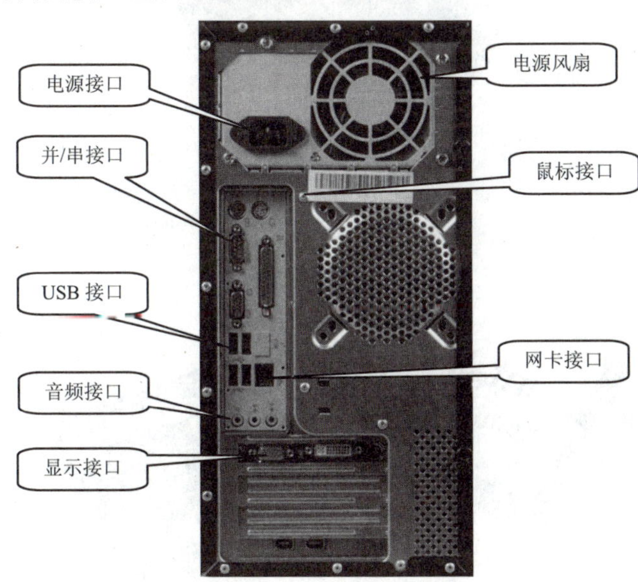

图 1-2　主机背面接口组成

② 认识计算机主机的内部结构

步骤如下：

❶ 用十字形螺丝刀将主机的右侧面打开，主机内部结构如图 1-3 所示。

图 1-3　主机内部结构

❷ 观察主机内部，熟悉主板、CPU、内存条、显卡、硬盘、光驱等部件（如图 1-4～88 图 1-9 所示）。

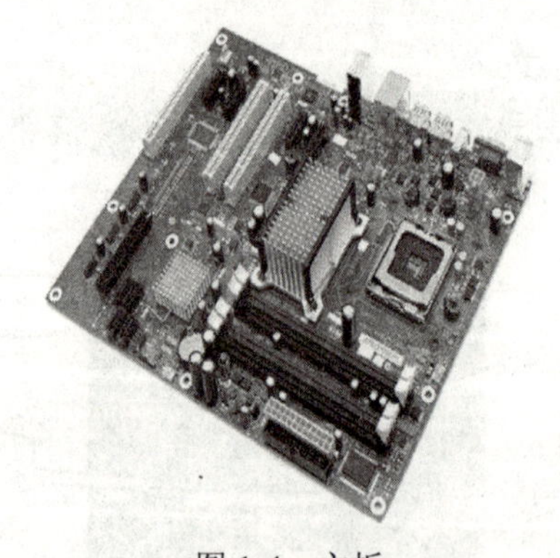

图 1-4　主板

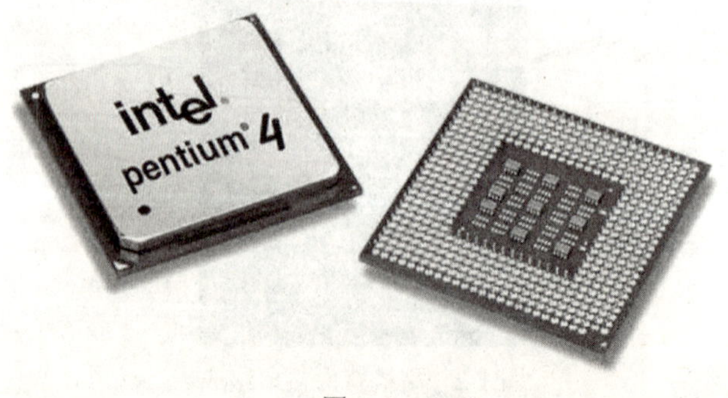

图 1-5　CPU

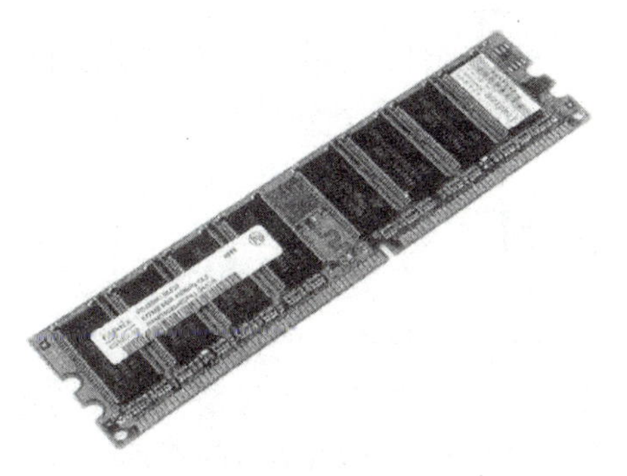

图 1-6　内存条

图 1-7　显卡

图 1-8　硬盘

图 1-9　光驱

❸ 尝试对主机内各部件进行拔、插操作。

❹ 安装主机机箱，并将所有的连线正确安装回主机。

❺ 将主机放回电脑桌，打开电源即可使用。

（2）在 Internet 中搜索计算机各硬件设备的相关信息，了解各硬件设备的基本工作原理。

（3）在 Internet 中搜索拆装计算机时，各硬件的拆装次序及拆装过程中需注意的细节等。

实验 2　键盘指法练习

键盘是计算机的主要输入设备，计算机中的大部分文字都是利用键盘输入的。快速、准确、有节奏地敲击计算机键盘上的每一个键，不仅是一种技巧性很强的技能，也是每个学习计算机的人应该掌握的基本功。下面简单介绍键盘的基本知识。

（1）结构

按功能划分，键盘总体上可分为四个大区：功能键区、打字键区、编辑控制键区、数字键区。

（2）基本键

打字键区是平时最为常用的键区，通过它，可实现各种文字和控制信息的录入。打字键区的正中央有 8 个基本键，即左边的 A、S、D、F 键，右边的 J、K、L 和 ; 键。F 和 J 两个键上都有一个凸起的小横杠，以便于盲打时手指能通过触觉定位。

（3）基本键指法

开始打字前，左手小指、无名指、中指和食指应分别虚放在 A、S、D、F 键上，右手的食指、中指、无名指和小指应分别虚放在 J、K、L 和 ; 键上，两个大拇指则虚放在空格键上。基本键是打字时手指所处的基准位置，击打其他任何键，手指都是从这里出发的，而且打完后又应立即退回到对应基本键位。

（4）其他键的手指分工

左手食指负责的键位有 4、5、R、T、F、G、V、B 共 8 个键，中指负责 3、E、D、C 共 4 个键，无名指负责 2、W、S、X 键，小指负责 1、Q、A、Z 及其左边的所有键位；右手食指负责 6、7、Y、U、H、J、N、M 共 8 个键，中指负责 8、I、K 和 , 共 4 个键，无名指负责 9、O、L 和 . 共 4 个键，小指负责 0、P、；、/ 及右边的所有键位。这样，整个键盘的手指分工就一清二楚了。击打任何键，只需把手指从基本键位移到相应的键上，正确输入后，再返回基本键位即可。

（5）编辑键区

编辑键区的键是起编辑控制作用的，其中 Insert 键用于在文字输入时控制插入和改写状态的改变，Home 键用于在编辑状态下使光标移到行首，End 键用于在编辑状态下使光标移到行尾，PageUp 键用于在编辑或浏览状态下向上翻一页，PageDown 键用于在编辑或浏览状态下向下翻一页，Delete 键用于在编辑状态下删除光标后的第一字符。

（6）功能键区

一般，键盘上有 F1～F12 共 12 个功能键，有的键盘有 14 个。它们最大的特点是单击即可完成一定的功能，如 F1 键往往被设成所运行程序的帮助键，现在有些计算机厂商为了进一步方便用户，还设置了一些特定的功能键，如单键上网、收发电子邮件、播放 VCD 等。

（7）数字键区

其实与打字键区、编辑键区的某些键是重复的，那为什么还要设置这么一个数字键区呢？这主要是为了方便集中输入数据，因为打字键区的数字键一字排开，大量输入数据时很不方便，而数字键区的数字键集中放置，可以很好地解决这个问题。数字键的基本指法为将右手的食指、中指、无名指分别放在4、5、6键上。打字的时候，0、1、4、7键由食指负责，/、8、5、2键由中指负责，*、9、6、3和Delete键由无名指负责，-、+、Enter键由小指负责。数字键区的数字只有在其上方的Num Lock指示灯亮时才能输入，它是由Num Lock控制的，当指示灯灭的时候，其作用为对应编辑键区的按键功能。

一、实验目的和要求

（1）熟悉键盘布局。

（2）掌握键盘的正确指法。

（3）通过键盘指法练习，提高击键速度和准确性。

二、实验内容

（1）打开计算机中的Word文字处理软件，或者打开其他文本编辑工具。

（2）输入以下英文符号，进行英文指法的练习。

The computer virus is an outcome of the computer overgrowth(生长过度)in the 1980's. The cause of the term computer virus is the likeness between the biological virus and the evil program infected with computers. The origin of this term came from an American science fiction, The Adolescence(青春期)of P-1 written by Thomas J. Ryan, published in 1977. Human viruses invade a living cell and turn it into a factory for manufacturing viruses. However, computer viruses are small programs. They replicate by attaching a copy of themselves to another program.

（3）输入下面一段文字，进行汉字输入练习。

存储器是用来存放程序和数据的部件，分为内存储器、外存储器、高速缓冲存储器。内存储器简称内存，也叫主存储器，分为只读存储器（Read Only Memory，ROM）和随机存储器（Random Access Memory，RAM）。内存空间的大小（一般指RAM部分）也叫内存的容量，对计算机的性能影响很大。内存容量越大，能保存的数据就越多，从而减少了与外存储器交换数据的频度，因此效率也越高。目前流行的微型计算机的内存容量一般为512 MB ~ 2 GB。外存储器简称外存，也叫辅存，主要用来长期存放程序和数据。通常，外存不与计算机的其他部件直接交换数据，只与内存交换数据，而且不是按单个数据进行存取，而是成批地进行数据交换。常用的外存有磁盘、磁带、光盘、移动硬盘等。高速缓冲存储器（Cache）是CPU

与内存之间设立的一种高速缓冲器。由于与高速运行的 CPU 数据处理速度相比，内存的数据存取速度太慢，为此在内存和 CPU 之间设置了高速缓存，其中可以保存下一步将要处理的指令和数据，以及在 CPU 运行的过程中重复访问的数据和指令，从而减少了 CPU 直接到速度较慢的内存中访问。

（4）网上搜索计算机硬件知识或视频，了解和认识计算机的主要部件和硬件系统构成。

第 2 章　Windows 10 操作系统

实验 1　Window 10 的基本操作

一、实验目的和要求

（1）正确启动和退出 Windows 10。

（2）掌握任务栏的基本操作。

（3）要求掌握 Windows 10 的基本操作。

二、实验示例

1. Windows 10 的启动

启动 Windows 10 操作系统一般有 3 种方式。

冷启动：打开计算机电源开关即可，也称为加电启动，依次打开计算机外部电源，显示器电源（若显示器电源与主机电源连在一起，此步可省略）。启动过程中，Windows 10 先进行硬件检测，稍后出现用户登录界面，在“密码”输入框中输入正确的密码，然后按回车键即可进入系统。

重新启动（热启动）：热启动是指在开机状态下，重新启动计算机。常用于出现“死机”后重新启动机器。操作为：在“开始”菜单中单击“关机”按钮，在出现的“关闭计算机”对话框中单击“重新启动”按钮，即可实现重新启动。

复位启动：在计算机主机箱面板上有一个 RESET 按钮，按 RESET 按钮即可实现复位启动。该操作通常用于热启动不起作用时。

2. Windows 10 的退出

步骤：关闭所有的窗口和正在运行的应用程序，打开“开始”菜单，单击“关机”按钮，在出现的“关闭计算机”对话框中，选择“关机”按钮，即可实现系统安全退出 Windows 10。

3. 任务栏的设置和“开始”菜单

（1）改变任务栏的位置及大小

步骤：将鼠标指向任务栏的上边，待鼠标变为上下双箭头后，拖动鼠标可以调整任务栏的高度。将鼠标指向任务栏的空白处，将任务栏拖动到桌面的左侧，然后将任务栏拖动到原位置。

（2）隐藏任务栏

步骤：右键单击（以下也可简称“右击”）任务栏空白位置，选择快捷菜单中的“属性”命令，在弹出的“任务栏和「开始」菜单属性”对话框中，勾选“自动隐藏任务栏”复选框，然后单击“确定”按钮。观察任务栏的变化。

三、实验内容

（1）练习改变任务栏的大小、位置及任务栏的设置。

实验 2　Window 10 的文件管理

一、实验目的和要求

（1）熟练掌握新建文件和文件夹。

（2）熟悉掌握文件和文件夹的复制、移动、删除、重命名。

（3）熟练设置文件和文件夹的属性。

（4）搜索文件和文件夹。

二、实验示例

1. 新建文件夹

要求：在 D:\下建立如图 2-1 所示的文件夹结构。

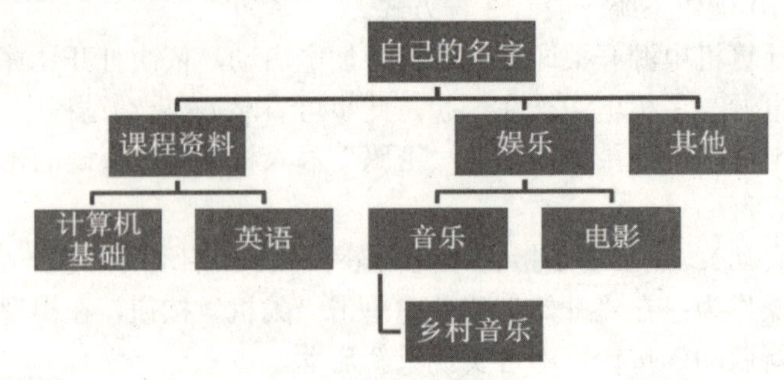

图 2-1　文件结构

注：文件夹“自己的名字”应该为自己真实姓名。

❶ 双击“此电脑”图标，打开“此电脑”窗口，然后双击“D:”。

❷ 在“文件”选项卡下选择“新建文件夹”选项，输入文件夹名称，如“王五”，回车。

❸ 双击打开文件夹“王五”，用❷中的方法，或在空白处单击右键，在弹出的快捷菜单中，选择“新建”→“文件夹”，创建一个“课程资料”的文件夹。

❹ 利用上述方法实现其他文件夹的创建，注意各文件夹之间的隶属关系。

2. 新建文件

要求：在“课程资料”文件夹下创建一个名为“计算机.txt”的文本文件。

步骤：

❶ 打开“课程资料”文件夹。

❷ 选择“文件”→“新建项目”→“文本文档”，创建名为“新建文本文档”的文本文件，或者通过快捷菜单来创建。

❸ 在该文件上单击右键，在弹出的快捷菜单中选择重命名，将该文件名修改为“计算机.txt”。

3．移动文件

要求：将文件“计算机.txt”移动到文件夹“计算机基础”中。

步骤：

方法 1：利用菜单操作。选中文件“计算机.txt”，选择“编辑”→“剪切”，然后打开文件夹“计算机基础”，选择“编辑”→“粘贴”。

方法 2：利用快捷菜单操作。选中文件“计算机.txt”，在该文件上单击右键，在弹出的快捷菜单中选择“剪切”，然后打开文件夹“计算机基础”，在该文件夹空白处单击右键，在弹出的快捷菜单中选择“粘贴”。

方法 3：利用快捷键操作。选中文件“计算机.txt”，按快捷键 Ctrl+X，再打开文件夹“计算机基础”，按快捷键 Ctrl+V。

4．复制文件

要求：将文件“计算机.txt”复制到文件夹“计算机基础”中。

步骤：

方法 1：利用菜单操作。选中文件“计算机.txt”，选择“编辑”→“复制”，然后打开文件夹“计算机基础”，选择“编辑”→“粘贴”。

方法 2：利用快捷菜单操作。选中文件“计算机.txt”，在该文件上单击右键，在弹出的快捷菜单中选择“复制”，然后打开文件夹“计算机基础”，在该文件夹空白处单击右键，在弹出的快捷菜单中选择“粘贴”。

方法 3：利用快捷键操作。选中文件“计算机.txt”，按快捷键 Ctrl+C，然后打开文件夹“计算机基础”，按快捷键 Ctrl+V。

5．删除文件

要求：删除文件夹“计算机基础”中的文件“计算机.txt”。

步骤：

方法 1：利用快捷菜单操作。选中文件“计算机.txt”，在该文件上单击右键，在弹出的快捷菜单中选择“删除”，则弹出“确认文件删除”对话框，单击“是”按钮即可。

方法 2：利用键盘操作。选中文件“计算机.txt”，按 Delete 键，在弹出的“确认文件删除”对话框中单击“是”按钮即可。若按 Shift+Delete 组合键，则可将所选文件彻底删除。

6．回收站的使用

要求：把删除的文件“计算机.txt”还原。

步骤：

❶ 打开“回收站”，选中被删除的文件“计算机.txt”。

❷ 单击右键，在弹出的快捷菜单中选择“还原”命令，则被删除的文件“计算机.txt”将被还原到到文件夹“计算机基础”中。

7．重命名文件或文件夹

步骤：

❶ 选中要修改文件名或文件夹名的文件或文件夹。

❷ 单击右键，在弹出的快捷菜单中选择“重命名”命令，则文件或文件夹的名字加上了

边框，同时有一个插入点在闪烁。

❸ 输入新的文件名或文件夹名。

❹ 按 Enter 键或在其他任意位置单击鼠标。

8．设置文件和文件夹的属性

步骤：

❶ 右键单击要设置属性的文件或文件夹。

❷ 在弹出的快捷菜单中选择“属性”命令，则打开该文件或文件夹的属性对话框。

❸ 单击“常规”选项卡，可查看文件的类型、存储位置、大小、创建时间等。

❹ 勾选“常规”选项卡中“属性”栏的复选框，可改变文件或文件夹的属性状态。

❺ 单击“确定”按钮，则完成文件或文件夹的属性设置。

9．搜索文件和文件夹

步骤：

❶ 打开“此电脑”窗口，在“搜索框”中输入要搜索的内容，然后按 Enter 键，弹出“搜索结果”窗口，如图 2-2 所示；若要从搜索结果中进一步筛选内容，可以利用系统提供的高级搜索工具，如图 2-3 所示。

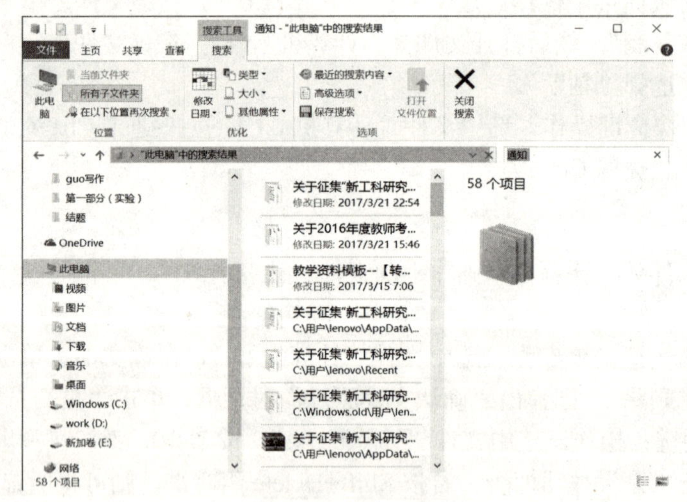

图 2-2　搜索结果之一

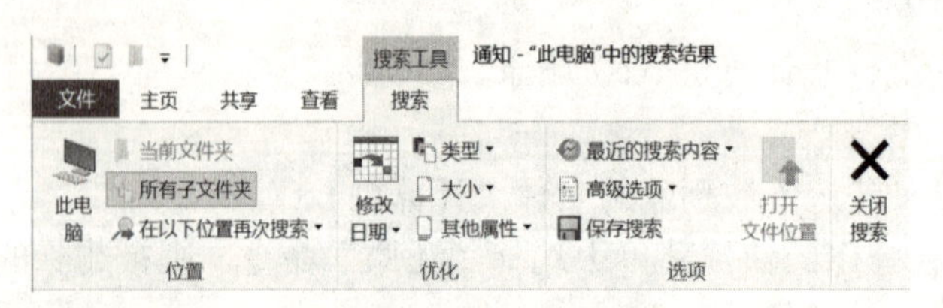

图 2-3　高级搜索工具

❷ 选择搜索工具的选项，可对所搜索内容加限制条件进行搜索。

三、实验内容

在 D 盘根目录下创建文件夹，结构如图 2-4 所示。

图 2-4　文件夹目录结构图

创建一个文本文档，以“我的大学.txt”为文件名保存在 aa 文件夹中。

要求：

（1）文档中输入如下文字：“学校名称：中山大学南方学院　　学校地址：广州从化温泉镇　　邮编：510655”。

（2）将“任务栏和「开始」菜单属性”对话框以图片形式保存在 dd 文件夹（使用系统自带的画图程序），命名为“属性.jpg”。

（3）搜索 C 盘中后缀名为 .txt 且文件大小不超过 10 KB 的文件，复制其中两个到 bb 文件夹下。

（4）将 dd 文件夹重命名为“PIC”。

（5）为 cc 文件夹中的“我的大学.txt”文件创建快捷方式。

（6）将 cc 文件夹的属性设置为隐藏，观察文件夹设为隐藏前后文件夹图标的不同。

实验 3　文件夹选项的设置

一、实验目的和要求

（1）掌握“文件夹选项”的设置。

（2）掌握查看和建立文件扩展名。

二、实验示例

1．将文件或文件夹的显示设置成带扩展名的显示方式

要求：设置显示所有文件夹或文件以及它们的扩展名，并在标题栏中显示完整路径。

步骤：

❶ 打开“此电脑”窗口。

❷ 在“查看”选项卡中的“显示/隐藏”功能组中勾选“文件扩展名”即可。

2．隐藏文件和文件夹

步骤：

❶ 打开“此电脑”窗口。

❷ 选中要隐藏的文件或文件夹。

❸ 选择“查看”选项卡中的“显示/隐藏”功能组中单击“隐藏所选项目”。

❹ 弹出“确认属性更改”对话框，选择“将更改应用于此文件夹、子文件夹和文件”选项，单击“确认”按钮。则被选定文件或文件夹被隐藏。

3. 显示文件夹

步骤：

❶ 打开“此电脑”窗口。

❷ 在“查看”选项卡中的“显示/隐藏”功能组中勾选“隐藏的项目”，则被隐藏的文件或文件夹被显示出来。

若不想隐藏刚刚被隐藏的文件或文件夹，则可做一下操作：

❶ 接着上一步操作，选中被隐藏的文件或文件夹。

❷ 选择“查看”选项卡的“显示/隐藏”功能组中单击“隐藏所选项目”。

❸ 弹出“确认属性更改”对话框，选择“将更改应用于此文件夹、子文件夹和文件”选项，单击“确认”按钮，即可显示隐藏的文件。

实验 4　Windows 10 的磁盘管理

一、实验目的和要求

（1）掌握磁盘格式化的方法。

（2）掌握磁盘清理的方法。

（3）掌握磁盘碎片整理的方法

二、实验示例

1. 磁盘格式化

作用：新盘使用前要格式化（除非出厂时已经格式化了）；清除所有的文件，检查并标记坏的扇区；清除病毒。

注意：磁盘不能处于写保护状态，不能有打开的文件。

步骤：

❶ 打开“此电脑”，选择要格式化的磁盘（软盘与优盘应先插入驱动器），单击右键，在弹出的快捷菜单中选择“格式化”。

❷ 在“格式化”对话框中根据具体情况进行选择：

❖ 容量：格式化软盘时才能选择。

❖ 文件系统：FAT、FAT32 和 NTFS。

❖ 分配单元：文件占用磁盘空间的基本单位，使用 NTFS 时此项可选，其他为不可选。

❖ 卷标：一个软盘为一个卷，每个逻辑驱动器（如 C 盘、D 盘等）也称为一个卷，每个卷用户在这里都可以输入一个名称，称为卷标。

❖ 快速格式化：仅删除磁盘上的文件和文件夹，不会检查和标志坏扇区。

❸ 单击“开始”按钮即可。

2. 清理磁盘

作用：增大磁盘空间，改善系统性能。

步骤：

❶ 选择→Windows 系统→运行，弹出“运行”对话框。

❷ 在“运行”对话框的文本框中输入“cleanmgr”命令，单击“确定”按钮。

❸ 弹出“磁盘清理：驱动选择”对话框，单击“驱动器”的向下按钮，在弹出下拉菜单中选择需要清理临时文件的磁盘分区，单击“确定”按钮。

❹ 弹出“Windows 10 x: 的磁盘清理”对话框，在“要删除的文件”列表中显示扫描出的垃圾文件和大小，选择需要清理的临时文件，单击“确认”按钮。

❺ 系统开始自动清理磁盘中的垃圾文件，并显示清理的进度。

3. 对磁盘碎片进行整理

作用：加快 C 盘数据读写速度，改善系统性能。

步骤：

❶ 选择→Windows 管理工具→碎片整理和优化驱动器。

❷ 在当前状态列表框中选中要整理的磁盘，单击“分析”按钮，系统开始对所选择的磁盘进行分析，分析完毕之后，在磁盘信息右侧显示磁盘碎片整理完成情况。

三、实验内容

（1）练习使用磁盘清理程序清理 D 盘，并把 D 盘的卷标设置成“计算机基础”。

实验 5　Windows 10 的账户管理

一、实验目的和要求

（1）掌握 Windows 10 用户账户的建立、修改和删除。

（2）了解不同用户账户登录 Windows 10 后的个性化工作环境。

二、实验示例

1. 添加用户账户

要求：创建一个新的受限制账户，账户名为 123，密码自定。

步骤：

❶ 选择→Windows 系统→控制面板，弹出“控制面板”窗口。

❷ 在“控制面板”窗口中单击“用户帐户”，弹出如图 2-5 所示的窗口。

❸ 单击“管理其他帐户”文字链接，弹出“管理帐户”的窗口，单击“在电脑设置中添加新用户”，则弹出“设置”窗口（如图 2-6 所示）。

❹ 单击“将其他人添加到这台电脑”前的“+”，在弹出的该对话框中单击“我没有这个人的登录信息”文字链接，则弹出“让我们创建你的帐户”对话框。

❺ 单击“添加一个没有 Microsoft 帐户的用户”文字链接，则弹出“为这台电脑创建一个帐户”对话框，在相应输入框中输入账户名和密码信息；单击“下一步“按钮，则创建了一个新账户。

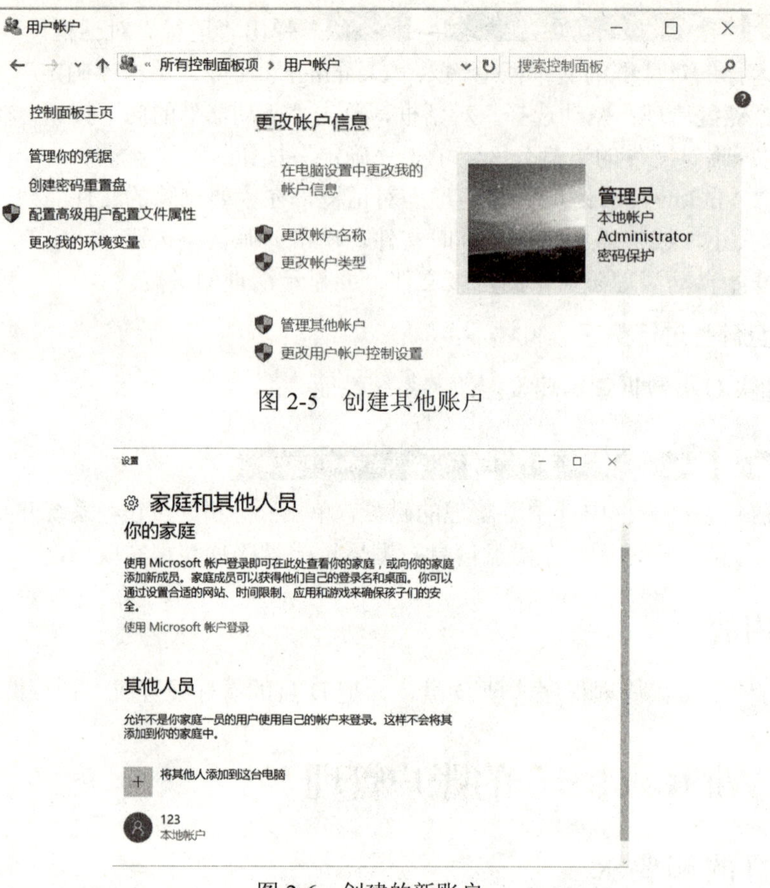

图 2-5　创建其他账户

图 2-6　创建的新账户

注意：

❖ 用户名不区分大小写。

❖ 新创建的用户默认状态下没有密码，密码的设置需要单独设置。

2．更换当前账户

Windows 10 的账户管理中允许多人使用一台计算机，在这种情况下每个人都有自己的账户，当要进入自己的账户时，不需重新启动计算机，就能进入自己的账户。

步骤：单击“开始”按钮，在开始菜单上单击“管理员”图标，在弹出的下拉菜单中，选择需要更换的账户图标即可。

三、实验内容

（1）创建一个账户名为“自己姓名”的新账户，并设定密码。

实验 6　Windows 10 系统的设置

一、实验目的和要求

（1）掌握 Windows 10 的主题和外观的设置方法。

二、实验示例

1. 个性化设置

步骤：

❶ 右击桌面空白区域，在弹出的快捷菜单中选择“个性化”，如图 2-7 所示。

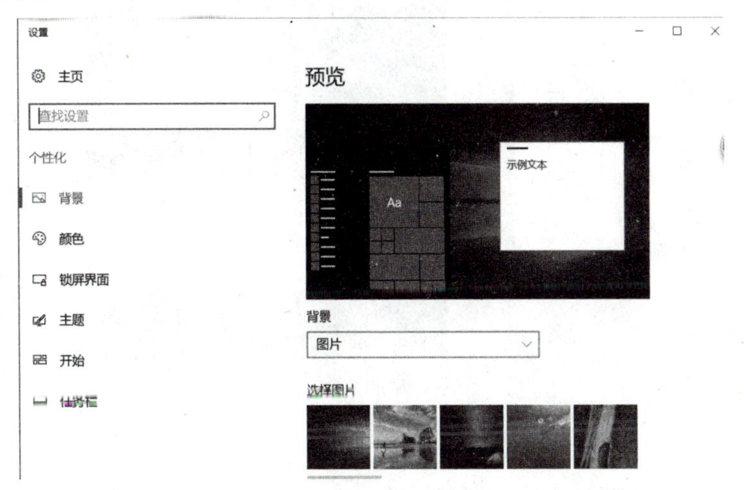

图 2-7　个性化窗口

❷ 在打开的窗口中选择自己喜欢的“主题”。

在该窗口除了可以进行“主题”设置以外，还可以对“背景”、“颜色”、“开始”、“任务栏”进行设置。

2. 设置窗口颜色

步骤：

❶ 右击桌面空白区域，在弹出的快捷菜单中选择“个性化”。

❷ 在打开的窗口中单击“颜色”选项，则在窗口右侧显示颜色选项，如图 2-8 所示。

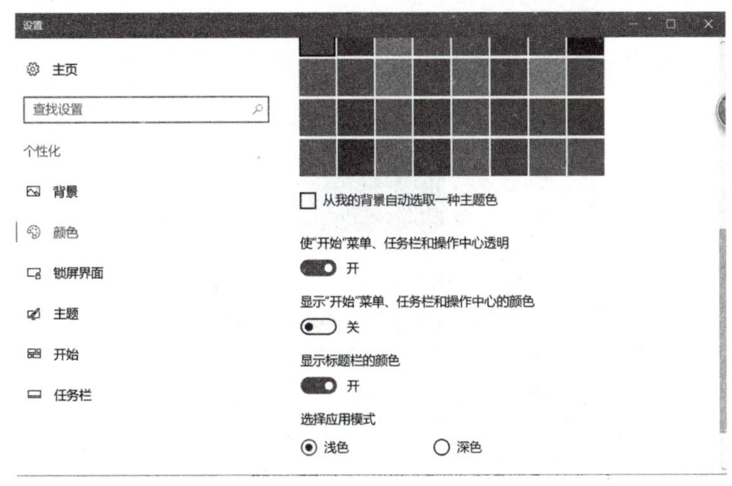

图 2-8　窗口颜色设置窗口

❸ 将标题栏颜色选项开关打开，选择自己喜欢的窗口颜色即可。

3. 设置桌面背景和屏幕保护

背景设置的步骤：

❶ 右击桌面空白区域，在弹出的快捷菜单中选择“个性化”。

❷ 在打开的个性化窗口中单击“背景”选项，则打开如图 2-9 所示的窗口。

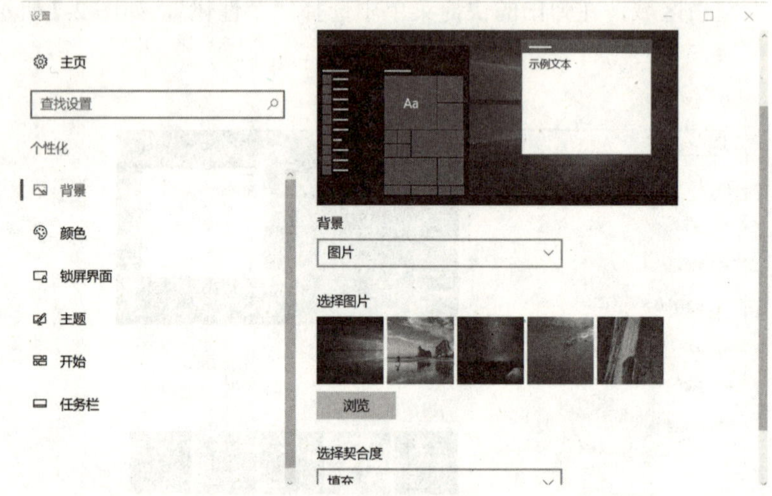

图 2-9　桌面背景窗口

❸ 选择一种自己喜欢的背景图案，若现有图片不能满足要求，可单击“浏览”按钮选择其他图片作为背景。当鼠标单击所选择的的图片时，在预览文字下方会显示所选图片效果。

设置屏幕保护程序的步骤：

❶ 右击桌面空白区域，在弹出的快捷菜单中选择“个性化”。

❷ 在打开的个性化窗口中选择“锁屏界面”选项，选择“屏幕保护程序设置”文字链接。

❸ 弹出“屏幕保护程序设置”对话框，勾选“在恢复时显示登录屏幕”，如图 2-10 所示。

❹ 在“屏幕保护程序”下拉列表中选择自己喜欢的系统自带的屏幕保护程序，在“等待”时间框中输入等待时间，单击“确定”按钮即可。

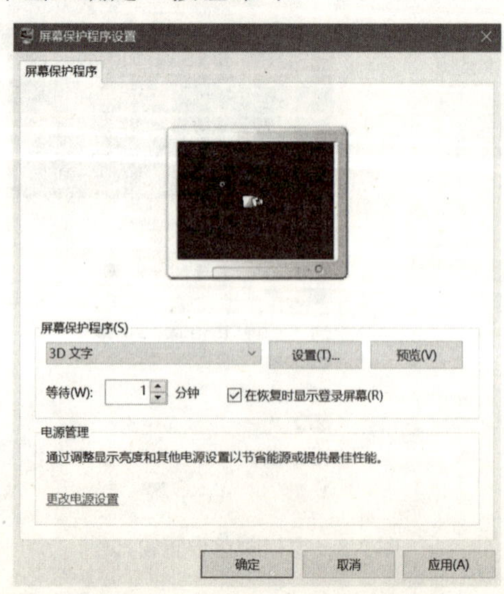

图 2-10　屏幕保护程序的设置

4. 设置屏幕显示器分辨率

步骤：

❶ 右击桌面空白区域，在弹出的快捷菜单中选择“显示设置”。

❷ 在打开的设置窗口中单击“显示”按钮，则打开如图 2-11 所示的窗口。

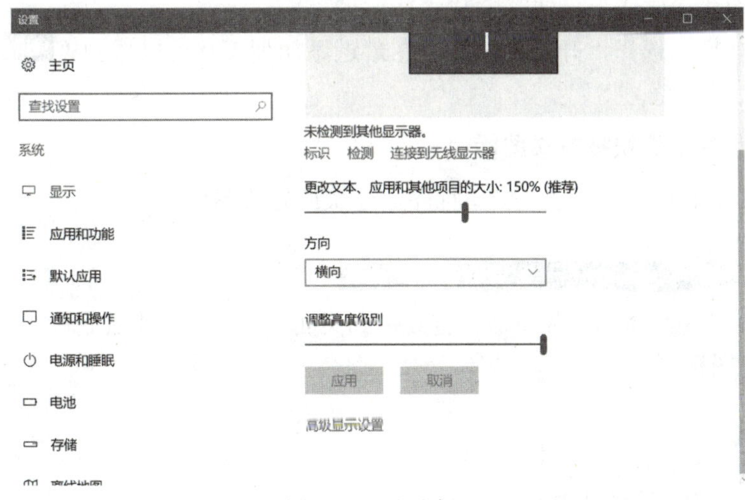

图 2-11 显示窗口

❸ 单击“高级显示设置”超链接，弹出“高级显示设置”窗口，从中选择“分辨率”选项，更改合适的分辨率。

❹ 单击“确定”按钮即可。

三、实验内容

（1）使用“画图”应用程序绘制一幅图画（也可在网上下载自己喜欢的图片）。

（2）将桌面背景设置成上题所画的图画（或自己下载的图片）。

（3）屏幕保护程序设置为“字幕”，要求字幕的位置为居中，字体为隶书，字体颜色为桃红，字体大小为初号。

（4）屏幕显示器分辨率设置为 1024×768。

实验 7 Windows 10 应用程序的管理

一、实验目的和要求

（1）掌握应用程序的安装。

（2）掌握启动、退出应用程序的方法。

二、实验示例

1. 安装应用程序

要求：以安装“桌面版微信”为例。

步骤：

❶ 从网上下载“桌面版微信”到 D 盘。

❷ 双击下载的桌面版微信“WeChat_2.4.1.67_setup.exe”，开始进行程序安装。一般情况下，系统会自动提供参数配置和安装位置，只需按提示不断单击“下一步”按钮，直到出现“完成”按钮。单击“完成”按钮，安装成功。

❸ 安装成功后，选择“开始”按钮，在最近添加列表就可以看到“微信”。单击它，就可以运行了。

2．为应用程序创建快捷方式图标

要求：在桌面上为“记事本”应用程序创建快捷方式图标。

步骤：

❶ 选择→Windows 附件→记事本。

❷ 左键选中“记事本”拖住不放，将其拖到桌面，返回桌面将看到桌面上已添加了“记事本”桌面快捷图标。

三、实验内容

（1）安装“搜狗拼音输入法”。

（2）在桌面创建“Word”应用程序的快捷方式。

第 3 章　文字处理软件 Word 2016

实验 1　Word 2016 基本操作

一、实验目的和要求

（1）熟练掌握建立、保存、关闭和打开 Word 文档的方法。

（2）熟悉 Word 不同视图之间的转换。

（3）熟练掌握 Word 2016 操作环境的设置方法。

二、实验示例

1. 新建“个人简历”文档

单击“文件”按钮，然后选择“新建”命令，打开“样本模板”对话框，在中间窗格中选择“个人简历”，再单击“创建”按钮，Word 2016 将根据已有的模板新建一篇简历文档。

2. 保存及关闭文档

单击“文件”按钮，然后选择“保存”，打开“另存为”对话框，在“保存位置”下拉列表中选择要保存的位置，在“文件名”下拉列表中输入“个人简历”，单击“保存”按钮即可保存。可以单击 Word 文档右上角的“关闭”按钮来关闭个人简历文档。完成后的个人简历文档效果如图 3-1 所示。

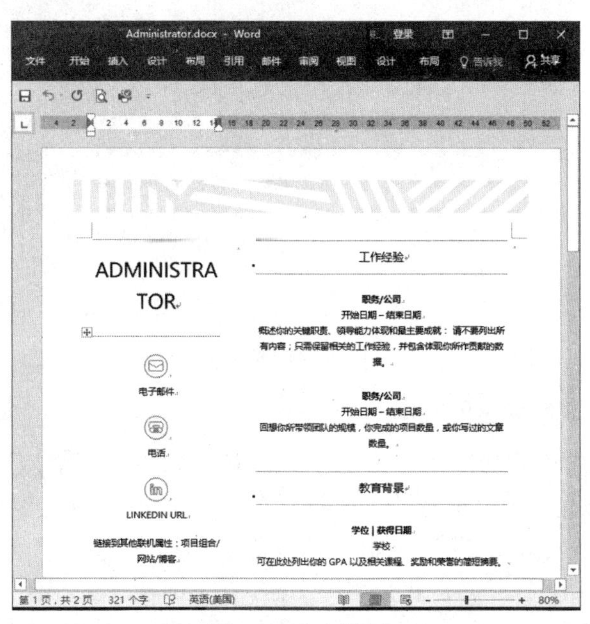

图 3-1　个人简历

三、实验内容

（1）自选主题，用 Word 2016 新建一张贺卡，并以“贺卡”命名进行保存。

（2）自选模板，用 Word 2016 为自己新建一张名片，并以“某某名片”命名进行保存。

（3）为自己的 Word 2016 设置操作环境。

实验 2 Word 2016 文档的编辑

一、实验目的和要求

（1）掌握文档的输入与编辑方法。

（2）在文档的编辑过程中，熟练使用选择、移动、复制、删除、查找、替换、撤销与恢复命令对文档进行操作。

二、实验示例

下面以制作“自我介绍.docx”文档为例来讲解 Word 2016 文档的编辑。

新建一篇空白文档，并以“自我介绍”命名保存。编辑文档内容，编辑后效果如图 3-2 所示。

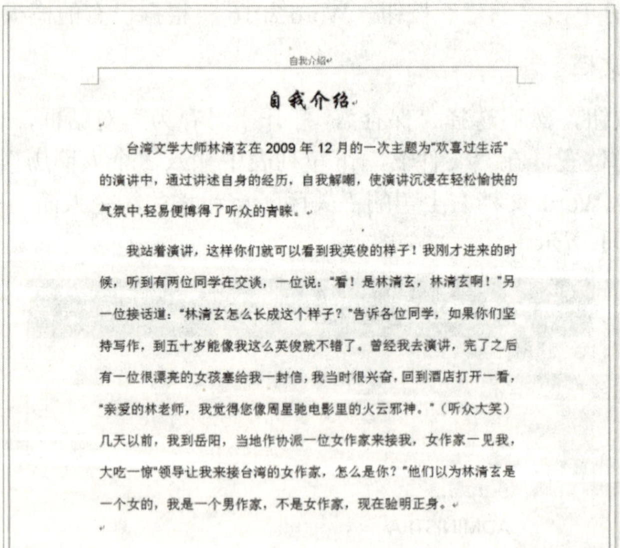

自我介绍

自我介绍

台湾文学大师林清玄在 2009 年 12 月的一次主题为"欢喜过生活"的演讲中，通过讲述自身的经历，自我解嘲，使演讲沉浸在轻松愉快的气氛中,轻易便博得了听众的青睐。

我站着演讲，这样你们就可以看到我英俊的样子！我刚才进来的时候，听到有两位同学在交谈，一位说："看！是林清玄，林清玄啊！"另一位接话道："林清玄怎么长成这个样子？"告诉各位同学，如果你们坚持写作，到五十岁能像我这么英俊就不错了。曾经我去演讲，完了之后有一位很漂亮的女孩塞给我一封信，我当时很兴奋，回到酒店打开一看，"亲爱的林老师，我觉得您像周星驰电影里的火云邪神。"（听众大笑）几天以前，我到岳阳，当地作协派一位女作家来接我，女作家一见我，大吃一惊"领导让我来接台湾的女作家，怎么是你？"他们以为林清玄是一个女的，我是一个男作家，不是女作家，现在验明正身。

图 3-2　自我介绍

1. 选择、移动、复制和粘贴文本

❶ 将光标插入点定位到如图 3-3 所示的“介绍”文本的中间，双击鼠标左键，即可选中“介绍”文本。将鼠标光标放在选择的“介绍”文本上，按住鼠标左键不放，将其拖动到“自我”文本的后面，再释放鼠标左键，即可实现文本的移动操作。

❷ 新建一空白文档。打开“自我介绍”文档，按 Ctrl+A 组合键，全选文本内容，在“开始”选项卡的“剪贴板”选项组中单击“复制”按钮，即可实现文本复制。

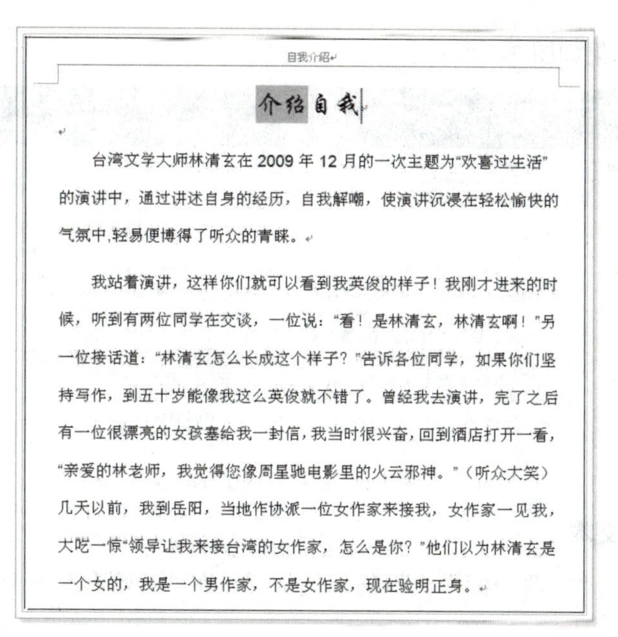

自我介绍

介绍自我

台湾文学大师林清玄在 2009 年 12 月的一次主题为“欢喜过生活”的演讲中，通过讲述自身的经历，自我解嘲，使演讲沉浸在轻松愉快的气氛中,轻易便博得了听众的青睐。

我站着演讲，这样你们就可以看到我英俊的样子！我刚才进来的时候，听到有两位同学在交谈，一位说：“看！是林清玄，林清玄啊！”另一位接话道：“林清玄怎么长成这个样子？”告诉各位同学，如果你们坚持写作，到五十岁能像我这么英俊就不错了。曾经我去演讲，完了之后有一位很漂亮的女孩塞给我一封信，我当时很兴奋，回到酒店打开一看，“亲爱的林老师，我觉得您像周星驰电影里的火云邪神。”（听众大笑）几天以前，我到岳阳，当地作协派一位女作家来接我，女作家一见我，大吃一惊“领导让我来接台湾的女作家，怎么是你？”他们以为林清玄是一个女的，我是一个男作家，不是女作家，现在验明正身。

图 3-3　选择、移动文本

❸ 在新建的空白文档中，单击“粘贴”按钮下的“选择性粘贴”命令（如图 3-4 所示），在打开的“选择性粘贴”对话框的“形式”列表框中选择“无格式文本”选项（如图 3-5 所示），然后单击“确定”按钮。

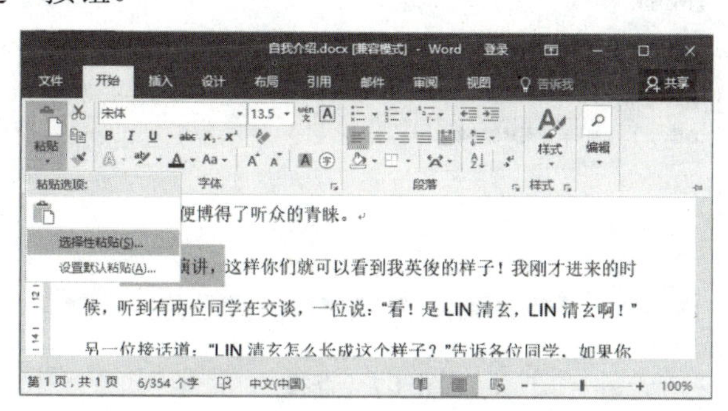

图 3-4 “选择性粘贴”命令

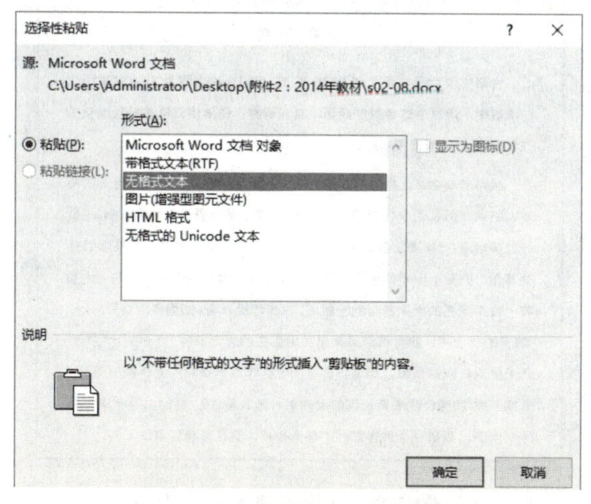

图 3-5 “选择性粘贴”对话框

粘贴后的文本效果如图 3-6 所示。

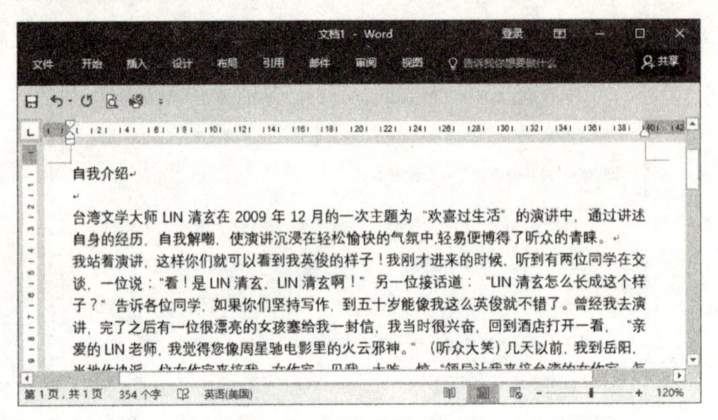

图 3-6　粘贴后的文本

2. 查找和替换文本

❶ 将光标定位到“自我介绍”文档的起始位置，在“开始”选项卡的“编辑”选项组中单击“查找”。

❷ 打开“查找和替换”对话框，在“查找内容”下拉列表中输入“林”（如图 3-7 所示），单击“查找下一处”按钮，可查找文档中的第 1 处“林”文本，系统会自动将查找到的第 1 处文本，以选择状态显示（如图 3-8 所示）。

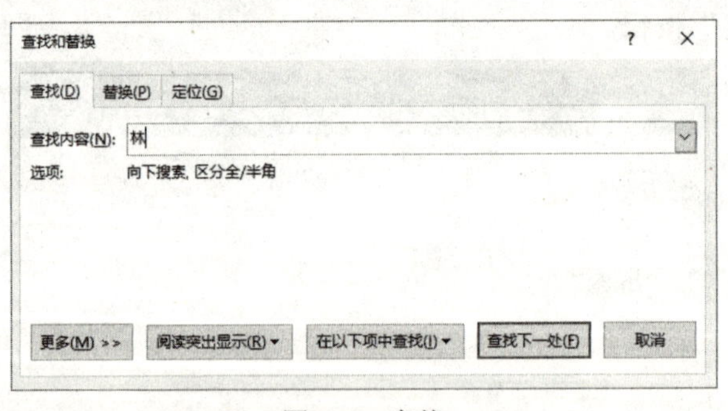

图 3-7　查找

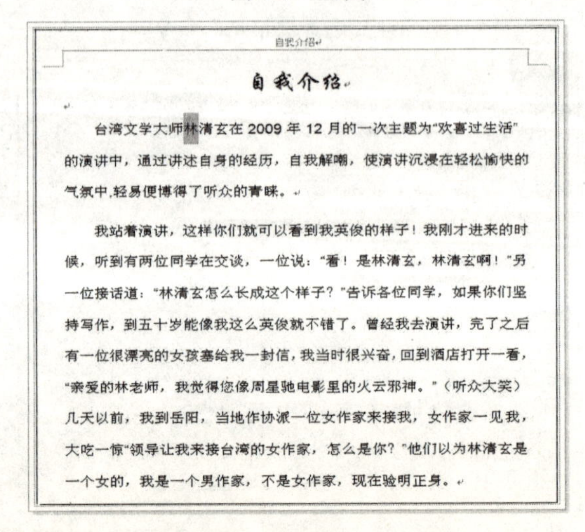

图 3-8　查找的第 1 处文本

❸ 单击“查找下一处”按钮，可继续查找。

❹ 单击“查找和替换”对话框的“替换”选项卡，在“替换为”下拉列表中输入“LIN”，如图 3-9 所示。

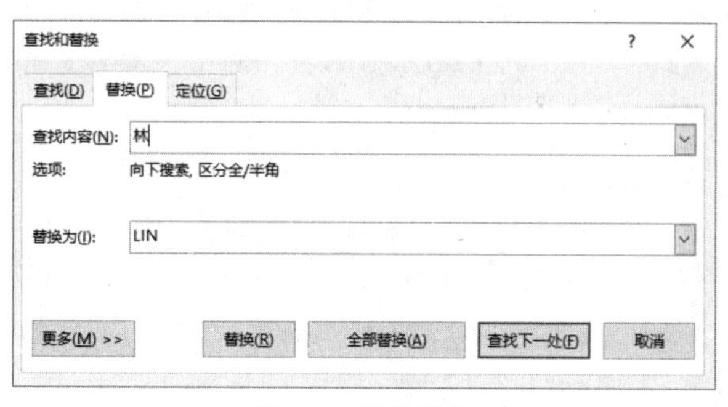

图 3-9　替换操作

❺ 单击“全部替换”按钮，可将文档中的“林”全部替换为“LIN”，图 3-10 为替换后的效果。

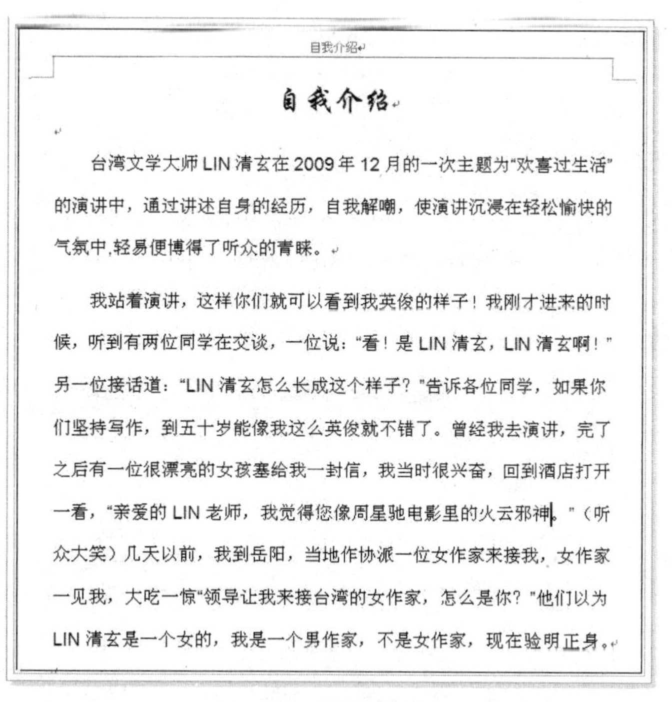

自我介绍

自我介绍

台湾文学大师 LIN 清玄在 2009 年 12 月的一次主题为“欢喜过生活”的演讲中，通过讲述自身的经历，自我解嘲，使演讲沉浸在轻松愉快的气氛中,轻易便博得了听众的青睐。

我站着演讲，这样你们就可以看到我英俊的样子！我刚才进来的时候，听到有两位同学在交谈，一位说：“看！是 LIN 清玄，LIN 清玄啊！”另一位接话道：“LIN 清玄怎么长成这个样子？”告诉各位同学，如果你们坚持写作，到五十岁能像我这么英俊就不错了。曾经我去演讲，完了之后有一位很漂亮的女孩塞给我一封信，我当时很兴奋，回到酒店打开一看，“亲爱的 LIN 老师，我觉得您像周星驰电影里的火云邪神。”（听众大笑）几天以前，我到岳阳，当地作协派一位女作家来接我，女作家一见我，大吃一惊“领导让我来接台湾的女作家，怎么是你？”他们以为 LIN 清玄是一个女的，我是一个男作家，不是女作家，现在验明正身。

图 3-10　替换后的效果

3. 在屏幕上查找并突出显示文本

❶ 在“开始”选项卡的“编辑”选项组中选择“查找”→“高级查找”命令。

❷ 打开“查找和替换”对话框，在“查找内容”文本框中输入要查找的文本“林”。

❸ 单击“阅读突出显示”，再单击“全部突出显示”。查找效果如图 3-11 所示。

4. 查找和替换特定格式

❶ 在“开始”选项卡的“编辑”选项组中选择“替换”。

❷ 打开“查找和替换”对话框，单击“更多”按钮，出现如图 3-12 所示的对话框。

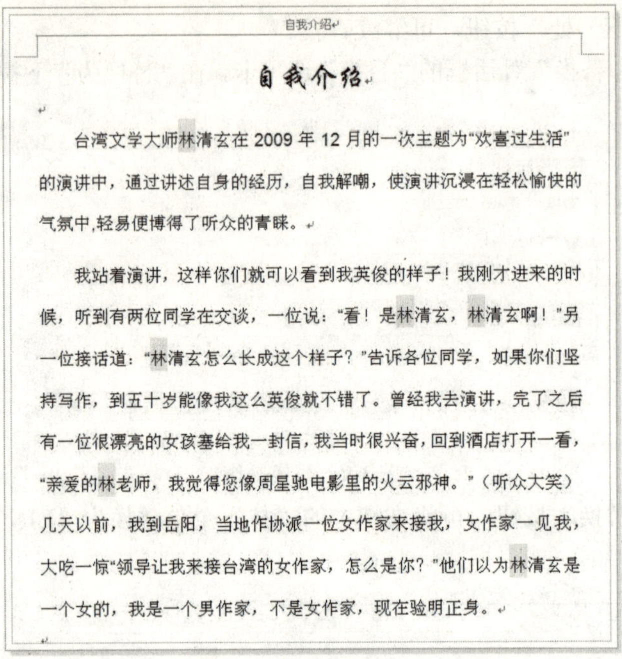

自我介绍
自我介绍

台湾文学大师林清玄在2009年12月的一次主题为"欢喜过生活"的演讲中，通过讲述自身的经历，自我解嘲，使演讲沉浸在轻松愉快的气氛中,轻易便博得了听众的青睐。

我站着演讲，这样你们就可以看到我英俊的样子！我刚才进来的时候，听到有两位同学在交谈，一位说："看！是林清玄，林清玄啊！"另一位接话道："林清玄怎么长成这个样子？"告诉各位同学，如果你们坚持写作，到五十岁能像我这么英俊就不错了。曾经我去演讲，完了之后有一位很漂亮的女孩塞给我一封信，我当时很兴奋，回到酒店打开一看，"亲爱的林老师，我觉得您像周星驰电影里的火云邪神。"（听众大笑）几天以前，我到岳阳，当地作协派一位女作家来接我，女作家一见我，大吃一惊"领导让我来接台湾的女作家，怎么是你？"他们以为林清玄是一个女的，我是一个男作家，不是女作家，现在验明正身。

图 3-11　突出显示文本

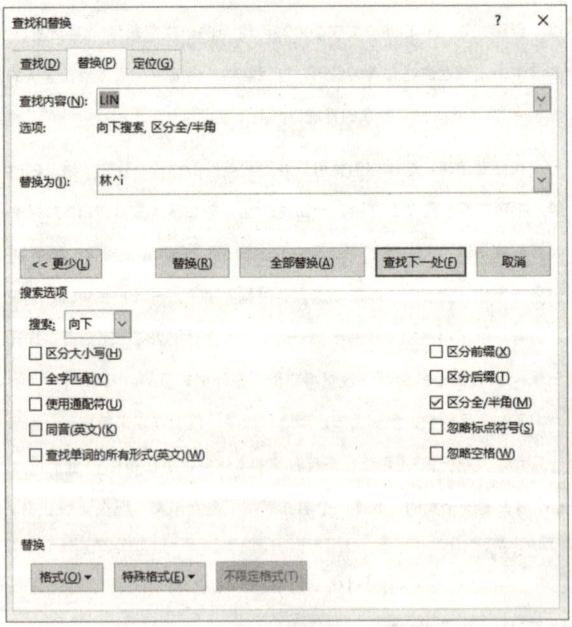

查找和替换

查找(D)　替换(P)　定位(G)

查找内容(N): LIN
选项:　向下搜索, 区分全/半角

替换为(I): 林^i

<< 更少(L)　替换(R)　全部替换(A)　查找下一处(F)　取消

搜索选项
搜索: 向下
☐ 区分大小写(H)　☐ 区分前缀(X)
☐ 全字匹配(Y)　☐ 区分后缀(T)
☐ 使用通配符(U)　☑ 区分全/半角(M)
☐ 同音(英文)(K)　☐ 忽略标点符号(S)
☐ 查找单词的所有形式(英文)(W)　☐ 忽略空格(W)

替换
格式(O)▾　特殊格式(E)▾　不限定格式(T)

图 3-12　查找和替换特定格式

❸ 如果要搜索带有格式的文本，则在“查找内容”框中输入文本；如果仅查找格式，则此框保留空白即可。

❹ 在“查找内容”框中输入“LIN”，在“搜索选项”中选中“区分大小写”；然后单击“格式”按钮，选择要查找替换的格式“突出显示”，单击“特殊格式”按钮，选择“省略号”；最后单击“全部替换”按钮。替换后的效果如图 3-13 所示。

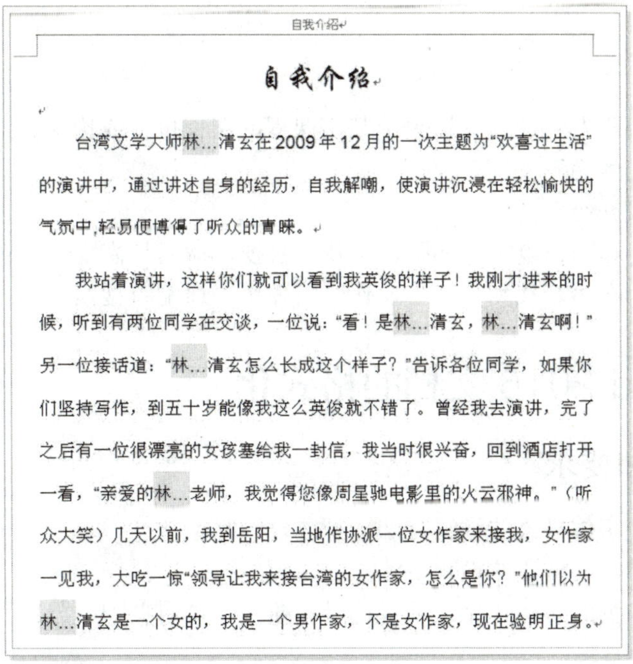

自我介绍

自我介绍

台湾文学大师林…清玄在2009年12月的一次主题为“欢喜过生活”的演讲中，通过讲述自身的经历，自我解嘲，使演讲沉浸在轻松愉快的气氛中,轻易便博得了听众的青睐。

我站着演讲，这样你们就可以看到我英俊的样子！我刚才进来的时候，听到有两位同学在交谈，一位说：“看！是林…清玄，林…清玄啊！”另一位接话道：“林…清玄怎么长成这个样子？”告诉各位同学，如果你们坚持写作，到五十岁能像我这么英俊就不错了。曾经我去演讲，完了之后有一位很漂亮的女孩塞给我一封信，我当时很兴奋，回到酒店打开一看，“亲爱的林…老师，我觉得您像周星驰电影里的火云邪神。”（听众大笑）几天以前，我到岳阳，当地作协派一位女作家来接我，女作家一见我，大吃一惊“领导让我来接台湾的女作家，怎么是你？”他们以为林…清玄是一个女的，我是一个男作家，不是女作家，现在验明正身。

图 3-13　查找替换特定格式效果

5．撤销和恢复操作

❶ 将状态栏中的“插入”状态更改为“改写”状态。将光标定位到“自我介绍”文档的第二行开始位置。输入“中国”，即可发现输入的文本替换了原来的文本，如图 3-14 所示。

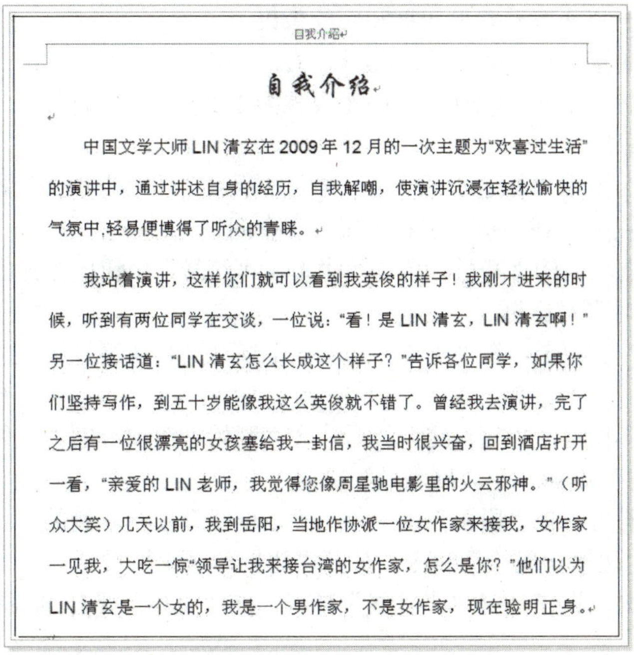

自我介绍

自我介绍

中国文学大师LIN清玄在2009年12月的一次主题为“欢喜过生活”的演讲中，通过讲述自身的经历，自我解嘲，使演讲沉浸在轻松愉快的气氛中,轻易便博得了听众的青睐。

我站着演讲，这样你们就可以看到我英俊的样子！我刚才进来的时候，听到有两位同学在交谈，一位说：“看！是LIN清玄，LIN清玄啊！”另一位接话道：“LIN清玄怎么长成这个样子？”告诉各位同学，如果你们坚持写作，到五十岁能像我这么英俊就不错了。曾经我去演讲，完了之后有一位很漂亮的女孩塞给我一封信，我当时很兴奋，回到酒店打开一看，“亲爱的LIN老师，我觉得您像周星驰电影里的火云邪神。”（听众大笑）几天以前，我到岳阳，当地作协派一位女作家来接我，女作家一见我，大吃一惊“领导让我来接台湾的女作家，怎么是你？”他们以为LIN清玄是一个女的，我是一个男作家，不是女作家，现在验明正身。

图 3-14　改写状态

❷ 单击快速访问工具栏中的“撤销”按钮，可将刚刚执行的操作撤销。

❸ 如果认为改写后的文本更合适，单击快速访问工具栏中的“恢复”按钮进行恢复。

三、实验内容

（1）针对自己所学专业，写一篇关于某门课程的课程报告或论文。

（2）编辑“我的梦想”文档。

（3）编辑“自我介绍”文档。

（4）使用选择、移动、复制、删除、查找、替换、撤销与恢复命令对上面编辑的文档进行熟练操作。其中，在“查找和替换”操作时需使用“通配符搜索”。

实验 3　Word 2016 文档的格式化

一、实验目的和要求

（1）掌握文档中字体格式的设置方法。

（2）掌握文档中段落格式的设置方法。

（3）熟练段落和页面的格式化：项目符号和编号、页眉页脚、分栏和分页等。

二、实验示例

1. 字体及段落格式设置、边框和底纹、分栏

以“再别康桥.docx”文档为例，进行以下格式设置：

❖ 将标题字体设置为华文行楷、三号，采用“标题 1”样式，居中显示。

❖ 为标题插入一特殊符号并加边框和底纹效果。

❖ 文章的作者的字体设置为小四、黑体，右对齐。

❖ 正文字体设置为小四、宋体，行间距设置为 1.25 倍，分两栏。

具体操作步骤如下：

❶ 将标题设置为采用“标题 1”样式，居中显示，字体改为华文行楷、字号为三号。

❷ 将文本插入点定位到“别”字和“康”字中间。

❸ 在“插入”选项卡的“符号”选项组中单击“符号”按钮，在弹出的菜单中选择“其他符号”，打开“符号”对话框。

❹ 单击“符号”选项卡，在“子集”列表框中选择“其他符号”，选中“☆”，如图 3-15 所示。

❺ 单击“插入”按钮，则插入这个符号。在“开始”选项卡的“字体”组中单击“字符边框”按钮，为该符号添加一个边框。

❻ 选择插入的符号，在“段落”组中单击“下框线”按钮右侧的“启动”按钮，在弹出的下拉菜单中选择“边框和底纹”命令，打开“边框和底纹”对话框。

❼ 在“样式”列表框中选择“点状线”样式，在“宽度”下拉列表框中选择“1.5 磅”，如图 3-16 所示。

❽ 在“边框和底纹”对话框中单击“底纹”选项卡，在“图案”栏的“样式”下拉列表框中选择“深色网格”选项，在“颜色”下拉列表框中选择“浅蓝色”选项，如图 3-17 所示。

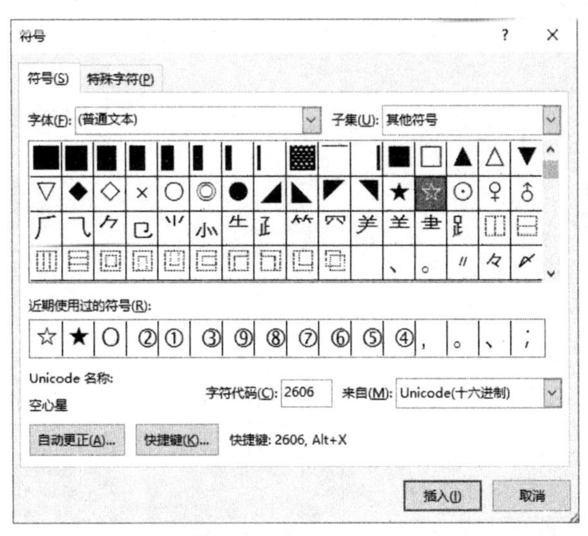

图 3-15 “符号”对话框

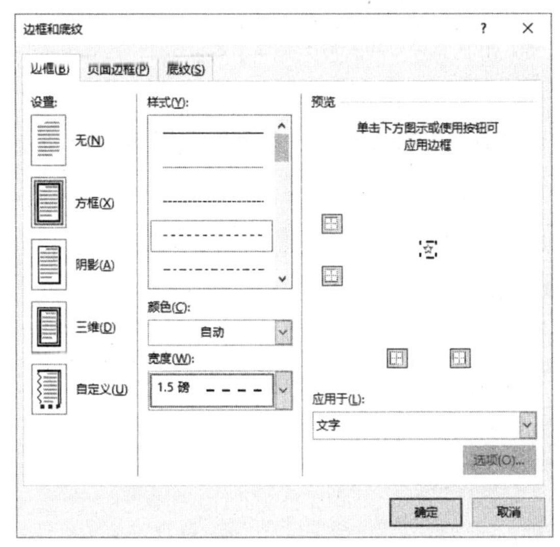

图 3-16 设置边框

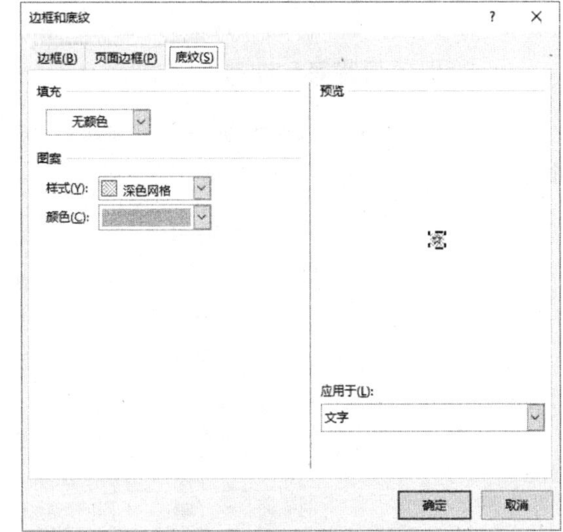

图 3-17 设置底纹

❾ 选中文章的作者，在“开始”选项卡的“字体”选项组中进行字体和字号的设置，在“段落”选项组中设置段落为右对齐，如图 3-18 所示。选中正文文本，用相同方法，设置正文的字体为小四、宋体。打开“段落”对话框，设置行间距为 1.25 倍。

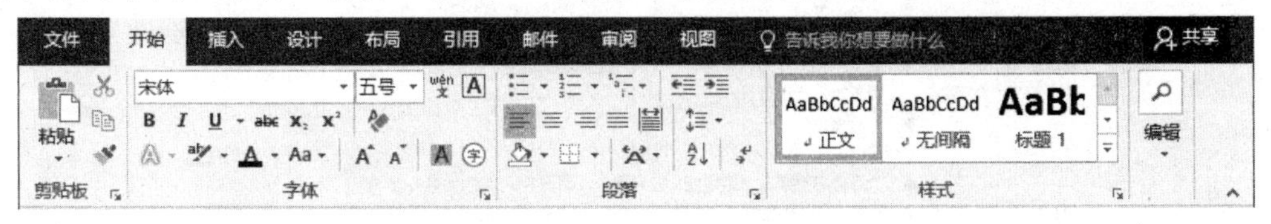

图 3-18 设置字体和段落

❿ 在“页面布局”选项卡的“页面设置”选项组中选择“分栏”命令，在下拉菜单中选择“两栏”（如图 3-19 所示），可将正文文本设置为两栏。设置后的最终效果如图 3-20 所示。

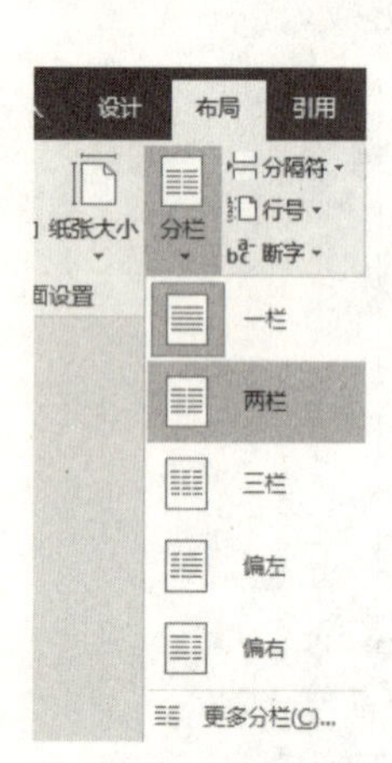

图 3-19　设置分栏

再别康桥

再别康桥

作者：徐志摩

轻轻的我走了，
正如我轻轻的来；
我轻轻的招手，
作别西天的云彩。

那河畔的金柳，
是夕阳中的新娘；
波光里的艳影，
在我的心头荡漾。

软泥上的青荇，
油油的在水底招摇；
在康河的柔波里，
我甘心做一条水草。

那榆阴下的一潭，
不是清泉，是天上虹；
揉碎在浮藻间，
沉淀着彩虹似的梦。

寻梦？撑一支长篙，
向青草更青处漫溯，
满载一船星辉，
在星辉斑斓里放歌。

但我不能放歌，
悄悄是离别的笙箫；
夏虫也为我沉默，
沉默是今晚的康桥！

悄悄的我走了，
正如我悄悄的来；
我挥一挥衣袖，
不带走一片云彩。

图 3-20　设置后效果

2. 设置项目符号和编号

以“毕业论文（设计）撰写规范.docx”文档为例，设置项目符号和编号，设置后的效果如图 3-21 所示。

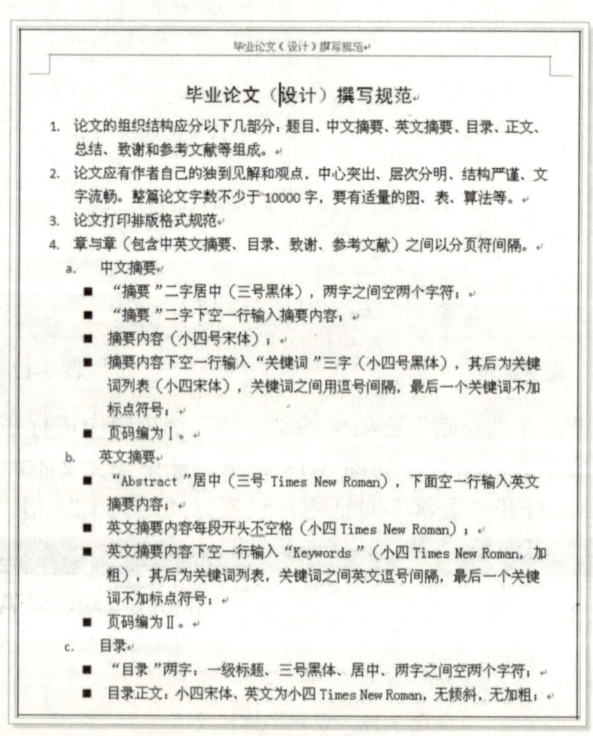
毕业论文（设计）撰写规范

毕业论文（设计）撰写规范

1. 论文的组织结构应分以下几部分：题目、中文摘要、英文摘要、目录、正文、总结、致谢和参考文献等组成。
2. 论文应有作者自己的独到见解和观点，中心突出、层次分明、结构严谨、文字流畅。整篇论文字数不少于 10000 字，要有适量的图、表、算法等。
3. 论文打印排版格式规范。
4. 章与章（包含中英文摘要、目录、致谢、参考文献）之间以分页符间隔。
    a. 中文摘要
        ■ “摘要”二字居中（三号黑体），两字之间空两个字符；
        ■ “摘要”二字下空一行输入摘要内容；
        ■ 摘要内容（小四号宋体）；
        ■ 摘要内容下空一行输入“关键词”三字（小四号黑体），其后为关键词列表（小四宋体），关键词之间用逗号间隔，最后一个关键词不加标点符号；
        ■ 页码编为Ⅰ。
    b. 英文摘要
        ■ “Abstract”居中（三号 Times New Roman），下面空一行输入英文摘要内容；
        ■ 英文摘要内容每段开头不空格（小四 Times New Roman）；
        ■ 英文摘要内容下空一行输入“Keywords”（小四 Times New Roman，加粗），其后为关键词列表，关键词之间英文逗号间隔，最后一个关键词不加标点符号；
        ■ 页码编为Ⅱ。
    c. 目录
        ■ “目录”两字：一级标题、三号黑体、居中、两字之间空两个字符；
        ■ 目录正文：小四宋体、英文为小四 Times New Roman，无倾斜，无加粗；

图 3-21　项目符号和编号的设置

❶ 选择需要添加项目符号的文本内容，单击“段落”选项组中的“项目符号”，在弹出的菜单中选择“定义新项目符号”，打开“定义新项目符号”对话框。

❷ 单击“符号”按钮，打开“符号”对话框，在“字体”下拉列表框中选择“Wingdings”，

在下面的列表框中选择要添加的符号，单击“确定”按钮。

❸ 选择需要添加编号的文本，单击“段落”选项组中的“多级列表”，在弹出的下拉菜单中选择“定义新的多级列表”，打开“定义新的多级列表”对话框，在左侧的列表中选择要定义的 1 级标题级别，在下面的“输入编号的格式”文本框中输入标题的样式。

❹ 选择要定义的 2 级标题级别，在下面的“输入编号的格式”文本框中输入标题的样式；依次设置所有标题级别的样式后，最后单击“确定”按钮。

三、实验内容

（1）对实验 2 中编辑的文档进行以下设置：

❖ 标题设置为宋体、三号字、加粗和居中显示。

❖ 正文中，中文字体设置为宋体、小四，英文字体设置为 Times New Roman、小四，段落首行缩进 2 字符。

❖ 段落的段前、段后均为 0 行，1.5 倍行距。

❖ 如果文档含多级标题样式，将一级标题设置为 3 号、黑体，二级标题 4 号、黑体，三级标题小四、黑体。

❖ 项目符号和编号设置：一级编号为 1、2、3、…，二级编号为(1)、(2)、(3)、…，三级编号自定义。

❖ 自定义页码格式。

❖ 以文档的名称作为页眉进行设置。

❖ 选取相关部分进行分栏和分页设置。

❖ 自定义文档的页面背景。

（2）格式化文档“绿.docx”，设置后的效果如图 3-22 所示。要求：

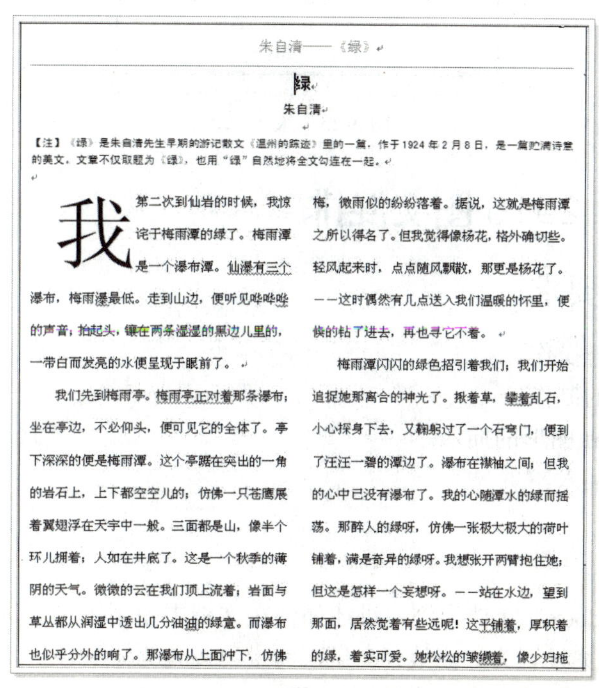

朱自清——《绿》

绿

朱自清

【注】《绿》是朱自清先生早期的游记散文《温州的踪迹》里的一篇，作于 1924 年 2 月 8 日，是一篇贮满诗意的美文。文章不仅取题为《绿》，也用“绿”自然地将全文勾连在一起。

我第二次到仙岩的时候，我惊诧于梅雨潭的绿了。梅雨潭是一个瀑布潭。仙瀑有三个瀑布，梅雨瀑最低。走到山边，便听见哗哗哗的声音；抬起头，镶在两条湿湿的黑边儿里的，一带白而发亮的水便呈现于眼前了。

我们先到梅雨亭。梅雨亭正对着那条瀑布；坐在亭边，不必仰头，便可见它的全体了。亭下深深的便是梅雨潭。这个亭踞在突出的一角的岩石上，上下都空空儿的；仿佛一只苍鹰展着翼翅浮在天宇中一般。三面都是山，像半个环儿拥着；人如在井底了。这是一个秋季的薄阴的天气。微微的云在我们顶上流着；岩面与草丛都从润湿中透出几分油油的绿意。而瀑布也似乎分外的响了。那瀑布从上面冲下，仿佛

梅，微雨似的纷纷落着。据说，这就是梅雨潭之所以得名了。但我觉得像杨花，格外确切些。轻风起来时，点点随风飘散，那更是杨花了。——这时偶然有几点送入我们温暖的怀里，便倏的钻了进去，再也寻它不着。

梅雨潭闪闪的绿色招引着我们；我们开始追捉她那离合的神光了。揪着草，攀着乱石，小心探身下去，又鞠躬过了一个石穹门，便到了汪汪一碧的潭边了。瀑布在襟袖之间；但我的心中已没有瀑布了。我的心随潭水的绿而摇荡。那醉人的绿呀，仿佛一张极大极大的荷叶铺着，满是奇异的绿呀。我想张开两臂抱住她；但这是怎样一个妄想呀。——站在水边，望到那面，居然觉着有些远呢！这平铺着，厚积着的绿，着实可爱。她松松的皱缬着，像少妇拖

图 3-22　绿

❖ 标题设置为三号、黑体、居中。

❖ 作者名设置为小四、黑体、居中。

❖ 正文设置为小四、宋体、段落 1.5 倍行距。

❖ 正文之前插入一个分节符。

❖ 正文段前空 2 字符。

❖ 正文分两栏。

❖ 首行首字下沉。

❖ 文章注解五号黑体。

❖ 设置文档的页眉。

（3）为文档“关山月.docx”进行格式化操作，设置后的效果如图 3-23 所示。

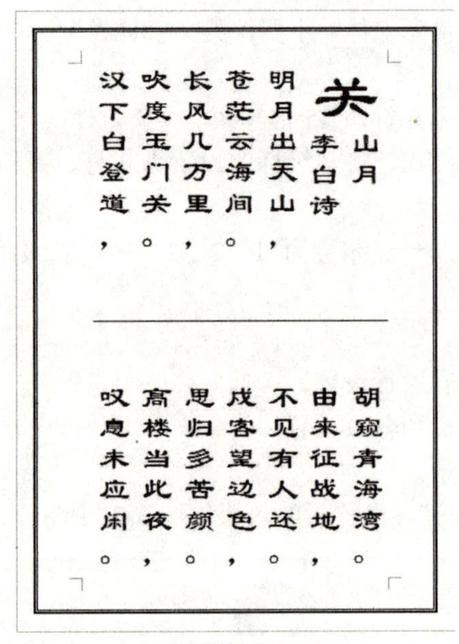
关山月
李白诗
明月出天山，
苍茫云海间。
长风几万里，
吹度玉门关。
汉下白登道，
胡窥青海湾。
由来征战地，
不见有人还。
戍客望边色，
思归多苦颜。
高楼当此夜，
叹息未应闲。

图 3-23　关山月

实验 4　Word 2016 图文混排

一、实验目的和要求

（1）掌握图文混排操作。

（2）掌握艺术字的制作。

（3）掌握 SmartArt 图形的插入。

（4）掌握公式的插入。

二、实验示例

下面以“双城记.docx”文档为例，讲述如何在文档中使用图形。进行以下设置：

❖ 将页面背景图案设置为“点线：5%”，前景色设置为“紫色”。

❖ 插入图片，如果图片过大，进行适当调整。

❖ 将图片的环绕文字设置为“四周型环绕”。

❖ 移动图像，将图像调整至文档左侧。

❖ 将图片样式设置为“剪去对角线，白色”。

❖ 对图片重新着色为“紫色变体，强调文字颜色 4 浅色”。

具体操作步骤如下：

❶ 打开“双城记”文档，单击“页面布局”选项卡，单击“页面背景”选项组中的“页面颜色”按钮，在弹出的下拉菜单中选择“填充效果”，打开“填充效果”对话框。

❷ 单击“图案”选项卡，在“图案”列表框中选择一种点状图案，然后在“前景”下拉列表框中选择“紫色”选项，如图 3-24 所示。然后单击“确定”按钮。

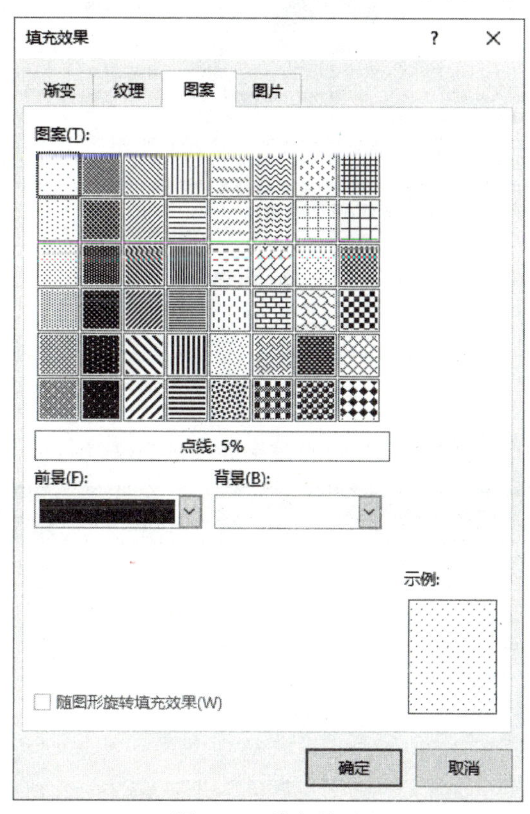

图 3-24　填充效果

❸ 单击“插入”选项卡，选择“插入图片”命令，将所需要插入的图片插入至文档中。

❹ 调整图片大小。

❺ 在“图片工具格式”选项卡的“排列”选项组中单击“位置”按钮，在弹出的下拉菜单的“文字环绕”栏中选择“四周型环绕”。

❻ 在“图片样式”选项组的“图片样式”列表框中设置图片样式为“剪去对角线，白色”。

❼ 单击“调整”选项组中的“颜色”按钮，在下拉菜单的“重新着色”栏中选择“紫色，个性色 4 浅色”。

❽ 选中图片，在“图片工具格式”选项组中的“大小”、“排列”等选项卡中还可以对图形进行其他设置。

设置后的效果如图 3-25 所示。

双城记

双城记

1757 年 12 月的一个月夜，寓居巴黎的年轻医生梅尼特（Dr.Manette）散步时，突然被厄弗里蒙地侯爵(Marquis St. Evremonde)兄弟强迫出诊。在侯爵府第中，他目睹一个发狂的绝色农妇和一个身受剑伤的少年饮恨而死的惨状，并获悉侯爵兄弟为了片刻淫乐杀害他们全家的内情。他拒绝侯爵兄弟的重金贿赂，写信向朝廷告发。不料控告信落到被告人手中，医生被关进巴士底狱，从此与世隔绝，杳无音讯。两年后，妻子心碎而死。幼小的孤女路茜(Lucie Manette)被好友劳雷(Jarvis Lorry)接到伦敦，在善良的女仆普洛斯(Miss Pross)抚养下长大。

18 年后，梅尼特医生获释。这位精神失常的白发老人被巴黎圣安东尼区的一名酒贩、他旧日的仆人德法奇(Defarge)收留。这时，女儿路茜已经成长，专程接他去英国居住。旅途上，他们邂逅法国青年查理·代尔纳(Charles Darnay)，受到他的细心照料。原来代尔纳就是侯爵的儿子。他憎恨自己家族的罪恶，毅然放弃财产的继承权和贵族的姓氏，移居伦敦，当了一名法语教师。在与梅尼特父女的交往中，他对路茜产生了真诚的爱情。梅尼特为了女儿的幸福，决定埋葬过去，欣然同意他们的婚事。在法国，代尔纳父母相继去世，叔父厄弗里蒙地侯爵继续为所欲为。当他狂载马车若无其事地轧死一个农民的孩子后，终于被孩子父亲用刀杀死。一场革命的风暴正在酝酿之中，德法奇的酒店就是革命活动的联络点。

图 3-25　双城记

三、实验内容

（1）制作红头文件

按照以下步骤制作红头文件，制作后的效果如图 3-26 所示。

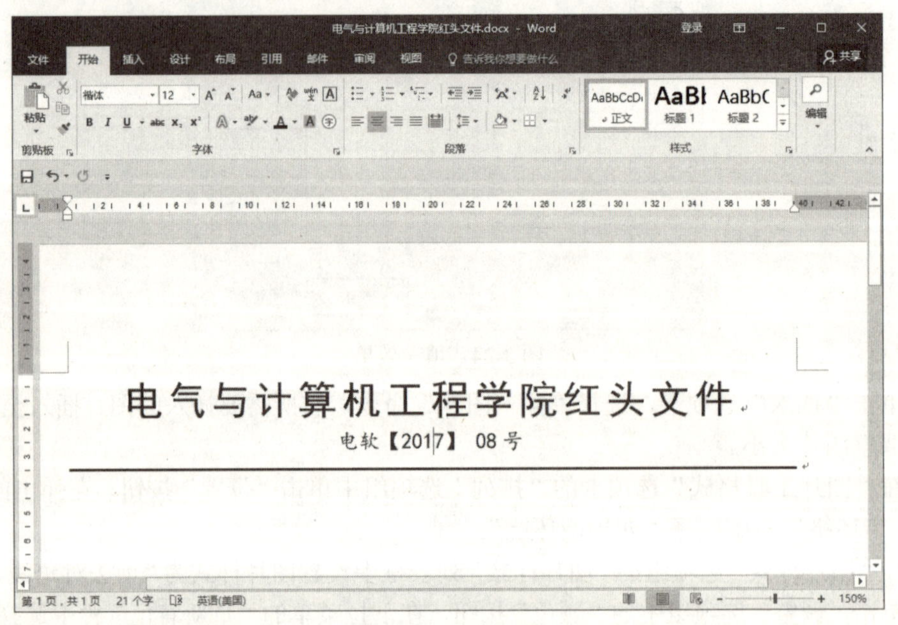

图 3-26　红头文件

❶ 新建一空白文档，将其保存为“**红头文件.docx”。

❷ 在“页面布局”中设置纸张大小为“A4”。

❸ 输入红头文件的部门单位和公文编号。

❹ 选择部门文本，将其设置为“黑体、二号、红色、居中”。

❺ 字符间距设置为“加宽、1.5 磅”，位置设置为“降低、3 磅”。

❻ 选择公文编号文本，将其设置为“楷体、小四、红色，居中”。

❼ 在文档中绘制水平直线，并将其设置为“红色、1.5 磅”，环绕文字设置为“嵌入型”。

❽ 输入红头文件的正文文本，并设置其段落格式。

（2）制作公司结构图

为某公司制作公司结构图，制作后的效果如图 3-27 所示。

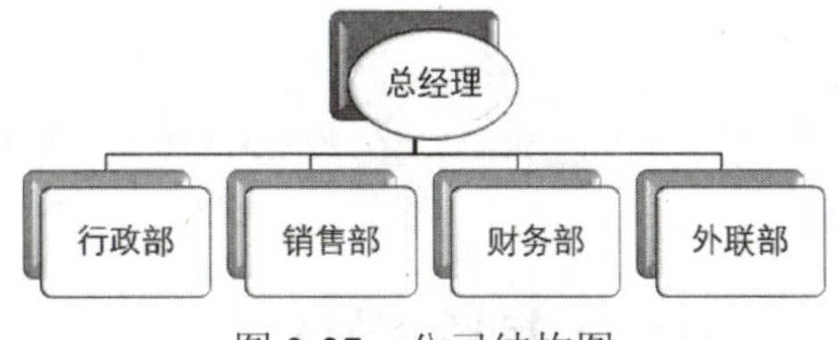

图 3-27　公司结构图

❶ 插入 SmartArt 图形，选择层次结构图第 2 种样式。

❷ 输入图形中的文本内容。

❸ 如果需要添加形状，只需单击 SmartArt 工具设计选项卡，在“创建图形”组中单击“添加形状”按钮，在下拉菜单中选择所需命令即可。

❹ 在“布局”选项组的“更改布局”按钮的下拉菜单中选择“层次结构”命令。

❺ 将多余文本删除。

❻ 在 SmartArt 样式的“更改颜色”中使用彩色第 1 种样式（个性色）。

❼ 将“总经理”形状改为基本形状“椭圆”；在“形状样式”下拉列表中选择第 8 行第 7 个样式：选择“形状效果”的“强烈效果-绿色, 强调颜色 6”命令。

（3）制作生日贺卡

制作一张生日贺卡，制作后的效果如图 3-28 所示。

图 3-28　生日贺卡

❶ 新建一篇文档，将其保存为“生日贺卡.docx”文档。

❷ 在文档中插入背景图片。

❸ 将图片的对比度调整为“-10%”、亮度调整为“-10%”，图片样式选择“金属框架”，

图片边框设置为“蓝色，个性色 5，淡色 40%”。

❹ 插入艺术字“Happy Birthday”，样式采用“填充：蓝色，主题颜色；阴影”，将该艺术字设置为华文琥珀。

❺ 将该艺术字的文字环绕设置为“浮于文字上方”；形状填充选择“蓝色”；形状轮廓设置为“紫色”，粗细设为“1.5 磅”；阴影效果预设：偏移下；颜色：蓝色，个性色 5，深色：25%；透明度：60%；大小：100%；模糊：3 磅；角度：130。

（4）插入数学公式

编辑如下公式：

$$\text{Max}W(a)=\sum_{i=1}^{n}a_i-\frac{1}{2}\sum_{i,j=1}^{n}a_ia_jy_iy_jK(x_i,x_j)$$

实验 5　Word 2016 中的表格操作

一、实验目的和要求

（1）熟练掌握表格的建立及内容的输入。

（2）熟练掌握表格的编辑和格式化。

二、实验示例

1．制作“员工工资表”并进行编辑

用 Word 2016 制作一张“员工工资表”，并对其进行编辑，编辑后的效果如图 3-29 所示。

月份	姓名	基本工资	奖金	补助	合计
2010-06-05	张晓丽	1000	235	160	1395
2010-06-05	王刚	1200	300	160	1660
2010-06-05	刘明	800	200	360	1360
2010-06-05	陈牛	1350	250	420	2020
2010-06-05	孙小雨	900	500	130	1530
平均工资		1050	297	246	

图 3-29　员工工资表

❶ 在“插入”选项卡的“表格”选项组中单击“表格”按钮，在弹出的下拉菜单的“插入表格”栏中拖动鼠标，当该栏显示“6×7 表格”时释放鼠标左键。

❷ 将文本插入点分别定位到插入文本的表格，输入文本内容，如图 3-30 所示。

❸ 将文本插入点定位到最后一行的第 3 列单元格中，在“表格工具布局”选项卡的“数据”组中单击“公式”按钮，打开“公式”对话框。删除“公式”文本框中的函数，在“粘贴函数”下拉列表框中选择“AVERAGE”。

❹ 在“公式”文本框中函数的括号内输入要计算的区域“C2:C6”，单击“确定”按钮。

❺ 用同样的方法计算出“奖金”和“补助”的平均值。

❻ 单击“数据”组的“公式”按钮，打开“公式”对话框，用 SUM 函数计算除“张晓丽”外其他员工的工资合计值，见图 3-29。

月份	姓名	基本工资	奖金	补助	合计
2010-06-05	张晓丽	1500	235	160	
2010-06-05	王刚	1200	300	160	
2010-06-05	刘明	800	200	360	
2010-06-05	陈牛	1350	250	420	
2010-06-05	孙小雨	900	500	130	
平均工资					

图 3-30 初始员工工资表

❼ 将第 2 第 3 列中“张晓丽”的基本工资修改为 1000。选择“平均工资”行中的平均基本工资，单击右键，在弹出的快捷菜单中选择“更新域”。返回到 Word 中，可看到更新后的新值，见图 3-29。

二、实验内容

（1）创建如表 3-1 所示的学生成绩登记表

表 3-1 学生成绩登记表

成绩 姓名	考试成绩（70%）	平时成绩（30%）			总成绩
		考勤	作业	测验	
王小明	55	7	8	7	77
孙小雨	60	8	8	8	84
陈牛	66	9	9	9	93
李宁	72	10	8	9	99
平均成绩					88.25

要求如下所示：

❖ 表的标题设置为黑体、五号、居中。

❖ 表内文字设置为宋体、五号、水平居中、垂直居中。

❖ 总成绩=考试成绩+平时成绩。

❖ 平均成绩=学生的总成绩求和/学生人数。

❖ 表格外框线为 1.5 磅实线，内框线为 1 磅实线，整个表格居中显示。

（2）为表 3-1 中学生的成绩生成图表，在图表中显示各分量成绩的值。

（3）创建“岗位聘任申请表”，如图 3-31 所示。

实验 6 Word 2016 的其他功能

一、实验目的和要求

（1）掌握新建样式、设置样式的基本操作。

（2）掌握页面格式的设置。

（3）掌握 Word 文档到 PDF 或 XPS 文档的转换。

<table>
<tr><td>姓名</td><td></td><td>性别</td><td></td><td>出生年月</td><td></td><td rowspan="4">照片</td></tr>
<tr><td>婚否</td><td></td><td>政治面貌</td><td></td><td>身份证号码</td><td></td></tr>
<tr><td>最后学历</td><td></td><td>毕业时间</td><td></td><td>参加工作时间</td><td></td></tr>
<tr><td>联系方式</td><td colspan="3"></td><td>现职称</td><td></td></tr>
<tr><td rowspan="4">学习及工作经历</td><td colspan="2">起止时间</td><td colspan="3">地点</td><td>职业</td></tr>
<tr><td colspan="2"></td><td colspan="3"></td><td></td></tr>
<tr><td colspan="2"></td><td colspan="3"></td><td></td></tr>
<tr><td colspan="2"></td><td colspan="3"></td><td></td></tr>
<tr><td>申请理由</td><td colspan="6">申请人：……………………年……月……日</td></tr>
<tr><td>部门意见</td><td colspan="6">部门负责人：……………………年……月……日</td></tr>
<tr><td>学院意见</td><td colspan="6">1. □ 经研究，同意聘用，聘期自……年…月…日至……年…月…日
2.□已无编制或不符合聘任条件，暂缓聘任。……………………</td></tr>
<tr><td colspan="7">备注：可附本人任现职以来获奖证书、业绩成果等证明材料。</td></tr>
</table>

图 3-31　岗位聘任申请表

二、实验示例

1．新建样式

通过新建样式，对“2016 届本科毕业生毕业典礼贺词.docx”文档进行格式的设置。设置后的文本效果如图 3-32 所示。具体操作步骤如下：

❶ 新建一篇空白文档，在“页面布局”选项卡的“页面设置”选项组中单击“页边距”按钮，在弹出的下拉菜单中选择“自定义边距”。

❷ 在打开的“页面设置”对话框中，将上边距设置为“2 厘米”，其他边距设置为“1.5 厘米”。

❸ 在页面第 1 行中输入“2016 届本科毕业典礼贺词”文本，单击“样式”选项组右下角的“对话框启动器”按钮，打开“样式”任务窗口，单击“新建样式”按钮。

❹ 在打开的对话框中，在“名称”文本框中输入新建样式的名称“毕业典礼贺词”。

❺ 在“样式类型”下拉列表框中选择“段落”选项，在“样式基准”下拉列表框中选择“标题 1”选项，在“后续段落样式”下拉列表框中选择“正文”选项。

❻ 在“格式”栏中，将“字体”设置为“华文行楷”、字号设置为“二号”、字形设置为“加粗”，颜色设置为“深红”，对齐方式设置为“居中对齐”。此时所选文本已添加了自定义样式，同时“样式”任务窗格中将显示自定义样式。

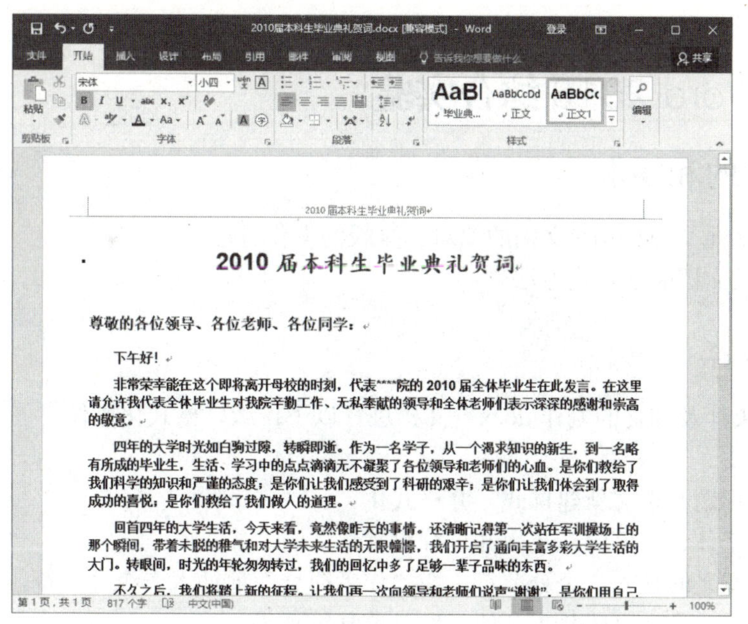

图 3-32　新建样式

❼ 按 Enter 键换行，输入“尊敬的各位领导、各位老师、各位同学：”，并设置其字体为“四号、加粗”。接着输入正文内容，在需要分段的位置按 Enter 键。

❽ 选择第一段正文文本，单击“新建样式”按钮，打开“根据格式设置创建新样式”对话框。将样式名称设置为“正文 1”、“样式类型”设置为“段落”、“样式基准”和“后续段落样式”设置为“正文”，字号设置为“小四”并“加粗”。

❾ 单击“格式”按钮，然后选择“段落”，打开“段落”对话框；在“特殊格式”下拉列表框中选择“首行缩进”，在后面的数值框中输入“2 字符”，在“间距”栏的“段前”数值框中输入“0.5 行”。选择第 1 段正文，在“剪贴板”选项组中单击“格式刷”，拖动鼠标，快速将当前段落格式应用到其他段落中。

2. 将上面的 Word 文档转换为 PDF 或 XPS 文档

单击“文件”按钮，然后选择“另存为”，在打开的“另存为”对话框的“保存类型”下拉列表中选择“PDF”或“XPS 文档”类型保存即可。

三、实验内容

对实验 2 中编辑的文档进行以下设置：

（1）新建“1 级标题”样式，三号黑体、居中、样式类型为“段落”、样式基准为“标题 1”、后续段落“标题 2”。

（2）新建“2 级标题”样式，小三黑体、左对齐、样式类型为“段落”、样式基准为“标题 2”、后续段落“正文”。

（3）新建“正文内容”样式，小四宋体、样式类型为“段落”、样式基准为“正文”，后续段落“正文”、“段落”选择“首行缩进 2 字符”、段前间距为“0.5 行”。

（4）将该文档发布为 PDF 文档。

（5）进行拼写和语法错误的检查。

实验 7　Word 2016 综合实验

一、实验目的和要求

（1）熟练掌握 Word 2016 文档的编辑、排版的操作方法。

（2）掌握长文档的格式化方法。

二、实验内容

为“婴儿果汁及辅食的制作.docx”文档进行以下排版、格式化操作。

❶ 制作封皮。

❷ 为各级标题及正文新建样式，并格式化。

❸ 自定义字体、段落的格式，并进行设置。

❹ 在章与章之间插入一个分节符，在“作者简介”前插入一个分节符。

❺ 插入页码，正文页码从 1 开始，目录单独编页码。

❻ 插入页眉、页脚，奇偶页插入不同的页眉、页脚。

❼ 将图片素材插入到文档中，并对图片格式化。

❽ 为部分果汁或辅食的制作过程添加项目符号或编号，对部分果汁或辅食以表格的形式显示。

❾ 可以为文档自定义其他内容的设置，如艺术字、分栏、分页、页面背景等。

第 4 章　表格处理软件 Excel 2016

实验 1　表格数据的输入、编辑及打印输出

一、实验目的和要求

（1）掌握在工作表中输入数据、编辑数据的方法。

（2）了解工作表的打印输出。

二、实验示例

以制作并打印输出员工基本信息表为例。

首先，制作员工基本信息表，如图 4-1 所示。

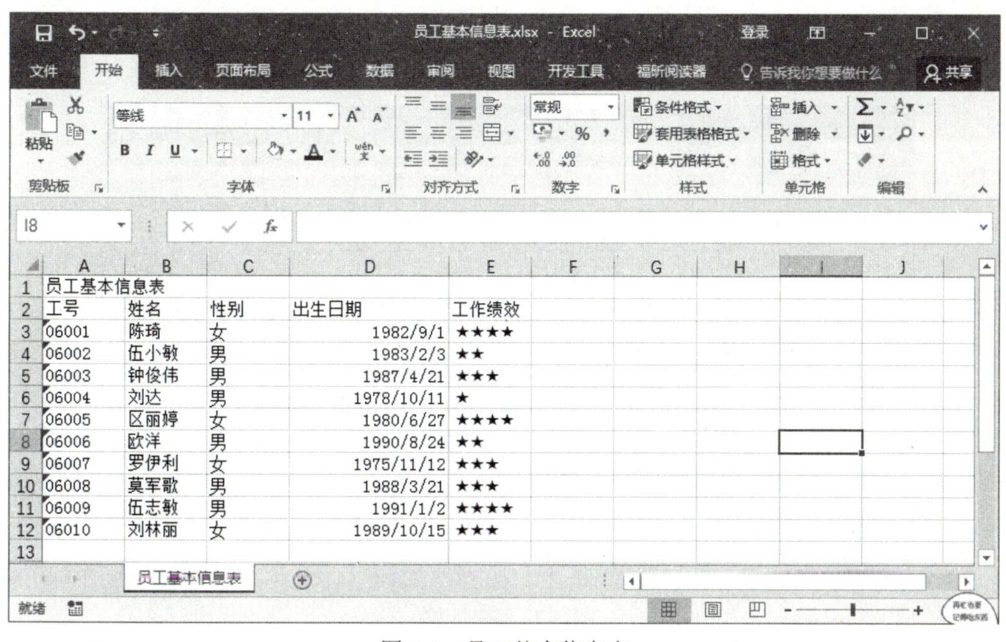

员工基本信息表				
工号	姓名	性别	出生日期	工作绩效
06001	陈琦	女	1982/9/1	★★★★
06002	伍小敏	男	1983/2/3	★★
06003	钟俊伟	男	1987/4/21	★★★
06004	刘达	男	1978/10/11	★
06005	区丽婷	女	1980/6/27	★★★★
06006	欧洋	男	1990/8/24	★★
06007	罗伊利	女	1975/11/12	★★★
06008	莫军歌	男	1988/3/21	★★★
06009	伍志敏	男	1991/1/2	★★★★
06010	刘林丽	女	1989/10/15	★★★

图 4-1　员工基本信息表

1．新建“员工基本信息表”

❶ 启动 Excel 2016，默认新建一个名为“工作簿 1”的工作簿，在“文件”选项卡中单击“另存为”按钮，选择“桌面”为保存位置。

❷ 在“文件名”栏中输入文件名“员工基本信息表”。

❸ 单击“保存”按钮，返回到 Excel 工作簿中。双击“Sheet1”工作表标签，将其重命名为“员工基本信息表”。

2．输入工作表标题和表头信息

❶ 单击“员工基本信息表”中的 A1 单元格，然后输入“员工基本信息表”，按 Enter 键确认输入的内容，如图 4-2 所示。

图 4-2　输入表标题

❷ 单击 A2 单元格，输入“工号”，然后按 Tab 键，依次在 B2:E2 单元格区域中输入“姓名”、“性别”、“出生日期”和“工作绩效”，结果如图 4-3 所示。

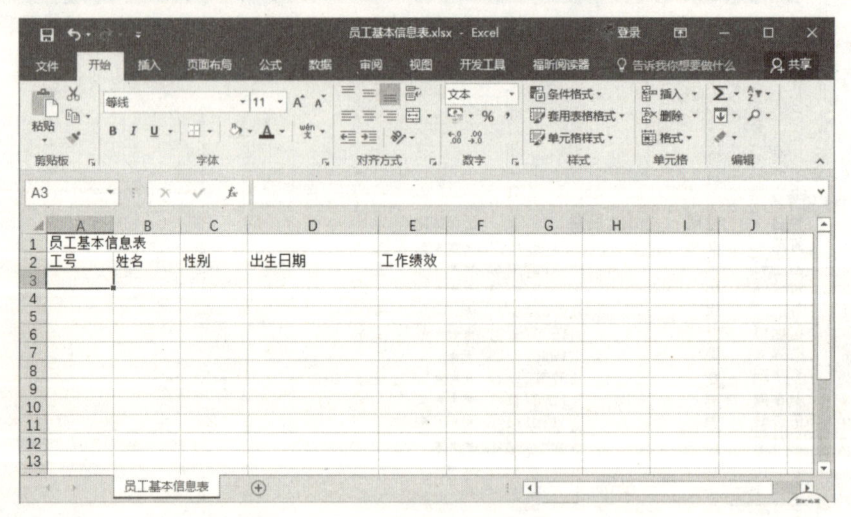

图 4-3　输入标题

3．输入员工编号

在 A3 单元格中输入“’06001”，然后选中 A3 单元格，将光标移到 A3 单元格右下角，光标变为十字形状，向下拖动鼠标至 A12 单元格，如图 4-4 所示。释放鼠标后，将自动按序号的排列顺序填充该单元格区域。

4．输入员工的姓名和性别

由于姓名少有重复的情况，所以只能依次输入，而性别只有男、女之分，可以采用同时在多个单元格中输入相同数据的方法输入，操作步骤如下：

图 4-4　输入员工编号

❶ 在 B3:B12 单元格区域中依次输入员工姓名。

❷ 选中 C4:C5、C8 和 C10:C11 单元格区域，输入“男”，然后按 Ctrl+Enter 键，这样在选中的区域中都输入了“男”。同样，选中 C3、C6:C7、C9、C12 单元格区域，输入“女”，然后按 Ctrl+Enter 键，这样在选中的区域中都输入了“女”。

完成后，结果如图 4-5 所示。

	A	B	C	D	E	F
1	员工基本信息表					
2	工号	姓名	性别	出生日期	工作绩效	
3	06001	陈琦	女			
4	06002	伍小敏	男			
5	06003	钟俊伟	男			
6	06004	刘达	女			
7	06005	区丽婷	女			
8	06006	欧洋	男			
9	06007	罗伊利	女			
10	06008	莫军歌	男			
11	06009	伍志敏	男			
12	06010	刘林丽	女			

图 4-5　输入姓名和性别

5. 输入员工出生日期

输入日期的时候，可以用连字符“-”或“/”分割日期的年、月、日部分。

单击 D3 单元格，输入“1982-9-1”或“1982/9/1”，输入完后按 Enter 键，依次在 D4:D12 单元格区域中输入每位员工的出生日期，如图 4-6 所示。

6. 输入员工工作绩效

绩效以输入★为主，★的数量代表员工工作绩效的高低，5 个★代表最高绩效，操作如下：

❶ 单击 E3 单元格，然后在“插入”选项卡的“符号”组中单击符号按钮，在弹出的“符号”对话框中找到“★”图标并选中，如图 4-7 所示。

❷ 单击“插入”按钮，返回到 Excel 工作表，在 E3 单元格中插入了一个★。双击 E3 单元格，选中“★”，右键单击选择区域，然后从弹出的快捷菜单中选择“复制”命令。

❸ 双击 E4 单元格，按 Ctrl+V 组合键，在该单元格中粘贴刚才复制的“★”，结果如图 4-8 所示。

	A	B	C	D	E
1	员工基本信息表				
2	工号	姓名	性别	出生日期	工作绩效
3	06001	陈琦	女	1982/9/1	
4	06002	伍小敏	男	1983/2/3	
5	06003	钟俊伟	男	1987/4/21	
6	06004	刘达	女	1978/10/11	
7	06005	区丽婷	女	1980/6/27	
8	06006	欧洋	男	1990/8/24	
9	06007	罗伊利	女	1975/11/12	
10	06008	莫军歌	男	1988/3/21	
11	06009	伍志敏	男	1991/1/2	
12	06010	刘林丽	女	1989/10/15	

图 4-6　输入出生日期

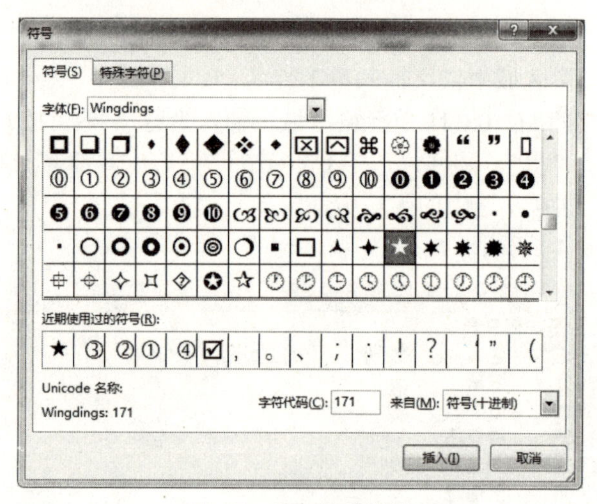

图 4-7　插入特殊符号

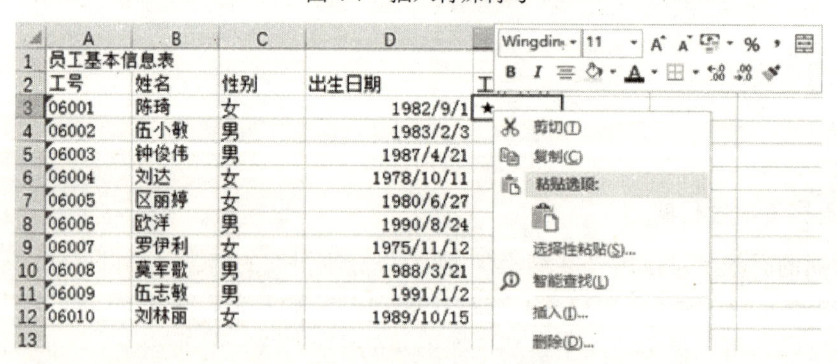

	A	B	C	D	E
1	员工基本信息表				
2	工号	姓名	性别	出生日期	工
3	06001	陈琦	女	1982/9/1	★
4	06002	伍小敏	男	1983/2/3	
5	06003	钟俊伟	男	1987/4/21	
6	06004	刘达	女	1978/10/11	
7	06005	区丽婷	女	1980/6/27	
8	06006	欧洋	男	1990/8/24	
9	06007	罗伊利	女	1975/11/12	
10	06008	莫军歌	男	1988/3/21	
11	06009	伍志敏	男	1991/1/2	
12	06010	刘林丽	女	1989/10/15	
13					

图 4-8　粘贴“★”

❹ 用同样的方法输入其他员工的工作绩效。

至此，整个员工基本信息表就制作完成了，单击快速访问工具栏中的“保存”按钮或按 Ctrl+S 组合键，保存工作簿。

下面来打印员工基本信息表。

1. 设置纸张大小及方向

❶ 单击“页面布局”选项卡，在“页面设置”组中单击“纸张大小”按钮，在弹出的列表中选择“B5”，如图 4-9 所示。

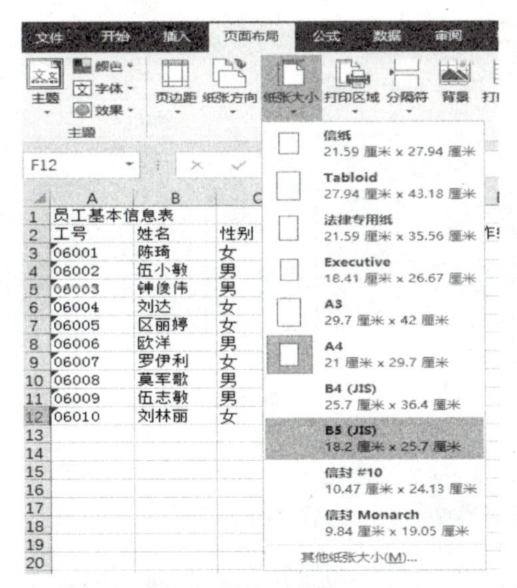

图 4-9　设置纸张大小为 B5

❷ 在“页面设置”组中单击“纸张方向”按钮，在弹出的下拉列表中选择“横向”选项，如图 4-10 所示。

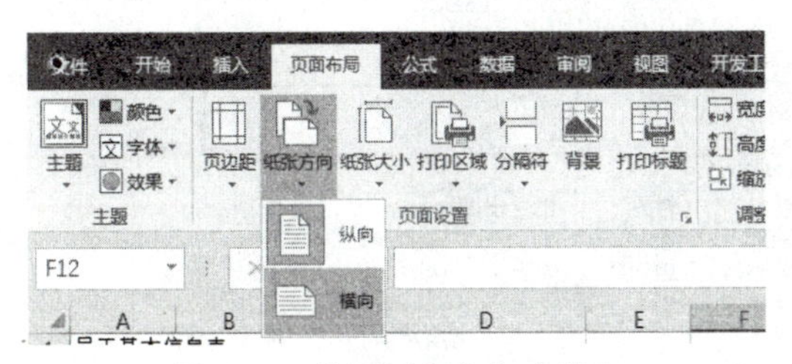

图 4-10　设置纸张方向为横向

2．设置页边距

在“页面布局”选项卡的“页面设置”组中单击“页边距”按钮，在弹出的下拉列表中选择“自定义页边距”，打开“页面设置”对话框，单击“页边距”选项卡，勾选“居中方式”组中的“水平”和“垂直”复选框，如图 4-11 所示。单击“确定”按钮即可。

3．设置页眉页脚

❶ 单击“插入”选项卡，在“文本”组中单击“页眉和页脚”按钮，自动切换到“页面布局”视图，如图 4-12 所示。在“页眉”处选择中间栏，输入“员工基本信息表”；在“页脚”处选择右边栏，先输入“制作时间：”，然后单击“页眉和页脚元素”组中的“当前日期”按钮。设置好后的效果如图 4-13 所示。

❷ 单击任一单元格，在“视图”选项卡中的“工作簿视图”组中单击“普通”按钮，返回到 Excel 普通视图。

4．设置打印区域

若只需打印员工基本信息表中的部分内容，可设置打印区域。

❶ 选择要打印的 A2:D12 单元格区域，然后单击“页面布局”选项卡，在“页面设置”组中单击“打印区域”按钮，在弹出的菜单中选择“设置打印区域”命令，如图 4-14 所示。

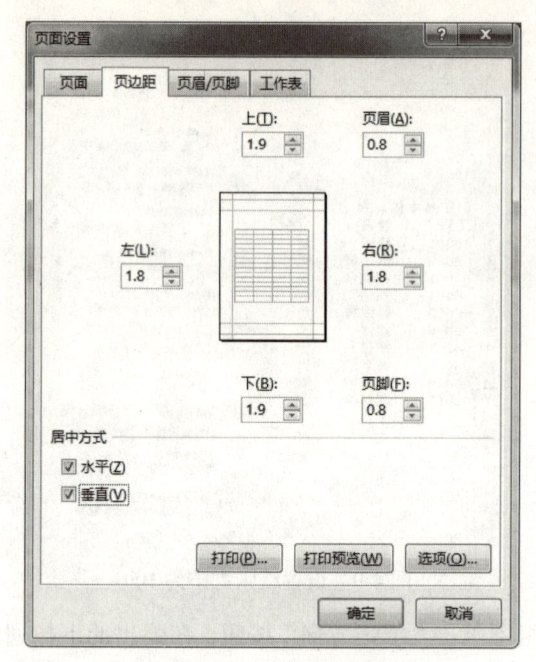

图 4-11　页边距设置

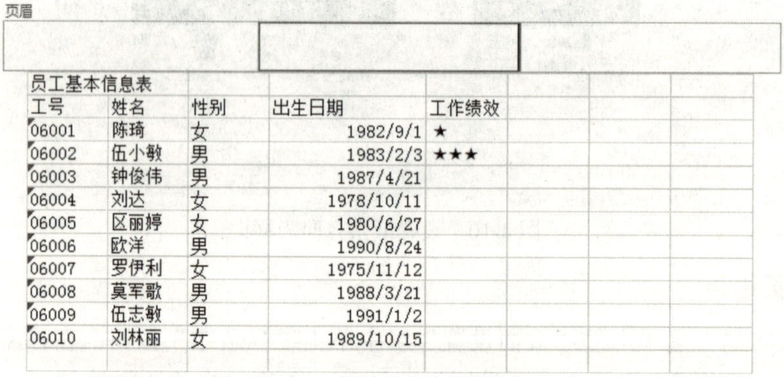

页眉

员工基本信息表				
工号	姓名	性别	出生日期	工作绩效
06001	陈琦	女	1982/9/1	★
06002	伍小敏	男	1983/2/3	★★★
06003	钟俊伟	男	1987/4/21	
06004	刘达	女	1978/10/11	
06005	区丽婷	女	1980/6/27	
06006	欧洋	男	1990/8/24	
06007	罗伊利	女	1975/11/12	
06008	莫军歌	男	1988/3/21	
06009	伍志敏	男	1991/1/2	
06010	刘林丽	女	1989/10/15	

图 4-12 “页面布局”视图

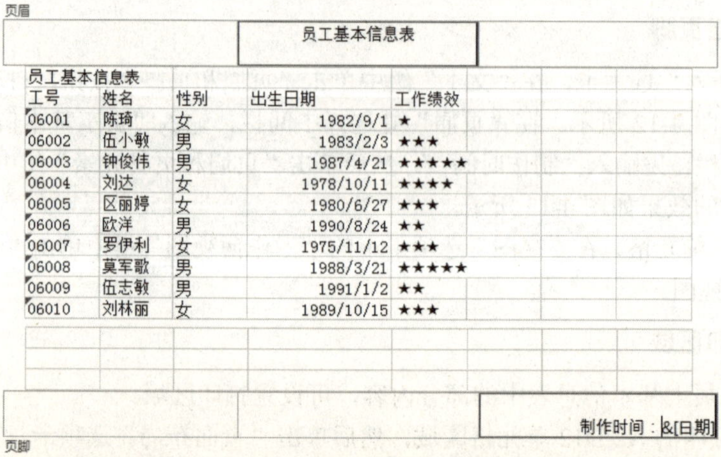

页眉

员工基本信息表

员工基本信息表				
工号	姓名	性别	出生日期	工作绩效
06001	陈琦	女	1982/9/1	★
06002	伍小敏	男	1983/2/3	★★★
06003	钟俊伟	男	1987/4/21	★★★★★
06004	刘达	女	1978/10/11	★★★★
06005	区丽婷	女	1980/6/27	★★★
06006	欧洋	男	1990/8/24	★★
06007	罗伊利	女	1975/11/12	★★★
06008	莫军歌	男	1988/3/21	★★★★★
06009	伍志敏	男	1991/1/2	★★
06010	刘林丽	女	1989/10/15	★★★

制作时间：&[日期]

页脚

图 4-13　设置页眉页脚

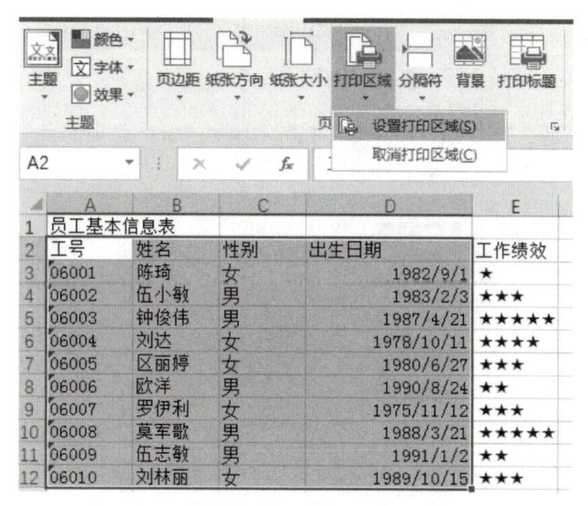

	A	B	C	D	E
1	员工基本信息表				
2	工号	姓名	性别	出生日期	工作绩效
3	06001	陈琦	女	1982/9/1	★
4	06002	伍小敏	男	1983/2/3	★★★
5	06003	钟俊伟	男	1987/4/21	★★★★★
6	06004	刘达	女	1978/10/11	★★★★
7	06005	区丽婷	女	1980/6/27	★★★
8	06006	欧洋	男	1990/8/24	★★
9	06007	罗伊利	女	1975/11/12	★★★
10	06008	莫军歌	男	1988/3/21	★★★★★
11	06009	伍志敏	男	1991/1/2	★★
12	06010	刘林丽	女	1989/10/15	★★★

图 4-14　设置打印区域

❷ 设置打印区域后，在 A2:D12 单元格区域周围将出现虚线框。

5. 预览打印效果

打印输出前需要预览一下设置的效果，若不满意，可根据需要再适当调整。

❶ 选择“文件”→“打印”命令，即可看到预览页面，若不进行调整，可以看到工作表在页面中的比例比较小，如图 4-15 所示，此时可调整其打印比例。一种方法是单击图 4-15 右下角的按钮，即可将页面放大到一定的比例。

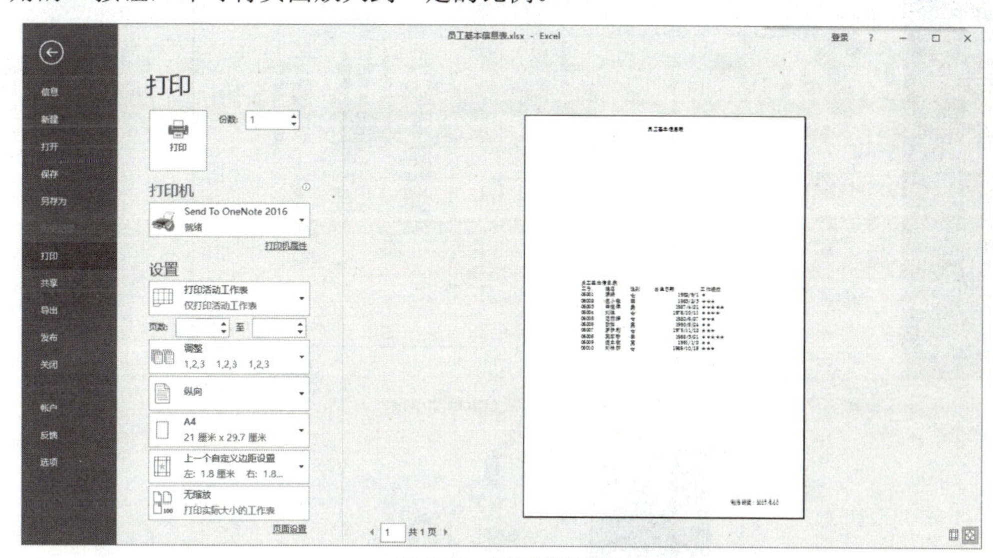

图 4-15　设置前效果

如果需要调整到固定的比例，则单击“页面设置”中的按钮，打开“页面设置”对话框，选择“页面”选项卡，选中“缩放”组中的“缩放比例”单选按钮，将其右侧框中的数值设为“250”，如图 4-16 所示。

❷ 单击“确定”按钮，返回打印预览窗口，可看到工作表的显示比例变大了，如果满意，可单击“打印”按钮，打开“打印内容”对话框，如图 4-17 所示。

❸ 因为设置了打印区域，所以在“设置”中需要选中“打印选定区域”，如图 4-18 所示。确认无误后单击“打印”按钮，即可打印员工基本信息表。

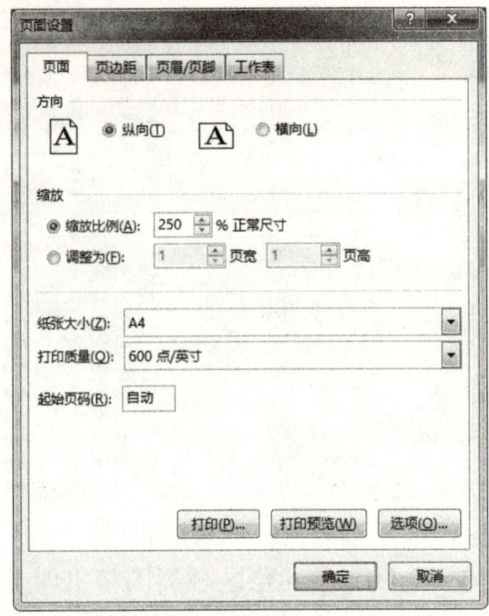

图 4-16　设置缩放比例

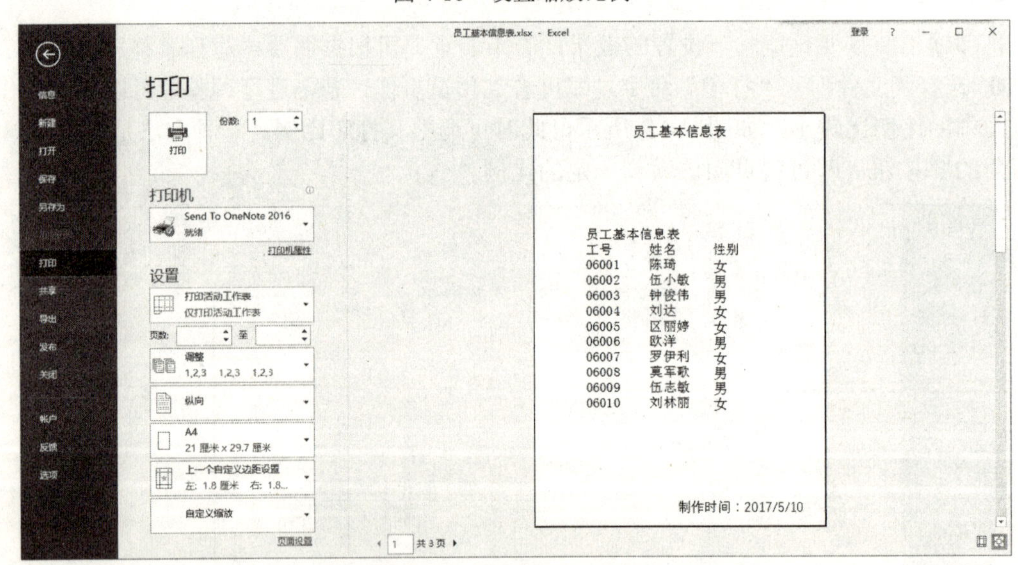

图 4-17　设置后的效果

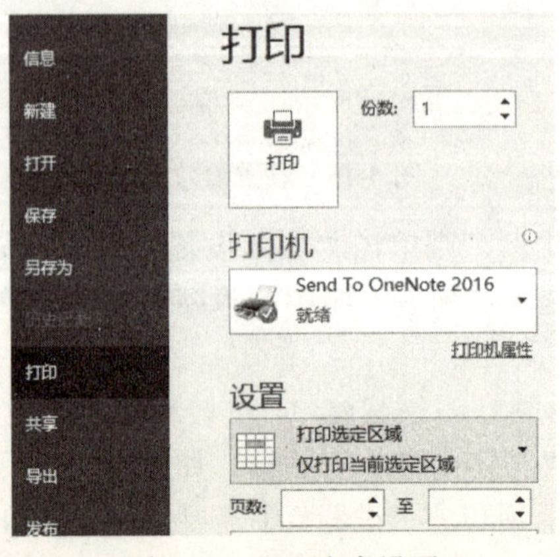

图 4-18　打印内容设置

三、实验内容

（1）按照实验示例中介绍的输入表格数据的方法，制作一个商品库存表，并在其中输入数据，结果如图 4-19 所示。

	A	B	C	D	E	F
1	商品库存表					
2	商品编号	商品名称	进货日期	库存	单价	畅销度
3	0620001	冰箱	2017-05-10	300	3000	🌢🌢🌢
4	0620002	微波炉	2017-04-15	269	1080	🌢🌢🌢🌢
5	0620003	热水器	2017-05-12	590	800	🌢
6	0620004	电视机	2017-03-08	260	4500	🌢🌢🌢
7	0620005	洗衣机	2017-05-14	170	3400	🌢🌢🌢🌢
8	0620006	油烟机	2017-05-20	500	2000	🌢🌢🌢
9	0620007	消毒柜	2017-06-29	430	1500	🌢🌢🌢🌢

图 4-19　商品库存表

完成后，利用实验示例中介绍的设置与打印工作表的知识，设置纸张大小为“A4”及方向为“纵向”；设置“页边距”中的“居中方式”为“水平”和“垂直”；设置页眉居中文字为“商品库存表”，设置页脚靠右文字为“制作时间：”，然后插入当前时间；设置打印区域为 A2:F9；然后预览设置的打印效果，适当调整工作表的缩放比例，最后打印输出。

（2）按照实验示例中介绍的输入表格数据的方法，制作一个学生基本信息表，并在其中输入数据，结果如图 4-20 所示。

	A	B	C	D	E	F	G
1	学生信息表						
2	学号	班级	省份	姓名	性别	专业名称	成绩等级
3	092055011	计算机1班	广东	陈建宇	男	计算机科学与技术	☼☼☼
4	092055012	计算机1班	广东	龚玥	男	计算机科学与技术	☼
5	092055013	计算机1班	湖南	陈进	男	计算机科学与技术	☼☼☼
6	092055016	计算机2班	广东	陈慎起	男	计算机科学与技术	☼☼☼☼
7	092055017	计算机2班	湖北	陈思海	男	计算机科学与技术	☼☼
8	092055018	计算机2班	广东	陈雅琳	女	计算机科学与技术	☼☼☼☼
9	092055021	计算机2班	安徽	邓韵思	女	计算机科学与技术	☼☼☼
10	092055022	计算机2班	广东	丁怡景	男	计算机科学与技术	☼☼☼☼
11	092055023	计算机2班	广西	董伟彬	男	计算机科学与技术	☼☼☼☼☼
12	092055024	计算机3班	山西	冯凯凯	男	计算机科学与技术	☼☼☼
13	092055025	计算机3班	广东	傅坊云	女	计算机科学与技术	☼☼
14	112055026	计算机3班	陕西	甘睿明	男	计算机科学与技术	☼☼☼
15	112055027	计算机3班	广东	高学理	男	计算机科学与技术	☼☼☼☼

图 4-20　学生基本信息表

完成后，利用实验示例中介绍的设置与打印工作表的知识，设置纸张大小为“B5”及方向为“纵向”；设置“页边距”中的“居中方式”为“水平”和“垂直”；设置页眉居中，文字为“学生基本信息表”，设置页脚靠右，文字为“制作时间：”，然后插入当前时间；设置打印区域为 A2:F15；然后预览设置的打印效果，适当调整工作表的缩放比例，最后打印输出。

实验 2　管理、美化工作表

一、实验目的及要求

（1）掌握单元格格式设置的方法。

（2）掌握自定义数字格式的方法。

（3）掌握条件格式和数据有效性设置的方法。

（4）掌握冻结窗格的方法。

二、实验示例

下面以制作“员工基本信息表”的工作表为例。原始数据如图 4-21 所示。完成效果如图 4-22 所示。

	A	B	C	D	E	F
1	员工基本信息表					
2	编号	姓名	性别	出生日期	婚否	工资
3	09201101	李俊		1980/12/1		
4	09201102	易恩福		1987/9/12		
5	09201103	谭利寅		1983/8/30		
6	09201104	杨秋		1980/2/14		
7	09201105	伍志光		1990/6/5		
8	09201106	霍章荣		1979/12/6		
9	09201107	王助仁		1983/12/12		
10	09201108	欧国钦		1985/7/15		
11	09201109	曾朝官		1986/5/13		
12	09201110	何先雄		1991/11/11		
13	09201111	何多君		1982/2/8		
14	09201112	何严鸿		1981/12/19		
15	09201113	梁玉祥		1980/4/14		

图 4-21　原始数据

	A	B	C	D	E	F
1	员工基本信息表					
2	编号	姓名	性别	出生日期	婚否	工资
3	09201101	李俊	男	1980/12/1	已婚	☆5000元/月
4	09201102	易恩福	女	1987/9/12	未婚	☆4800元/月
5	09201103	谭利寅	男	1983/8/30	未婚	☆5200元/月
6	09201104	杨秋	女	1980/2/14	未婚	☆5000元/月
7	09201105	伍志光	女	1990/6/5	已婚	☆4500元/月
8	09201106	霍章荣	男	1979/12/6	已婚	★6700元/月
9	09201107	王助仁	女	1983/12/12	未婚	☆5000元/月
10	09201108	欧国钦	女	1985/7/15	未婚	☆5400元/月
11	09201109	曾朝官	男	1986/5/13	已婚	☆5000元/月
12	09201110	何先雄	女	1991/11/11	未婚	☆4900元/月
13	09201111	何多君	男	1982/2/8	未婚	☆5600元/月
14	09201112	何严鸿	男	1981/12/19	已婚	☆5000元/月
15	09201113	梁玉祥	男	1980/4/14	已婚	☆5300元/月

图 4-22　完成效果

1．通过设置数据验证，快速输入“性别”、“婚否”两列的数据

❶ 选择要设置数据有效性的 C3:C15 单元格区域，然后在“数据”选项卡的“数据工具”组中单击“数据验证”按钮，选择“数据验证”，打开“数据验证”对话框。

❷ 在“设置”选项卡中选择“验证条件”为“序列”，然后在“来源”文本框中输入“男，女”，如图 4-23 所示。

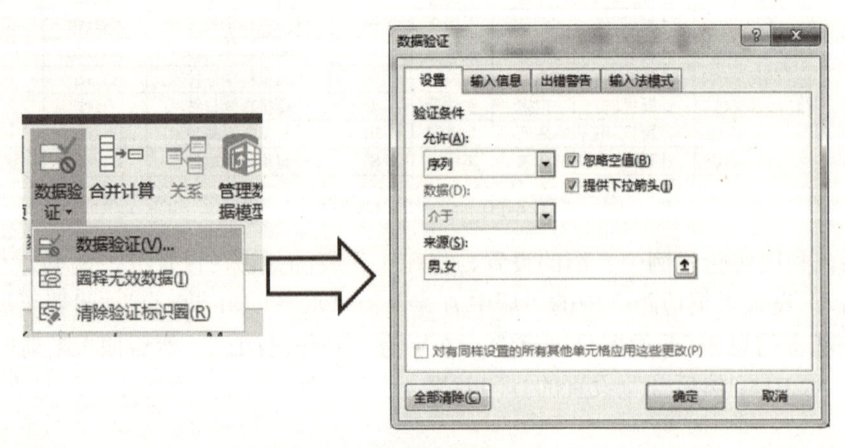

图 4-23　数据验证设置

❸ 单击“确定”按钮，关闭对话框。可看到在选中的单元格区域中，每个单元格右侧有一个下拉箭头，单击单元格右侧的下拉箭头，可以从弹出的下拉列表中选择指定的数据。

❹ “婚否”列的数据也用类似的方法输入。

2．在“工资”列中使用自定义数字格式

❶ 选中 F3:F15 区域，单击右键，在弹出的快捷菜单中选择“设置单元格格式”命令，弹出“设置单元格格式”对话框

❷ 选择“数字”选项卡，在“分类”栏中选择“自定义”项，在“类型”文本框中输入“0"元/月"”，如图 4-24 所示。

图 4-24　自定义数字格式

❸ 单击“确定”按钮后，在 F3:F15 单元格区域中仅输入数值就可以了。

3．设置表标题格式

❶ 选中 A1:F1 单元格区域，然后在“开始”选项卡的“对齐方式”组中单击“合并后居中”按钮，将标题合并并居中。

❷ 单击“字体”组中的“字体”按钮右侧的下拉箭头，在下拉列表框中选择“华文隶书”，在“字号”下拉列表框中选择“22”，单击“字体颜色”的下拉箭头，在下拉列表框中选择“蓝色”。

4．设置表头格式

❶ 选择 A2:F2 单元格区域，将其字体设置为“黑体”，字号设置为“14”，字体颜色设置为“紫色”，并单击“加粗”按钮将其加粗显示。

❷ 单击“开始”选项卡的“对齐方式”组中的“居中”按钮，将表头居中显示。

5．设置数据区字体和对齐方式

❶ 选择 A3:F15 单元格区域，将其字体设置为“楷体”，字号设置为“14”，字体颜色设置为“蓝色”。

❷ 在“开始”选项卡的“对齐方式”组中单击“居中”按钮，将文字居中对齐。

❸ 在“单元格”组中单击“格式”按钮，在弹出的下拉列表中选择“自动调整列宽”命令和“自动调整行高”命令，以自动调整单元格区域的列宽和行高。

6. 设置边框和填充效果

为了使表格中的数据层次鲜明，一目了然，可以为表格设置边框；为了突出显示重要内容，可以设置表格的填充效果。

❶ 选中 A2:F15 单元格区域，打开“设置单元格格式”对话框，选择“边框”选项卡，在“样式”列表中选择一种边框样式，在“颜色”下拉列表中选择“蓝色”，单击“外边框”按钮，为表格设置外框线；然后在“样式”列表中选择另一种边框样式，在“颜色”下拉列表中选择“绿色”，单击“内部”按钮，为表格设置内框线，如图 4-25 所示。

❷ 单击 A1 单元格，打开“设置单元格格式”对话框，选择“填充”选项卡，单击“填充效果”按钮，打开“填充效果”对话框；在“颜色 2”下拉列表中选择“黄色”，在“底纹样式”中选择“中心辐射”，在右侧的“变形”选项区中选择一个变形效果，如图 4-26 所示。

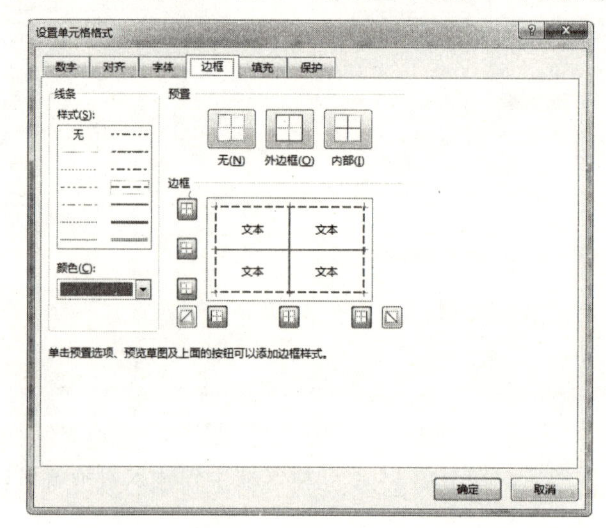

图 4-25　设置表格边框

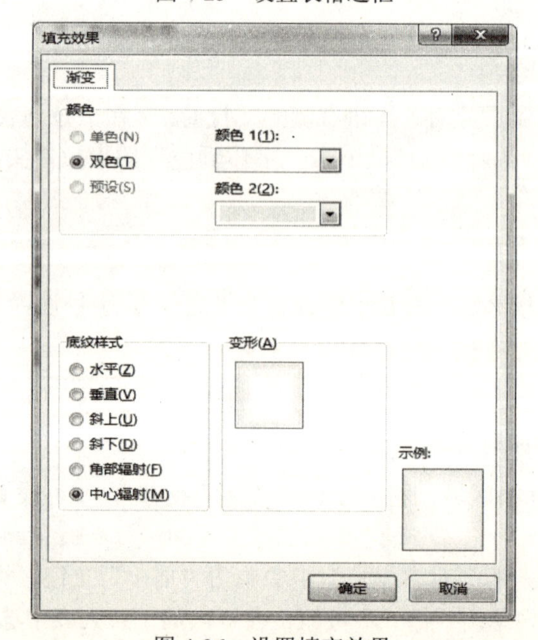

图 4-26　设置填充效果

7. 设置条件格式

❶ 选择 F3:F15 单元格区域，在“开始”选项卡的“样式”组中单击“条件格式”按钮，然后选择“新建规则”命令，将显示“新建格式规则”对话框。

❷ 在“新建格式规则”列表框中选择“图标集”，然后在“图标样式”列表框中选择 3 个星型。

❸ 调整比较运算符、阈值和类型。工资大于等于 6000 的以★标示，工资小于 6000 且大于等于 5000 的以☆标示，工资小于 5000 的以☆标示，设置如图 4-27 所示。

图 4-27　调整阈值和类型

三、实验内容

（1）制作学生成绩表

完成效果如图 4-28 所示。具体要求如下。

	A	B	C	D	E	F	G	H	I
1	学生成绩表								
2	编号	姓名	性别	年龄	专业	班级	实验成绩	考试成绩	总评
3	101001	赵芳	女	23	计算机	1班	65.0	80.0	74.0
4	101002	刘品华	男	26	电子	2班	66.0	76.5	72.3
5	101003	余晓娟	女	24	电子	1班	86.0	89.0	87.8
6	101004	陈永林	男	23	电子	2班	75.0	73.0	73.8
7	101005	高海英	女	28	计算机	1班	87.0	88.0	87.6
8	101006	王兰华	女	25	计算机	2班	76.0	82.0	79.6
9	101007	吴海天	男	31	通信	2班	83.0	78.5	80.3
10	101008	吴政昆	男	26	通信	2班	68.0	73.0	66.2

图 4-28　题（1）完成效果

打开实验素材中的“学生成绩表.xlsx”，利用实验示例中介绍的方法输入相关数据。

❶ 标题设置。合并 A1:I1 单元格区域；字体设置为“微软雅黑”，字号设置为“20”，字体颜色设置为“绿色”，填充设置为“黄色”。

❷ 表头设置。表头的字体设置为“隶书”，字号设置为“16”，颜色设置为“红色”，填充设置为“浅蓝色角部渐变”。

❸ 将“编号”列中的文字设置为“紫色”，倾斜加粗。其他列文字字体设置为“楷体”。字号设置为“14”。

❹ 分数要求保留 1 位小数。

❺ 设置“实验成绩”、“考试成绩”、“总评”大于等于 80 的以✔标示，“总评”小于 80 且大于等于 70 的以❗标示，“总评”小于 70 的以✖标示。

❻ 为 A2:I10 单元格区域添加绿色双线外边框，紫色单线内框线。

（2）制作电子产品前两季度销售记录表

完成效果如图 4-29 所示，具体要求如下。

	A	B	C	D	E	F	G	H	I
1	电子产品前两季度销售记录表								
2	产品类别	第一季度			第二季度			总销售	百分率
3		1月份	2月份	3月份	4月份	5月份	6月份		
4	显卡	¥15, 200. 0	¥21, 000. 0	¥20, 000. 0	¥45, 900. 0	¥61, 000. 0	¥32, 000. 0	¥195, 100. 0	17. 40%
5	触屏电话	¥8, 700. 0	¥12, 000. 0	¥32, 100. 0	¥12, 010. 0	¥6, 500. 0	¥11, 250. 0	¥82, 560. 0	7. 36%
6	打印机	¥15, 900. 0	¥24, 500. 0	¥32, 600. 0	¥23, 500. 0	¥9, 600. 0	¥6, 970. 0	¥113, 070. 0	10. 09%
7	电子时钟	¥6, 400. 0	¥3, 200. 0	¥1, 290. 0	¥3, 290. 0	¥5, 630. 0	¥2, 890. 0	¥22, 700. 0	2. 02%
8	硬盘	¥4, 000. 0	¥3, 560. 0	¥4, 690. 0	¥39, 600. 0	¥88, 910. 0	¥23, 950. 0	¥164, 710. 0	14. 69%
9	内存	¥45, 740. 0	¥30, 790. 0	¥12, 690. 0	¥33, 210. 0	¥45, 010. 0	¥34, 650. 0	¥202, 090. 0	18. 03%
10	手机	¥34, 560. 0	¥12, 350. 0	¥45, 610. 0	¥45, 210. 0	¥23, 460. 0	¥11, 230. 0	¥172, 420. 0	15. 38%
11	蓝牙耳机	¥3, 450. 0	¥7, 620. 0	¥4, 560. 0	¥1, 230. 0	¥5, 670. 0	¥3, 420. 0	¥25, 950. 0	2. 31%
12	光驱	¥15, 800. 0	¥23, 890. 0	¥67, 430. 0	¥9, 640. 0	¥9, 850. 0	¥15, 780. 0	¥142, 390. 0	12. 70%

图 4-29 题（2）完成效果图

打开实验素材中的“电子产品销售记录表.xlsx”，利用实验示例中介绍的方法，输入相关数据。

❶ 标题设置。合并 A1:I1 单元格区域；字体设置为“华文隶书”，字号设置为“20”，字体颜色设置为“红色”，加粗并倾斜，填充颜色设置为“浅蓝色”。

❷ 表头设置。将表头的单元格进行合并，达到如图 4-29 所示的效果，字体设置为“黑体”，字号设置为“14”，颜色设置为“蓝色”，填充设置为“黄色垂直渐变”。

❸ 将 B4:I12 单元格区域中的文字字号设置为“13”，将数字格式设置为货币格式，并带有千位分隔符。在 J4:J12 单元格区域中，将数字格式设置为百分比，保留 1 位小数。

❹ 设置总销售量大于 130000 的条件格式，要求符合条件的数据填充颜色是浅绿色，并设置用紫色数据条显示各产品的销售百分率。

❺ 为 A2:I12 单元格区域添加红色双线外边框，蓝色单线内框线。

实验 3　数据的筛选、排序及分类汇总

一、实验目的及要求

（1）掌握数据筛选（自动筛选、自定义筛选、高级筛选）的方法。

（2）掌握数据排序的方法。

（3）了解数据的分类汇总及分级显示。

二、实验示例

以产品报价表为例，原始数据如图 4-30 所示。

	A	B	C	D	E
1	产品报价表				
2	序号	设备名称	厂家	单价(元)	报价日期
3	1	直流电压表	桂林电表厂	440	2017-7-6
4	2	电路实验箱	清华大学科教仪器厂	1,200	2017-4-6
5	3	电工实验箱	清华大学科教仪器厂	790	2017-4-6
6	4	单相调压器	上海电压调整器	670	2017-5-2
7	5	三相调压器	上海电压调整器	780	2017-5-2
8	6	单相功率表	上海良表仪器仪表	610	2017-5-2
9	7	接地电阻仪	上海良表仪器仪表	395	2017-7-6
10	8	直流稳压电源	上海良表仪器仪表	750	2017-7-6
11	9	直流毫安表	上海良表仪器仪表	440	2017-7-6
12	10	滑线变阻器	上海胜新电器厂	420	2017-5-2
13	11	物理天平	上海天平仪器厂	980	2017-4-6
14	12	数字万用表	深圳华谊	800	2017-5-2

图 4-30　原始数据

要求：要求筛选出厂家为“上海良表仪器仪表”中价格在 600～800 元之间的设备，并把筛选结果复制到从单元格 A16 开始的区域中，然后按价格从低至高排序；再将工作表中的记录按 CPU 品牌进行分类汇总，计算价格的平均值。

1. 对数据进行高级筛选

❶ 设置条件区域。要求筛选出价格在 600～800 元之间且厂家为“上海良表仪器仪表”的设备，所以条件区域的设置应如图 4-31 所示。

厂家	单价(元)	单价(元)
上海良表仪器仪表	>=600	<=800

图 4-31　条件区域设置

❷ 选中任意单元格，在“数据”选项卡的“排序和筛选”组中单击“高级”按钮，打开“高级筛选”对话框，从中选中“将筛选结果复制到其他位置”，在“列表区域”中指定要进行筛选的数据区域，在“条件区域”中指定要进行筛选的条件区域，在“复制到”中指定筛选结果的位置，如图 4-32 所示。单击“确定”按钮，即可将筛选结果复制到从单元格 A16 开始的区域中。

2. 对筛选结果进行排序

选中筛选结果的单元格区域，在“数据”选项卡的“排序和筛选”组中单击“排序”按钮，弹出“排序”对话框，在“主要关键字”下拉列表框中选择“价格”，在“次序”中选择“降序”。然后单击“确定”按钮，完成按价格从低至高排序。

3. 对源数据进行分类汇总

要求按“厂家”进行分类汇总，在分类汇总前应先将源数据按汇总字段进行排序，即应先按“厂家”排序。

❶ 选中 A2:E14 单元格区域，在“数据”选项卡的“排序和筛选”组中单击“排序”按

钮，弹出“排序”对话框，在“主要关键字”下拉列表框中选择“厂家”，在“次序”中选择“升序”。然后单击“确定”按钮，完成设置。

❷ 选择需要进行分类汇总的数据区域 A2:E14，在“数据”选项卡的“分级显示”组中单击“分类汇总”按钮，在弹出的“分类汇总”对话框中设置“分类字段”、“汇总方式”、“选定汇总项”等参数，如图 4-33 所示。单击“确定”按钮，得到最后的分类汇总结果。

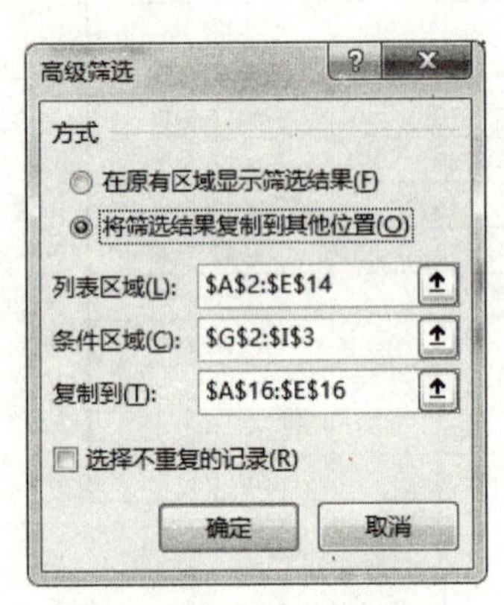

图 4-32　高级筛选设置

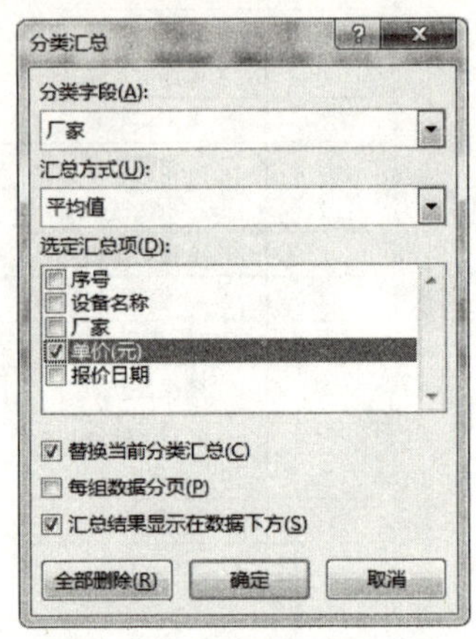

图 4-33　分类汇总设置

三、实验内容

（1）打开实验素材中的“数据的筛选、排序及分类汇总 1.xlsx”文件

① 在工作表名为“高级筛选子题”的工作表中完成以下操作：

采用“高级筛选”方法，查找年龄介于 30～45 岁之间（含 30 和 45）、职称为“副教授”的记录，列出这些记录的所有信息。以单元格 F1 为条件区域的左上角，查找结果存放在从单元格 F5 开始的区域中。

② 在工作表名为“排序及分类子题”的工作表中完成以下操作：

以“职业”为主要关键字（升序）、“学历”为次要关键字（降序），对数据进行排序。然后以“职业”为分类字段，对“职业”进行“计数”分类汇总。

（2）打开实验素材中的“数据的筛选、排序及分类汇总 2.xlsx”

① 在工作表名为“高级筛选子题”的工作表中完成以下操作：

采用“高级筛选”方法，查找至少有一科不及格的记录，列出这些记录的所有信息。以单元格 G1 为条件区域的左上角，查找结果存放在从单元格 G7 开始的区域中。

② 在工作表名为“排序及分类汇总子题”的工作表中完成以下操作：

以“职称”为主要关键字（升序）、“年龄”为次要关键字（降序），对数据进行排序；按“职称”进行分类汇总，计算年龄的平均值。

实验 4　公式与函数

一、实验目的及要求

（1）掌握使用公式与函数计算表格数据。

一、实验示例

以年度考核表为例，原始数据如图 4-34 所示。

	A	B	C	D	E	F	G	H	I	J
1	年度考核表									
2	序号	姓名	第一季度	第二季度	第三季度	第四季度	年度考核总分	年度考核平均分	是否表彰	排名
3	1	梁玉祥	98	96	98	97				
4	2	岑锡雄	98	98	97	96				
5	3	曾庆全	100	97	98	99				
6	4	黄智刚	87	95	96	96				
7	5	陆智明	95	96	98	96				
8	6	马政友	96	96	96	94				
9	7	黎文要	99	98	97	98				
10	半年考核平均分									
11	年度考核总分最高分									

图 4-34　原始数据

要求：在“年度考核总分”列计算出考核总分；在“年度考核平均”列计算出年度考核平均；在“是否表彰”列计算出是否表彰，若年度考核总分大于等于 390，那么值为“是”，否则为“否”；在“排名”列中计算考核总分的排名；计算半年考核平均分；在单元格 G12 中计算年度考核总分最高分。

1．计算“年度考核总分”和“年度考核平均分”

❶ 单击 G3 单元格，再单击“插入函数”按钮 f_x，打开“插入函数”对话框；选择 SUM 函数，单击“确定”按钮，弹出“函数参数”对话框；选择 C3:F3 单元格区域，再单击“函数参数”对话框中的“确定”按钮。选择 G3 单元格，将光标移至 G3 单元格的右下方，当其变为“＋”形状时，按住鼠标左键并向下拖动至 G9 单元格。

❷ 单击 H3 单元格，再单击“插入函数” f_x 按钮，打开“插入函数”对话框；选择 AVERAGE 函数，单击“确定”按钮，弹出“函数参数”对话框；选择 C3:F3 单元格区域，单击“函数参数”对话框中的“确定”按钮。选择 H3 单元格，将光标移至 H3 单元格的右下方，当其变为“＋”形状时，按住鼠标左键并向下拖动至 H9 单元格。

2．在“是否表彰”列计算出是否表彰

❶ 选中 I3 单元格，单击“插入函数”按钮 f_x，打开“插入函数”对话框；选择 IF 函数，单击“确定”按钮，弹出“函数参数”对话框，设置如图 4-35 所示；单击“确定”按钮。

❷ 选择 I3 单元格，将光标移至 I3 单元格的右下方，当其变为十字形状时，按住鼠标左键并向下拖动至 I9 单元格。

3．在“排名”列中计算考核总分的排名

❶ 单击 J3 单元格，在编辑栏中输入公式“=RANK(G3, $G$3:$G$9)”，按 Enter 键。

❷ 选择 J3 单元格，将光标移至 J3 单元格的右下方，当其变为“＋”形状时，按住鼠标左键并向下拖动至 J9 单元格。

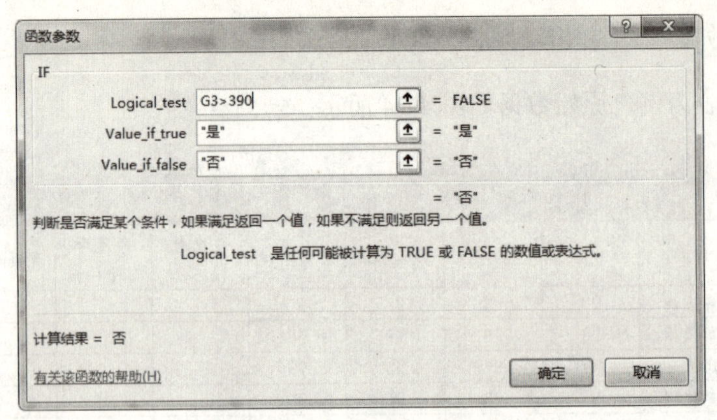

图 4-35 IF 函数参数设置

RANK()函数用于返回一个数字在数字列表中的排位，语法为“RANK(number, ref, order)”。其中，number 为需要找到排位的数字；ref 为数字列表数组或对数字列表的引用（Ref 中的非数值型参数将被忽略）；order 为一数字，指明排位的方式，如果 order 为 0 或省略，则基于 ref 降序排列，如果 order 不为零，则基于 ref 升序排列。

4．计算半年考核平均分

❶ 单击 C10 单元格，在编辑栏中输入公式“=AVERAGE(C3+D3, C4+D4, C5+D5, C6+D6, C7+D7, C8+D8, C9+D9)”，按 Enter 键。

❷ 选择 C10 单元格，将光标移至 C10 单元格的右下方，当其变为十字形状时，按住鼠标左键并向右拖动至 E10 单元格。

6．在单元格 C11 中计算年度考核总分最高分

单击 C11 单元格，在编辑栏中输入公式“=MAX(G3:G9)”，按 Enter 键。

三、实验内容

（1）打开实验素材中的“公式与函数 1.xlsx”文件，完成如下操作

① 在工作表名为“公式及函数子题 1”的工作表中完成以下操作：

在“总评成绩”列中，通过公式求出每个学生的总评成绩（总评成绩的计算为：期中成绩占 40%，平时成绩占 10%，期末成绩占 50%）；在“名次”列中，根据总评成绩计算名次（利用 RANK()函数）；在单元格区域 C27:F28 中，分别通过函数 MAX 和 MIN 求出“期中成绩”、“平时成绩”、“期末成绩”和“总评成绩”的最高分和最低分。

② 在工作表名为“公式及函数子题 2”的工作表中完成以下操作：

在“补贴”列中，根据“教授补贴 900，副教授补贴 800，其他教工补贴 600”的计算方法，通过 IF()函数，求出每个教工的补贴。

（2）打开实验素材中的“公式与函数 2.xlsx”文件，完成如下操作

① 在工作表名为“公式及函数子题 1”的工作表中完成以下操作：

在“销售额”列中，通过公式求出每个产品的销售额；在单元格 I12 中，计算所有产品的总销售额；在“百分率”中，计算每个产品的销售额占所有产品的总销售额的比率（保留 2 位小数）；在“销售排名”列中，根据总评成绩计算销售名次（利用 RANK()函数）。

② 在工作表名为“公式及函数子题 2”的工作表中完成以下操作：

在“补贴”列中根据“年龄在 50 岁以上的（包括 50 岁）补贴 900，年龄在 40 岁以上的（包括 40 岁）补贴 800，年龄在 40 岁以下的补贴 600”的计算方法，通过 IF()函数，求出每名教工的补贴。

实验 5　图表

一、实验目的及要求

掌握 Excel 的图表功能。

二、实验示例

以“2017 年日用品月销售情况报表”为例，原始数据如图 4-36 所示。

	A	B	C	D	E	F	G	H	I	J
1	2017年日用品月销售情况报表									
2	月份	洗发水月销售量	洗发水月销售额	沐浴露月销售量	沐浴露月销售额	洁面乳月销售量	洁面乳月销售额	香皂销月售量	香皂月销售额	月销售总额
3	1月	280	￥12,600	512	￥16,384	421	￥15,998	480	￥3,360	￥48,342
4	2月	320	￥14,400	480	￥15,360	410	￥15,580	420	￥3,360	￥48,700
5	3月	300	￥12,600	465	￥14,880	429	￥19,305	406	￥3,248	￥50,033
6	4月	308	￥13,244	479	￥16,765	380	￥18,620	481	￥2,886	￥51,515
7	5月	320	￥13,440	502	￥19,076	394	￥19,306	460	￥2,300	￥54,122
8	6月	270	￥11,880	488	￥18,544	390	￥19,110	472	￥2,832	￥52,366
9	7月	328	￥15,088	456	￥19,152	410	￥21,320	465	￥2,325	￥57,885
10	8月	340	￥15,640	460	￥17,940	430	￥21,500	430	￥2,150	￥57,230
11	9月	385	￥16,555	438	￥16,644	425	￥21,250	400	￥2,400	￥56,849
12	10月	320	￥13,760	392	￥16,464	402	￥19,296	421	￥2,105	￥51,625
13	11月	360	￥16,200	462	￥20,790	379	￥18,192	438	￥2,190	￥57,372
14	12月	380	￥16,720	480	￥21,600	385	￥19,250	402	￥2,412	￥59,982
15	趋势									

图 4-36　原始数据

要求：根据 2017 年日用品月销售情况报表中的数据创建一个图表，并用迷你图标示各商品月销售额的变化趋势。

1. 创建图表

❶ 选择 A2:E14 单元格区域，在“插入”选项卡的“图表”组中单击“折线图”按钮，从下拉列表中选择一种折线图形状，即可在当前工作表中创建与选择单元格区域相对应的图表，如图 4-37 所示。

❷ 右击“洗发水月销售额”数据系列，在弹出的快捷菜单中选择“更改系列图表类型”命令，打开“更改图表类型”对话框；在右下方的“洗发水月销售额”对应的“图表类型”中选择“簇状柱形图”，并勾选“次坐标轴”，单击“确定”按钮返回，图表中的“洗发水月销售额”数据系列的图表类型则被更改为了“簇状柱形图”，如图 4-38 所示。

❸ 以与❷同样的方式设置“沐浴露月销售额”数据系列。完成效果如图 4-39 所示。

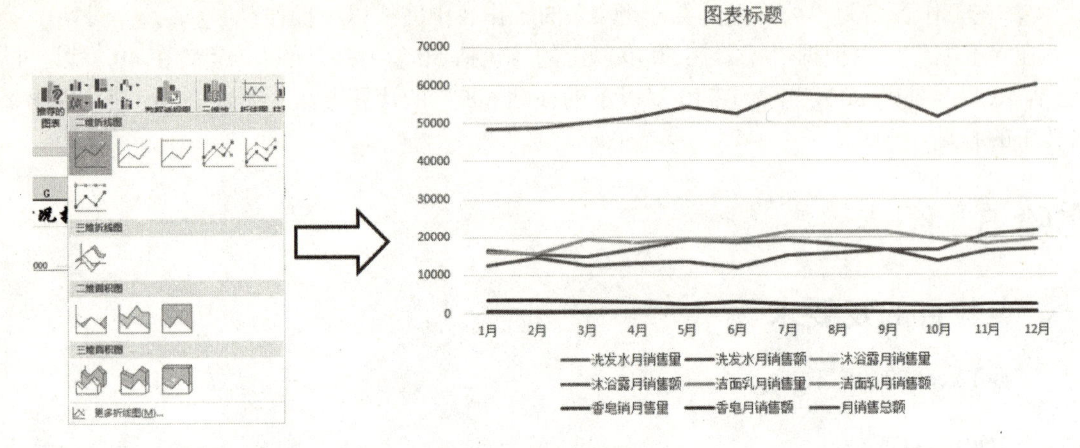

图 4-37　最初图表

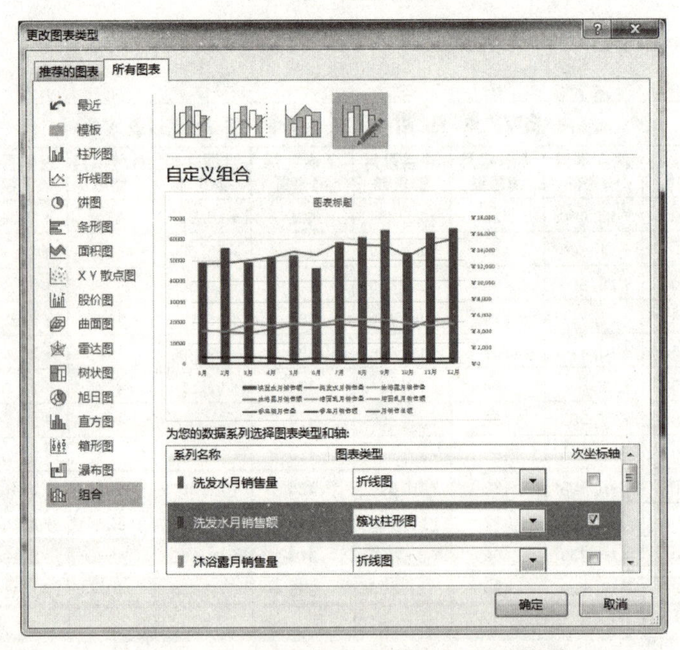

图 4-38　更改“洗发水月销售额”图表类型

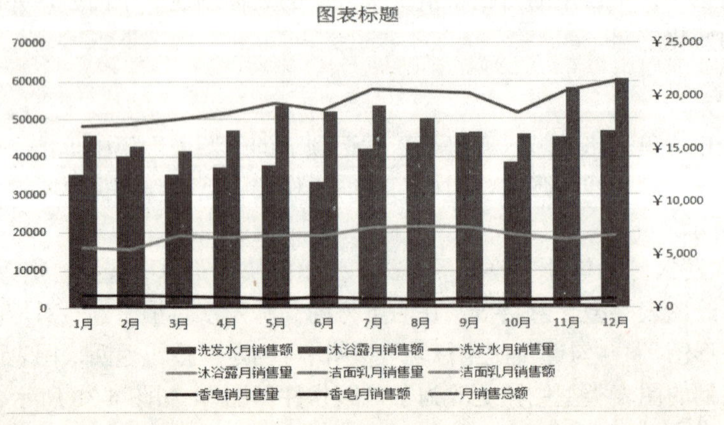

图 4-39　创建图表完成

2. 设置图表布局

❶ 把图表上方的标题内容修改为“月销售情况分析”。

❷ 在“设计”选项卡的“添加图表元素”组中单击“坐标轴标题”按钮，选择“主要纵坐标轴标题”，在图表中添加主要纵坐标轴标题，将标题内容修改为“产品销售量”；再在“开始”选项卡的“对齐方式”组中单击“方向”，选择“竖排文字”，修改文字方向。

❸ 用类似的方式添加次要纵坐标轴标题“产品销售额”及主要横坐标轴标题“月份”。完成后如图 4-40 所示。

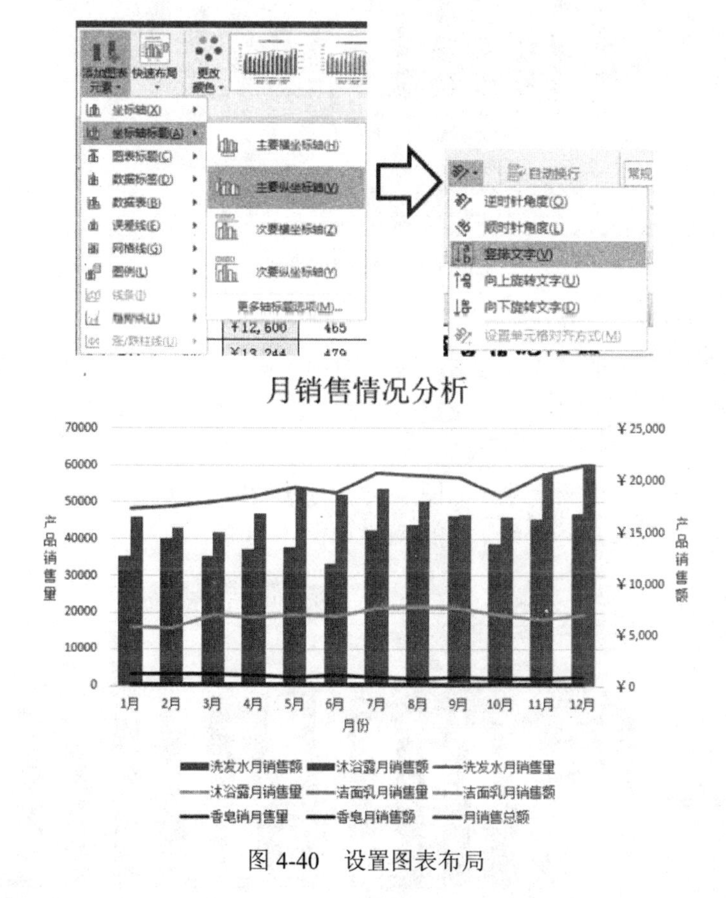

图 4-40　设置图表布局

3. 美化图表

❶ 单击图表区，在“格式”选项卡的“形状样式”组中单击“其他”按钮，在其下拉列表中选择“细微效果-水绿色, 强调颜色 5”，设置图表区的外观。

❷ 单击图表标题，在“格式”选项卡的“形状样式”组中单击“其他”按钮，在其下拉列表中选择“强烈效果-紫色, 强调颜色 4”，设置图表标题的外观。

❸ 单击主要纵坐标轴标题，在“格式”选项卡的“形状样式”组中单击“形状填充”按钮，在其下拉列表中选择“纹理”→“水滴”，设置主要纵坐标轴标题外观。以类似的方法设置次要纵坐标轴标题外观。

❹ 选择图例，在“格式”选项卡的“形状样式”组中单击“其他”按钮，在其下拉列表中选择“细微效果-红色, 强调颜色 2”，设置图例的外观。

❺ 选择水平坐标轴，在“格式”选项卡的“艺术字样式”组中单击“其他”按钮，

在其下拉列表中选择“图案填充；白色；深色上对角线；阴影”，设置水平坐标轴的外观。完成效果如图 4-41 所示。

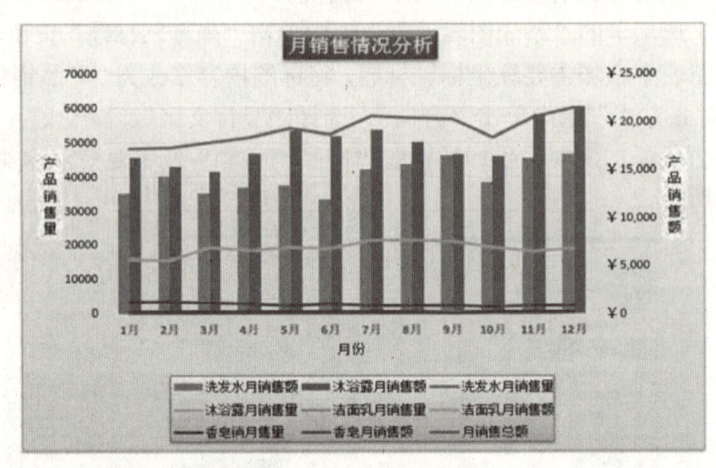

图 4-41　美化图表完成

4．添加线性趋势线

❶ 在“设计”选项卡的“添加图表元素”组中单击“趋势线”按钮，选择“线性”，在“布局”选项卡的“分析”组中单击“趋势线”按钮，选择“线性趋势线”命令，打开“添加趋势线”对话框。

❷ 选择“沐浴露月销售额”项（如图 4-42 所示），单击“确定”按钮，即可为图表中的“沐浴露月销售额”系列添加趋势线。完成效果如图 4-43 所示。

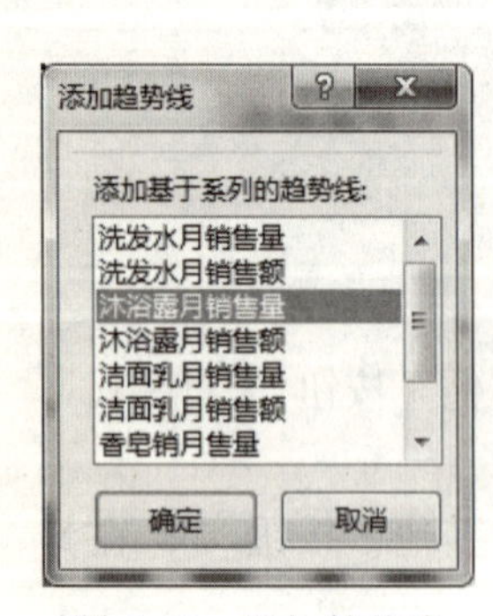

图 4-42　添加趋势线

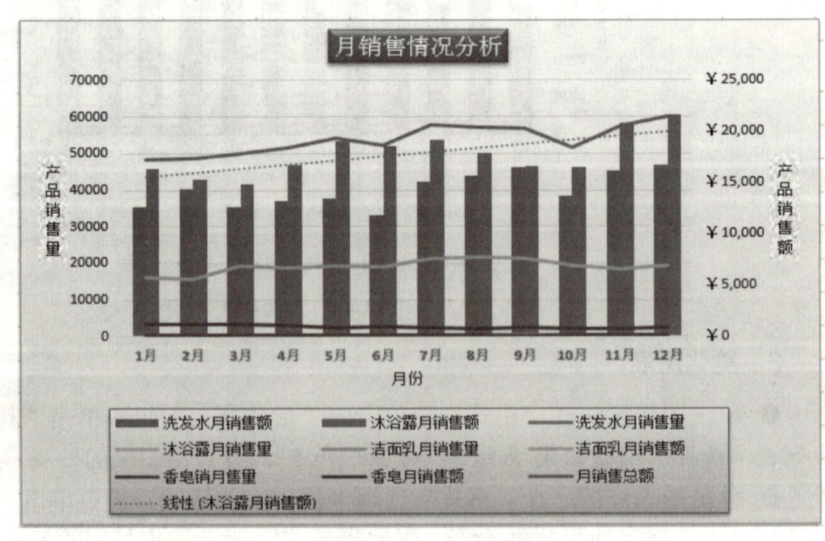

图 4-43　实验 5 最终图表

5．插入迷你图

❶ 选中 C15 单元格，选择“插入”选项卡的“迷你图”组中的一个图表类型，此处选择“折线图”。

❷ 在弹出的“创建迷你图”对话框中，单击“数据范围”文本框右侧的“压缩对话框”按钮，然后选择单元格区域 C3:C14（在 C15 单元格中的迷你图从单元格区域 C3:C14 中获取

数据)。

❸ 分别选中 E15、G15、I15 单元格，重复上述步骤，其中：E15 单元格中的迷你图从单元格区域 E3:E14 中获取数据，图表类型选择“折线图”；G15 单元格中的迷你图从单元格区域 G3:G14 中获取数据，图表类型选择“折线图”；I15 单元格中的迷你图从单元格区域 I3:I14 中获取数据，图表类型选择“折线图”。创建结果如图 4-44 所示。

2017年日用品月销售情况报表									
月份	洗发水月销售量	洗发水月销售额	沐浴露月销售量	沐浴露月销售额	洁面乳月销售量	洁面乳月销售额	香皂销月售量	香皂月销售额	月销售总额
1月	280	￥12,600	512	￥16,384	421	￥15,998	480	￥3,360	￥48,342
2月	320	￥14,400	480	￥15,360	410	￥15,580	420	￥3,360	￥48,700
3月	300	￥12,600	465	￥14,880	429	￥19,305	406	￥3,248	￥50,033
4月	308	￥13,244	479	￥16,765	380	￥18,620	481	￥2,886	￥51,515
5月	320	￥13,440	502	￥19,076	394	￥19,306	460	￥2,300	￥54,122
6月	270	￥11,880	488	￥18,544	390	￥19,110	472	￥2,832	￥52,366
7月	328	￥15,088	456	￥19,152	410	￥21,320	465	￥2,325	￥57,885
8月	340	￥15,640	460	￥17,940	430	￥21,500	430	￥2,150	￥57,230
9月	385	￥16,555	438	￥16,644	425	￥21,250	400	￥2,400	￥56,849
10月	320	￥13,760	392	￥16,464	402	￥19,296	421	￥2,105	￥51,625
11月	360	￥16,200	462	￥20,790	379	￥18,192	438	￥2,190	￥57,372
12月	380	￥16,720	480	￥21,600	385	￥19,250	402	￥2,412	￥59,982
趋势									

图 4-44　插入迷你图结果

三、实验内容

（1）打开实验素材中的“五城市降水量.xlsx”，完成如下操作

❶ 根据工作表中数据创建一个图表类型为“折线图”的图表，然后把“平均值”系列的图表类型改为“簇状柱形图”；为图表添加“五城市降水量”图表标题，添加主要纵坐标轴标题“降水量”，添加主要横坐标轴标题“月份”，如图 4-45 所示。

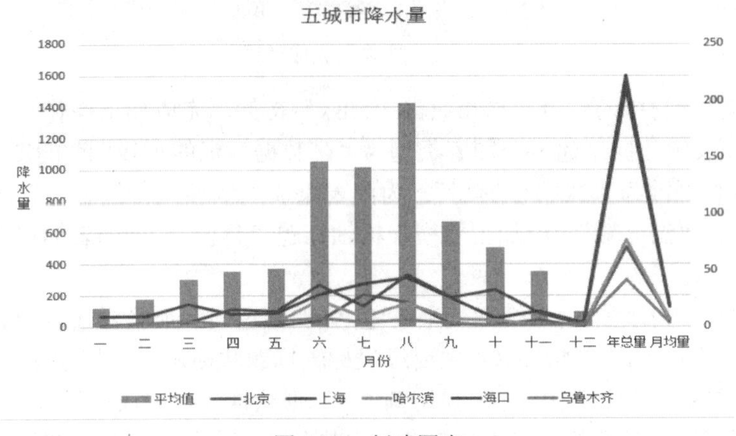

图 4-45　创建图表

❷ 美化图表。图表区采用“细微效果-红色,强调颜色 2”形状样式，图表标题采用“强烈效果-紫色, 强调颜色 4”形状样式，主要纵坐标轴标题采用“填充; 蓝色, 主题色 1; 阴影”艺术字样式，图例的位置改为右侧，采用“细微效果-水绿色, 强调颜色 5”形状样式，主要

横坐标轴标题采用“填充:红色，主题色 2；边框:红色，主题色 2”艺术字样式。

完成效果如图 4-46 所示。

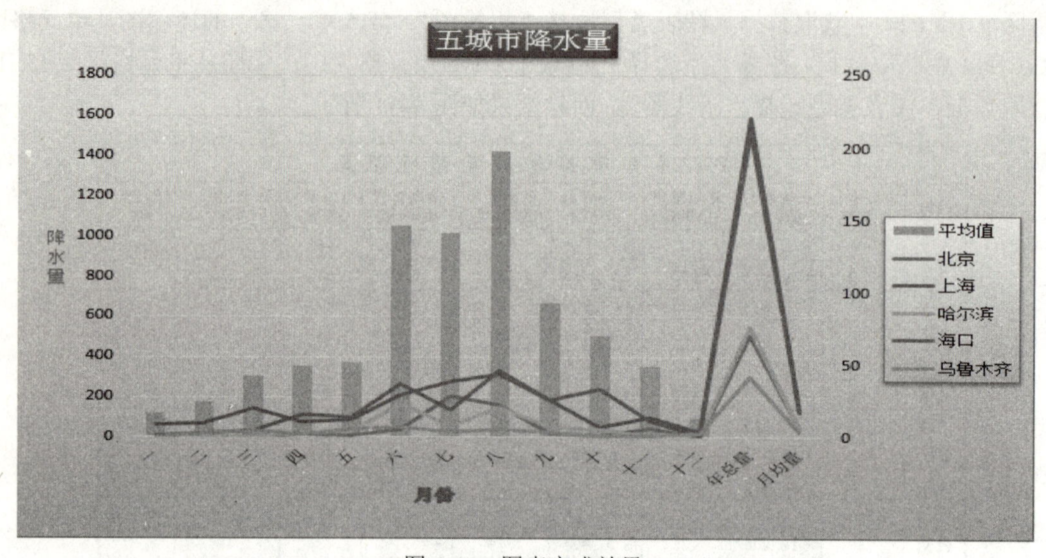

图 4-46　图表完成效果

❸ 插入迷你图。在单元格区域 P3:P7 中分别插入迷你图，用趋势图显示 5 个城市的降水量的变化趋势。完成效果如图 4-47 所示。

	A	B	C	D	E	F	G	H	I	J	K	L	M	N	O	P
1	城市降水量															
2	城市	一	二	三	四	五	六	七	八	九	十	十一	十二	年总量	月均量	
3	北京	3.7	1.5	0.3	16.9	8.6	39.2	206.4	158.5	18.3	9.9	43.4	0	506.7	42.225	
4	上海	65	68.3	142.9	78.3	85.6	207.8	274.3	311.6	183.7	53.7	97.2	26.9	1595.3	132.9416667	
5	哈尔滨	1.1	8	2.6	22.1	27.1	166.2	60.2	150	51.5	39.7	11.1	13.1	552.7	46.05833333	
6	海口	9.9	21.8	30.8	113.7	100.9	266.9	133.6	329.9	185.1	237.5	83.8	9.7	1523.6	126.9666667	
7	乌鲁木齐	3.2	22.7	34.4	15.8	36.8	52.6	29.7	40.3	25.4	10	11.4	17.7	300	25	
8	平均值	16.58	24.46	42.2	49.36	51.8	146.54	140.84	198.06	92.8	70.16	49.38	13.48			

图 4-47　迷你图完成效果

（2）打开实验素材中的“世界城市气温表.xlsx”文件，完成如下操作

❶ 根据工作表中数据创建一个图表类型为“带数据标记的折线图”的图表，然后把“平均”系列的图表类型改为“簇状柱形图”；为图表添加“世界城市气温表”图表标题，添加主要纵坐标轴标题“温度℃”，添加主要横坐标轴标题“月份”，把图表的样式设置为“样式 8”，如图 4-48 所示。

❷ 美化图表。图表区采用“细微效果-紫色,强调颜色 4”形状样式，图表标题采用“强烈效果-蓝色，强调颜色 1”形状样式，主要纵坐标轴标题和横坐标轴标题采用“蓝色面巾纸”纹理填充，图例采用“细微效果-橙色,强调颜色 6”形状样式。完成效果如图 4-49 所示。

❸ 插入迷你图。在单元格区域 B15:F15 中分别插入迷你图，用柱形图显示各城市的气温的变化趋势。完成效果如图 4-50 所示。

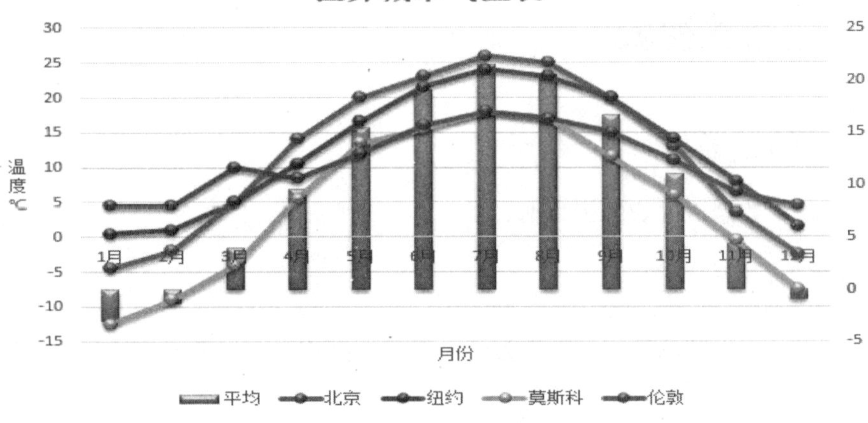

图 4-48　创建图表

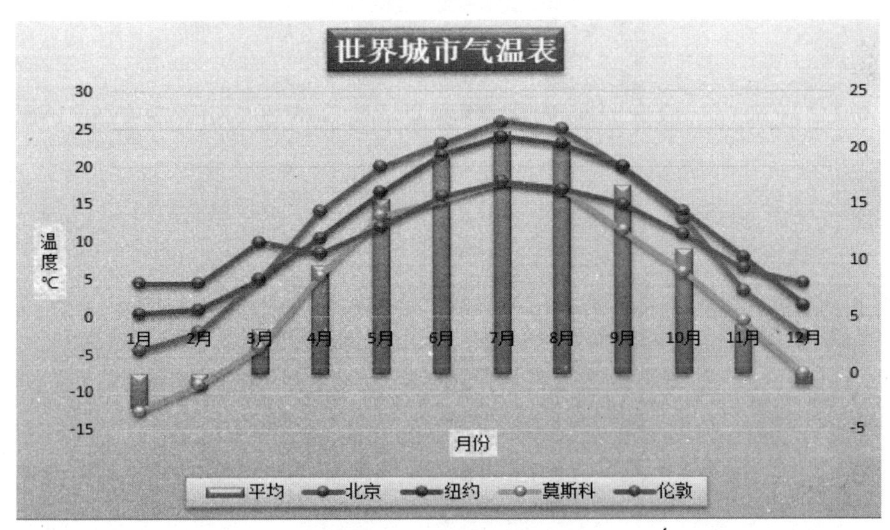

图 4-49　图表完成效果

	A	B	C	D	E	F
1	世界城市气温表（℃）					
2	城市	北京	纽约	莫斯科	伦敦	平均
3	1月	-4.5	0.5	-12.5	4.5	-3
4	2月	-2	1	-9	4.5	-1.375
5	3月	5	5	-4	10	4
6	4月	14	10.5	5.5	8.5	9.625
7	5月	20	16.5	13.5	12	15.5
8	6月	23	21.5	15.5	16	19
9	7月	26	24	18	18	21.5
10	8月	25	23	17	17	20.5
11	9月	20	20	11.5	15	16.625
12	10月	13	14	6	11	11
13	11月	3.5	8	-0.5	6.5	4.375
14	12月	-2.5	1.5	-7.5	4.5	-1
15						

图 4-50　迷你图完成效果

实验 6　数据透视表

一、实验目的及要求

了解如何使用数据透视表分析数据。

二、实验示例

下面以“三公司生产总值统计表”为例，创建数据透视表以便分析数据。原始数据如图 4-51 所示。

	A	B	C	D
2	公司	季度	月份	产值
3	A公司	1季度	一月	681.9
4	A公司	1季度	二月	567.6
5	A公司	1季度	三月	689
6	A公司	2季度	四月	687.1
7	A公司	2季度	五月	759.6
8	A公司	2季度	六月	793
9	A公司	3季度	七月	776.2
10	A公司	3季度	八月	783
11	A公司	3季度	九月	749.3
12	A公司	4季度	十月	782.5
13	A公司	4季度	十一月	768
14	A公司	4季度	十二月	796.3
15	B公司	1季度	一月	586
16	B公司	1季度	二月	605.3
17	B公司	1季度	三月	638.1
18	B公司	2季度	四月	713.2
19	B公司	2季度	五月	721.3
20	B公司	2季度	六月	780.6

图 4-51　原始数据

❶ 单击数据清单中任一单元格，在“插入”选项卡中选择“表格”→“数据透视表”选项，弹出“创建数据透视表”对话框。

❷ 在“请选择要分析的数据”组中选中“选择一个表或区域”单选按钮，然后单击按钮，选择 A2:D38 单元格区域；在“选择放置数据透视表的位置”中选中“新工作表”单选按钮，如图 4-52 所示。

❸ 单击“确定”按钮，在新工作表中插入数据透视表，将新工作表命名为“数据透视表”。

❹ 在“数据透视表字段”任务窗格的“选择要添加到报表的字段”列表中，将“公司”字段拖动到“行”处，将“季度”和“月份”字段拖动到“列”处，将“产值”字段拖动到“Σ值”处，如图 4-53 所示。此时，数据透视表如图 4-54 所示。

三、实验内容

（1）以实验素材中的“人员信息表.xlsx”为数据源创建数据透视表，将数据透视表放在以 A55 为左上角单元格的区域中，并选择一种数据透视表样式。效果如图 4-55 所示。

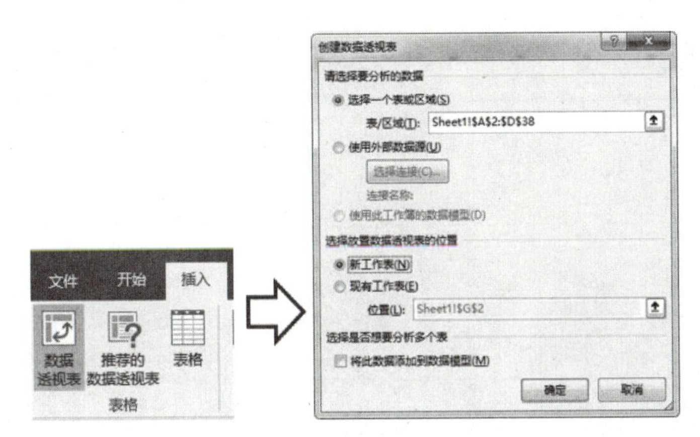

图 4-52 “创建数据透视表”对话框

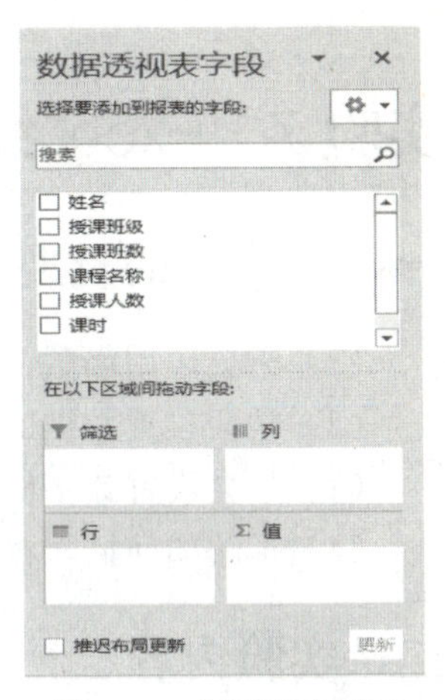

图 4-53 设置字段列表

求和项:产值	列标签														
	1季度				1季度 汇总	2季度			2季度 汇总	3季度			3季度 汇总	4季度
行标签	一月	二月	三月	四月		四月	五月	六月		七月	八月	九月		十月
A公司	681.9	567.6	689		1938.5	687.1	759.6	793	2239.7	776.2	783	749.3	2308.5	782.5
B公司	586	605.3	638.1		1829.4	713.2	721.3	780.6	2215.1	757	772.1	700.6	2229.7	710.4
C公司	791	630.3	663.1	738.2	2822.6		746.3	806.3	1552.6	782	797.2	725.6	2304.8	785.3
总计	2058.9	1803	1990	738.2	6590.5	1400.3	2227.2	2379.9	6007.4	2315.2	2352.3	2175.5	6843	2278.2

图 4-54 创建的数据透视表

平均值项:年龄	列标签											
行标签	初中	大本	大学	大专	高中	技校	职高	职中	中技	中专	专科	总计
男	19.0	34.0	29.5	40.4	24.4		17.0	20.0	25.0	30.3	25.0	28.8
女	24.2	34.0	35.5	27.5	28.6	16.5	18.0		27.0	19.3		25.6
总计	23.3	34.0	32.5	36.7	26.7	16.5	17.5	20.0	26.0	24.0	25.0	27.1

图 4-55 数据透视表 1

（2）以实验素材中的“授课统计表.xlsx”为数据源创建数据透视表，将数据透视表放在新的工作中，并选择一种数据透视表样式。效果如图 4-56 所示。

	A	B	C	D	E	F	G	H	I	J	K	L	M	N	O
1	授课班级	(全部)													
2															
3			姓名												
4	课程名称	数据	艾 提	蔡 国	蔡 轩	曾 刚	常 兰	陈 斌	陈 凤	成 燕	成 智	程小玲	褚 花	崔 痊	崔 楠
5	大学语文	求和项:授课人数				75	83					44			47
6		求和项:课时				26	44					21			24
7	德育	求和项:授课人数						41						63	
8		求和项:课时						70						27	
9	离散数学	求和项:授课人数	51												
10		求和项:课时	53												
11	体育	求和项:授课人数											52		
12		求和项:课时											56		
13	微积分	求和项:授课人数							55	57	50				
14		求和项:课时							70	21	46				
15	线性代数	求和项:授课人数		58											
16		求和项:课时		41											
17	英语	求和项:授课人数													
18		求和项:课时													
19	哲学	求和项:授课人数													
20		求和项:课时													
21	政经	求和项:授课人数			46										
22		求和项:课时			37										
23	求和项:授课人数汇总		51	58	46	75	83	41	55	57	50	44	52	63	47
24	求和项:课时汇总		53	41	37	26	44	70	70	21	46	21	56	27	24

图 4-56 数据透视表 2

实验 7　Excel 综合实验

一、实验目的及要求

（1）学会应用函数及公式。

（2）学会设置数据的有效性。

（3）学会设置数字格式。

（4）了解如何插入背景图片。

二、实验内容

1．制作万年历

❶ 启动 Excel，新建一个工作表，取名后保存（如万年历.xlsx），并在相应的单元格中输入如图 4-57 所示的文本。

	A	B	C	D	E	F	G	H
1					星期		北京时间	
2								
3		7	1	2	3	4	5	6
4		星期日	星期一	星期二	星期三	星期四	星期五	星期六
5								
6								
7								
8								
9								
10								
11								
12								
13								
14			查询年月		年		月	

图 4-57　输入相应的内容

❷ 同时选中 B1:D1 单元格区域，在“开始”选项卡的“对齐方式”选项组中单击“合并后居中”按钮，将其合并成一个单元格，并输入公式“=TODAY()”。

右击 B1（合并后的）单元格，在弹出的快捷菜单中选择“设置单元格格式”，打开“设置单元格格式”对话框；在“数字”选项卡的“分类”下选中“日期”，再在右侧“类型”下选中“二〇一四年七月四日”，单击“确定”按钮退出，将日期设置成中文形式。

❸ 选中 F1 单元格，输入公式“=IF(WEEKDAY(B1,2)=7,"日",WEEKDAY(B1,2))”；选中 H1 单元格，输入公式“=NOW()”；右击 F1 单元格，在弹出的快捷菜单中选择“设置单元格格式”，打开“设置单元格格式”对话框。

在“数字”选项卡的“分类”下选中“特殊”，再在右侧“类型”下选中“中文小写数字”，单击“确定”按钮退出，则将“星期数”设置成中文小写形式。

右击 H1 单元格，在弹出快捷的菜单中选择“设置单元格格式”，打开“设置单元格格式”对话框；在“数字”选项卡的“分类”下选中“时间”，再在右侧“类型”下面选中一款时间格式，单击“确定”按钮退出。

❹ 在 I1、I2 单元格中分别输入 1900、1901，然后同时选中 I1、I2 单元格，用填充柄向下拖拉至 I151 单元格，输入 1900～2050 年份序列。用同样的方法，在 J1～J12 单元格中输入 1～12 月份序列。

❺ 选中 D13 单元格，在“数据”选项卡的“数据工具组”选项组中单击“数据验证”按钮，选择“数据验证”，打开“数据验证”对话框；在“设置”选项卡中单击“允许”的下拉按钮，选中“序列”，在“来源”下输入“=$I$1:$I$151”（如图 4-58 所示），单击“确定”按钮退出。

图 4-58　数据有效性设置

❻ 同样操作，将 F15 单元格数据有效性设置为“=$J$1:$J$12”序列。注意：经过这样的设置以后，当选中 D15（或 F15）单元格时，在单元格右侧出现一个下拉按钮，按此下拉按钮，即可选择年份（或月份）数值，快速输入需要查询的年、月值。

❼ 选中 A2 单元格，输入公式“=IF(F14=2, IF(OR(D14/400=INT(D14/400), AND(D14/4=INT(D14/4), D14/100<>INT(D14/100))),29,28), IF(OR(F14=4,F14=6,F14=9,F14=11),30,31))”，用于获取查询“月份”所对应的天数（28、29、30、31）。

上述函数的含义是：如果查询“月份”为“2 月”（F14=2）且“年份”数能被 400 整除（D14/400=INT(D14/400)），或者“年份”能被 4 整除但不能被 100 整除（AND(D14/4=INT(D14/4), D14/100 <> INT(D14/100))），则该月为 29 天（也就是通常所说的“闰年”），否则为 28 天；如果“月份”不是 2 月，而是 4、6、9、11 月，则该月为 30 天；其他月份天数为 31 天。

❽ 选中 B2 单元格，输入公式“=IF(WEEKDAY(DATE($D$14,$F$14,1),2)=B3,1,0)”。再次选中 B2 单元格，用填充柄将上述公式复制到 C2:H2 单元格区域中。

B2 单元格中公式的含义是：如果“查询年月”的第 1 天是星期“7”（WEEKDAY(DATE($D$14, $F$14, 1), 2)=B3），在该单元格显示“1”，反之显示“0”。为“查询年月”获取一个对照值，为下面制作月历做准备。C2～H2 单元格中公式的含义与 B2 单元格中的相似，作用是判断所查询的那一年的那一个月的 1 号是星期几。

❾ 选中 B6 单元格，输入公式“=IF(B2=1,1,0)”；选中 B7 单元格，输入公式“=H6+1”，用填充柄将 B7 单元格中的公式复制到 B8:B9 单元格区域中；选中 B10 单元格，输入公式“=IF(H9>=A2, 0, H9+1)”；选中 B11 单元格，输入公式“=IF(H10>=A2, 0, IF(H10>0,H10+1,0))”；选中 C6 单元格，输入公式“=IF(B6>0,B6+1, IF(C2=1,1,0))”，用填充柄将 C6 单元格中的公式复制到 D6～H6 单元格中；选中 C7 单元格，输入公式“=B7+1”，用填充柄将 C7 单元格中的公式复制到 C8、C9 单元格中；选中 C7:C9 单元格区域，用填充柄将其中的公式复制到 D7:H9 单元格区域中；选中 C10 单元格，输入公式“=IF(B10>=$A$2, 0, IF(B10>0, B10+1, IF(C6=1, 1, 0)))”，用填充柄将 C10 单元格中的公式复制到 D10:H10 单元格区域中。

至此，整个万年历（其实没有万年，只有 1900 年至 2050 的 151 年）制作完成，如图 4-59 所示。

	A	B	C	D	E	F	G	H	I	J
1		二〇一七年五月十三日			星期	六	北京时间	13:25:10	1900	1
2	30	0	1	0	0	0	0	0	1901	2
3		7	1	2	3	4	5	6	1902	3
4		星期日	星期一	星期二	星期三	星期四	星期五	星期六	1903	4
5									1904	5
6		0	1	2	3	4	5	6	1905	6
7		7	8	9	10	11	12	13	1906	7
8		14	15	16	17	18	19	20	1907	8
9		21	22	23	24	25	26	27	1908	9
10		28	29	30	0	0	0	0	1909	10
11									1910	11
12									1911	12
13									1912	
14			查询年月	2010	年	11	月		1913	
15									1914	

图 4-59　初步完成万年历

2. 美化万年历

❶ 选中 I 列和 J 列，单击右键，在弹出的快捷菜单中选择“隐藏”，将相应的列隐藏起来，使得界面更加友好。用同样的方法，将第 2 行和第 3 行也隐藏起来。

❷ 选择“文件”→“选项”，打开“Excel 选项”对话框，选中左侧栏中的“高级”，在对应的右侧栏中，在“此工作表的显示选项”栏中取消“在具有零值的单元格中显示零”和“显示网格线”复选框的选中，如图 4-60 所示，单击“确定”按钮退出，则“零值”和“网格线”不显示。

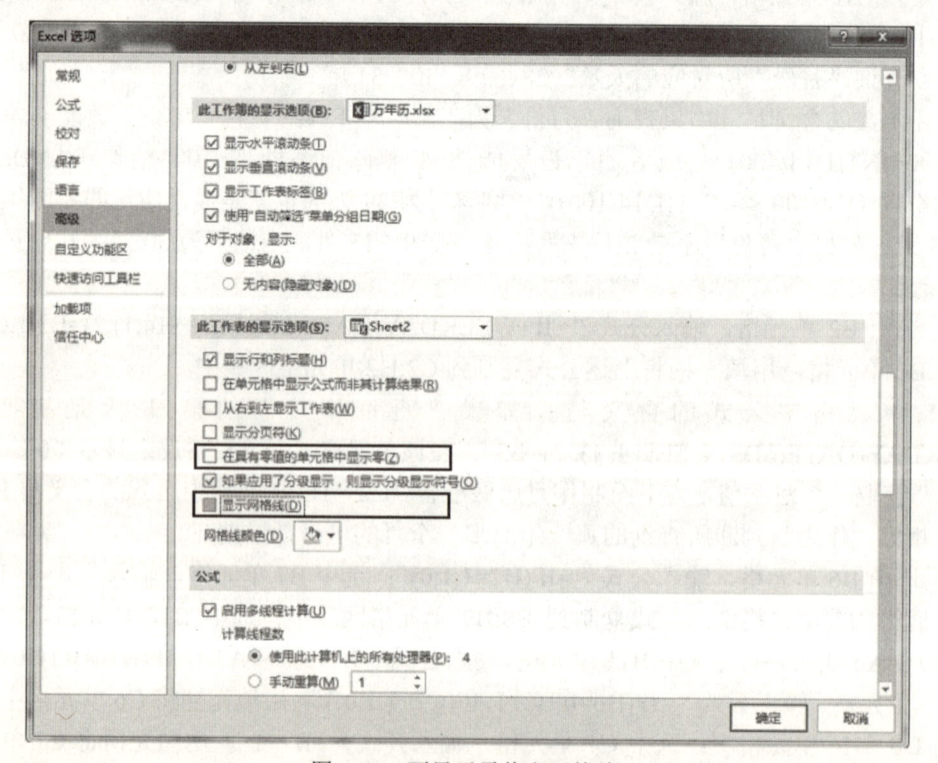

图 4-60　不显示零值和网格线

❸ 适当设置表格中的文字字体、字号、字符颜色、单元格样式等。

❹ 选择“页面布局”选项卡，在“页面设置”选项组中单击“背景”按钮，在弹出的“工

作表背景”对话框中选择一张合适的图片，再单击“插入”按钮，将图片衬于工作表的文字下方。结果如图 4-61 所示。

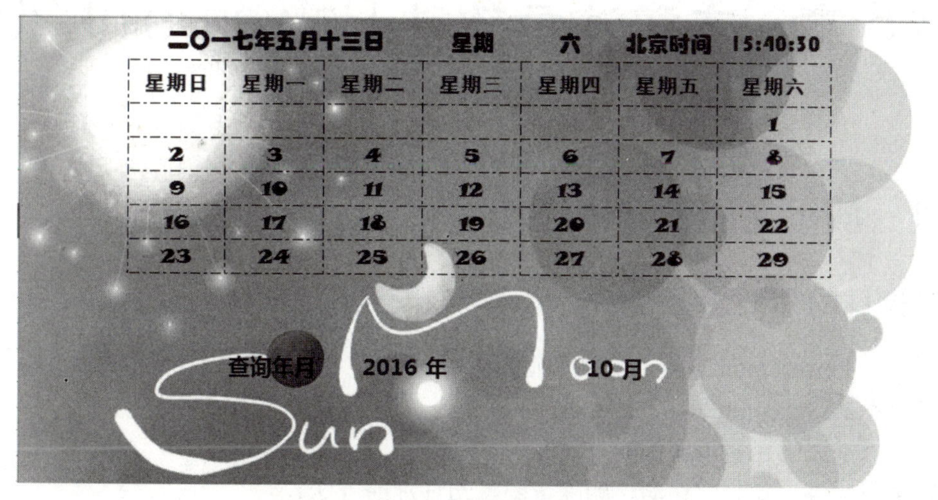

图 4-61 设置格式、添加背景后的结果图

❺ 在按住 Ctrl 键的同时，单击 D14 和 F14 单元格，即同时选中两个单元格，打开“设置单元格格式”对话框，切换到“保护”选项卡，取消“锁定”复选框的选中，如图 4-62 所示，单击“确定”按钮退出。

经过这样设置后，整个工作表中除了 D14 和 F14 单元格中的内容可以改变外，其他单元格中的内容均不能改变，保证了万年历的使用可靠性。

❻ 选择“审阅”选项卡，单击“更改”组中的“保护工作表”按钮，打开“保护工作表”对话框，如图 4-63 所示，两次输入密码后，单击“确定”按钮退出。

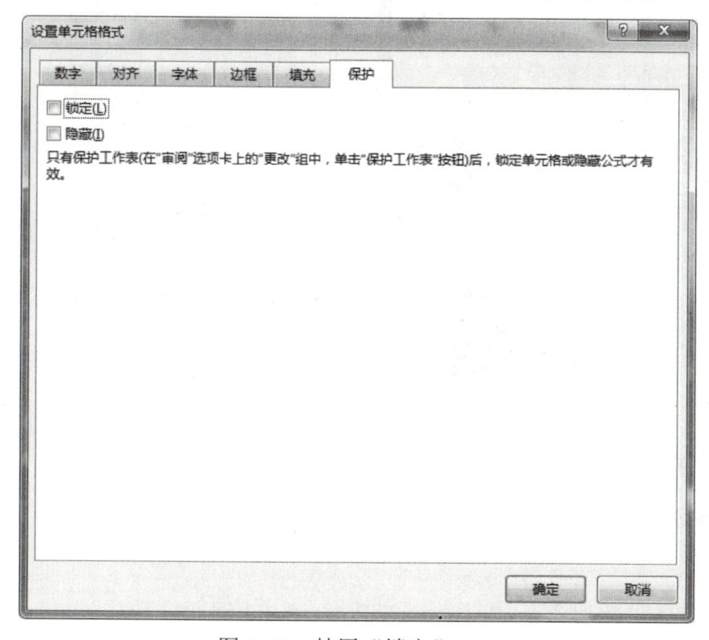

图 4-62 禁用“锁定”

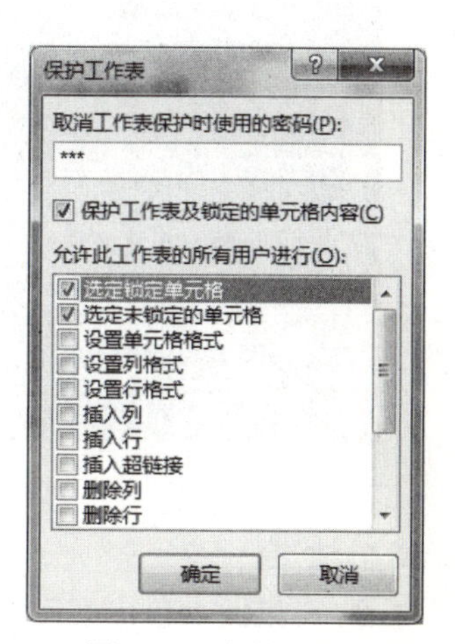

图 4-63 保护工作表

第5章 文稿演示软件 PowerPoint 2016

实验1 演示文稿的基本操作

一、实验目的和要求

（1）掌握 PowerPoint 2016 的启动和退出方法。

（2）熟悉 PowerPoint 2016 的工作界面。

（3）熟练掌握创建演示文稿的方法。

（4）掌握插入、复制、移动、删除、隐藏幻灯片的方法。

二、实验示例

在 PowerPoint 2016 中利用模板创建演示文稿主要有两种操作方式。

方法一：启动 PowerPoint 2016，打开如图 5-1 所示的列表，从中选择应用的模板类型。

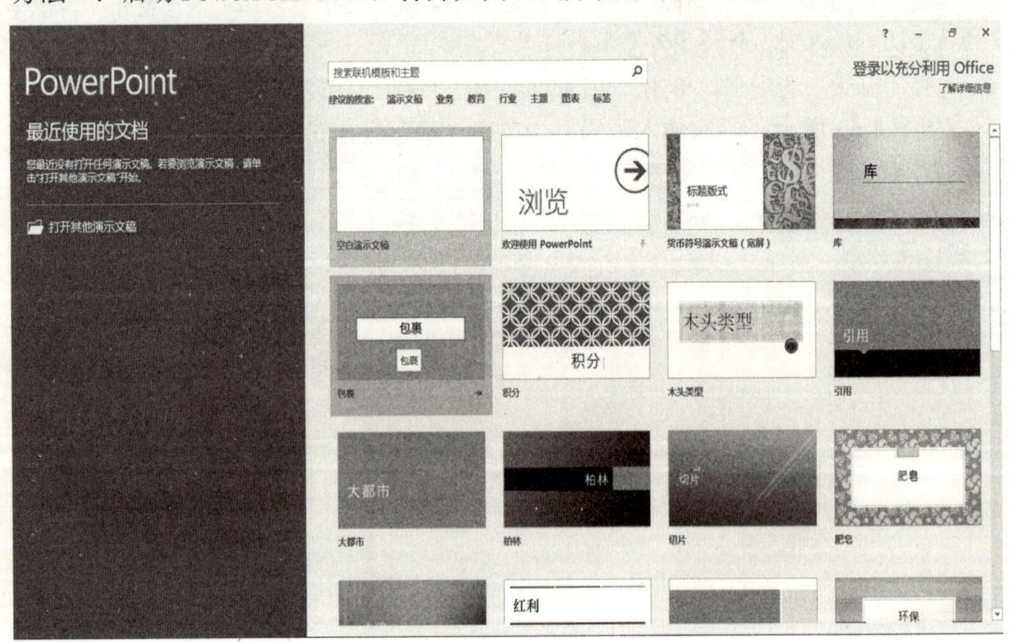

图 5-1 利用模板创建演示文稿

方法二：

❶ 在桌面上单击右键，然后选择“新建”→“Microsoft PowerPoint 演示文稿”。

❷ 打开演示文稿，选择“文件”→“新建”命令。

❸ 在打开的列表中选择准备应用的模板类型，如图 5-2 所示。

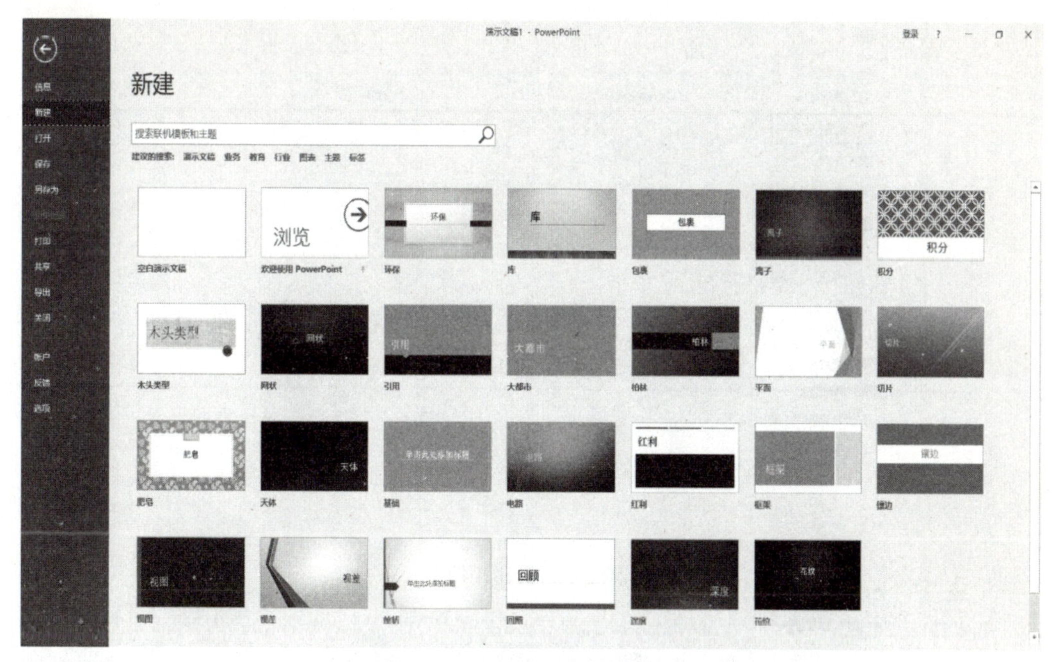

图 5-2　利用模板创建演示文稿

三、实验内容

（1）练习创建演示文稿的几种方法，联机搜索“现代型相册”模板创建演示文稿。

（2）在新创建的演示文稿里学习插入、复制、移动、删除、隐藏幻灯片的方法。

实验 2　旅游景点相册

一、实验目的及要求

（1）掌握 PowerPoint 2016 的启动和退出方法。

（2）熟悉 PowerPoint 2016 的工作界面。

（3）熟练掌握创建演示文稿主题的方法。

（4）掌握插入相册、编辑幻灯片文本等基本操作的方法和技巧。

二、实验示例

以“制作旅游景点相册演示文稿”为例，操作步骤如下。

❶ 启动 PowerPoint 2016，新建一个空白演示文稿，打开“插入”选项卡，在“图像”组中单击“相册”→“新建相册”，打开“相册”对话框，如图 5-3 所示。

❷ 单击“文件/磁盘”按钮，打开“插入新图片”对话框，如图 5-4 所示，在图片列表中选中需要的图片，单击“插入”按钮。

❸ 在“相册版式”的“图片版式”下拉列表中选择“1 张图片（带标题）”，在“相框形状”下拉列表中选择“居中矩形阴影”，如图 5-5 所示。

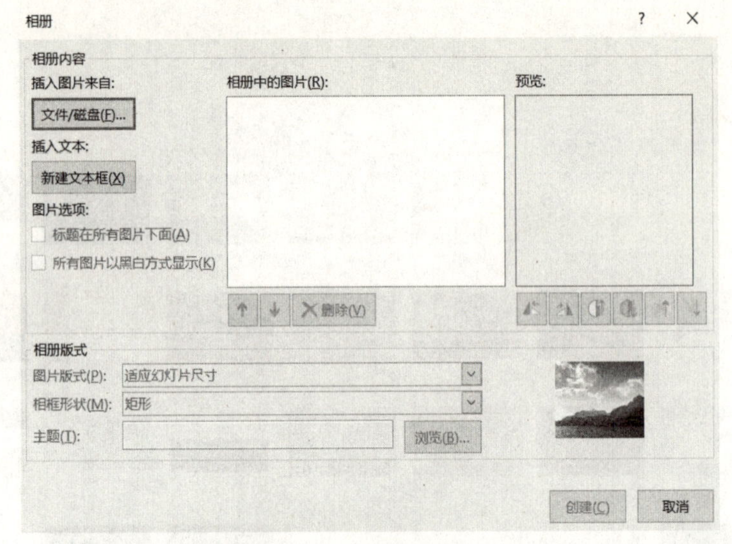

图 5-3 新建相册

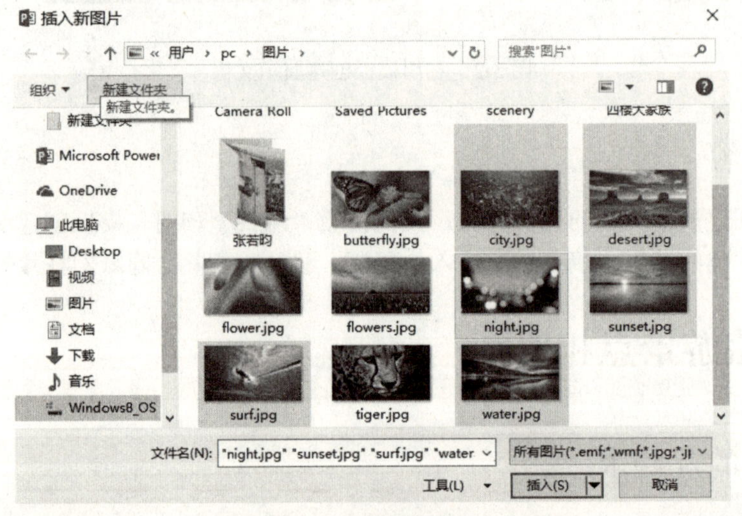

图 5-4 选择相册图片

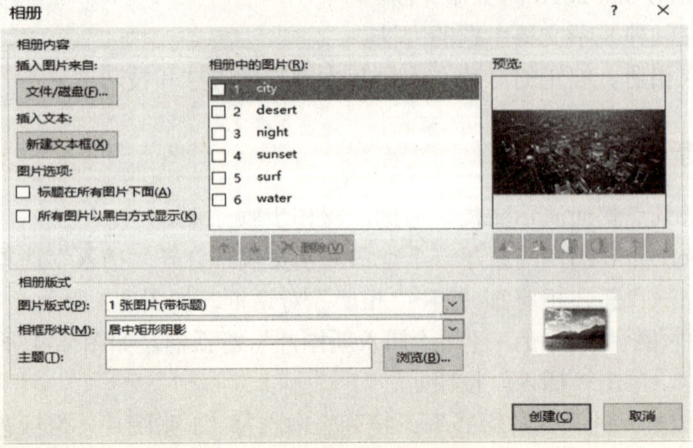

图 5-5 设置相册版式

❹ 在“主题”右侧单击“浏览”按钮，在弹出的“选择主题”对话框（如图 5-6 所示）中选择需要的主题。

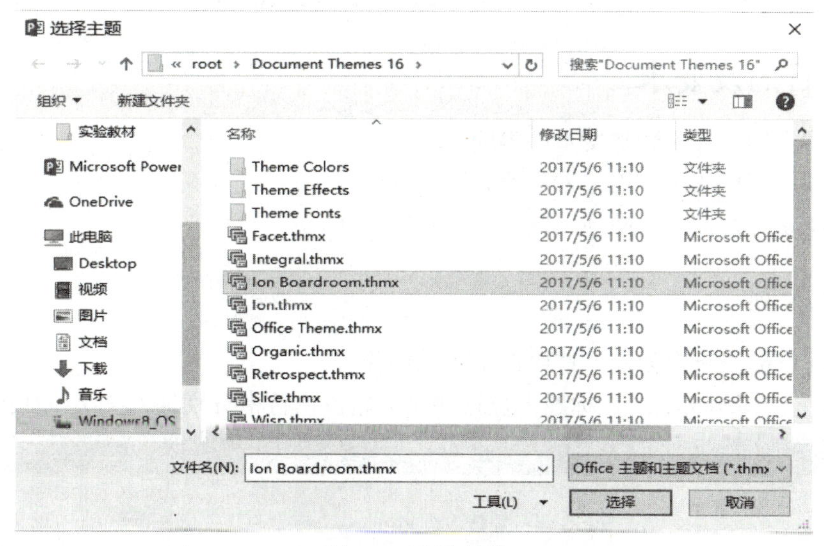

图 5-6　选择主题

❺ 然后单击“选择”按钮，返回到“相册”对话框，再单击“创建”按钮，就会创建包含 6 张图片的电子相册。此时演示文稿中显示相册封面和插入的图片，如图 5-7 所示。

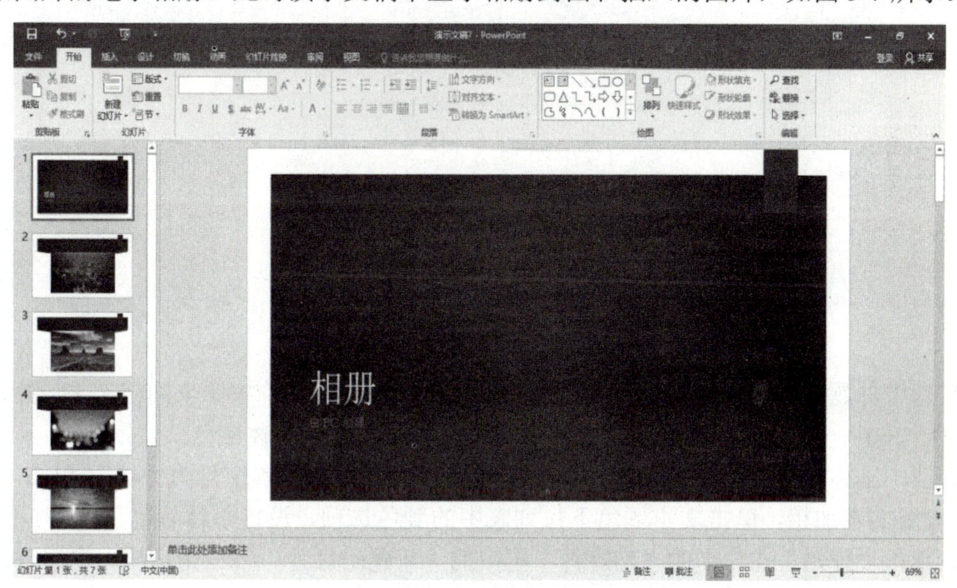

图 5-7　显示创建的相册

❻ 在每张图片幻灯片中添加标题文本，并修改第 1 张幻灯片的标题和副标题文本，然后将演示文稿以“生活点滴”为名进行保存。

三、实验内容

（1）制作一个你的家乡旅游景点的介绍，要求使用来自文件/磁盘的图片、相册板式主题等效果。

实验 3　PowerPoint 2016 幻灯片的编辑

一、实验目的及要求

（1）掌握在幻灯片中添加文本内容的方法。

（2）掌握在幻灯片中使用艺术字的方法。

（3）熟练掌握在幻灯片中使用图片和形状的方法。

二、实验示例

以“制作产品宣传”为例，按照以下步骤操作。

❶ 新建一个演示文稿，在标题占位符和副标题占位符中分别插入文字，如图 5-8 所示。

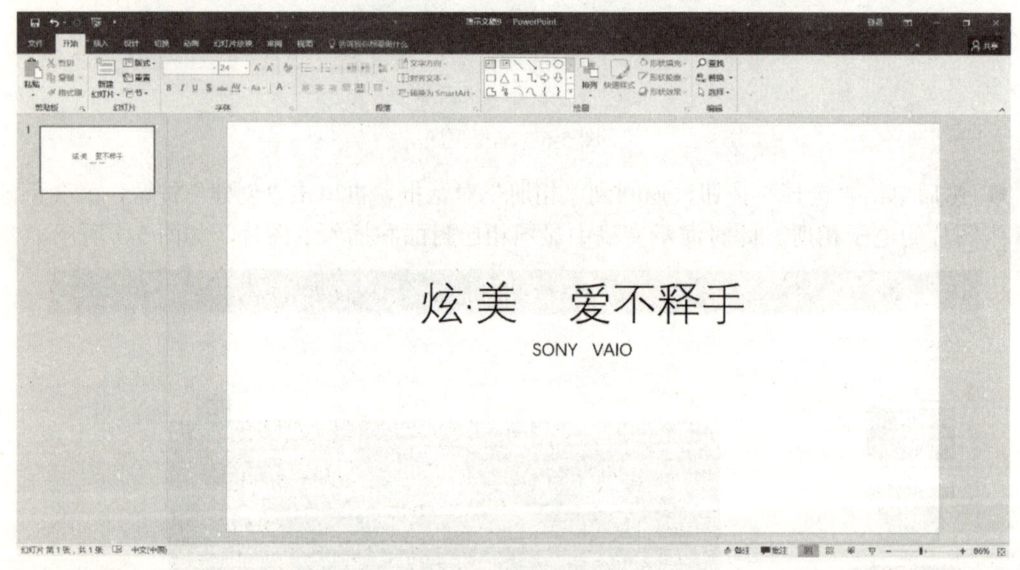

图 5-8　输入文字

❷ 选中标题占位符中的文本，在浮动工具栏上单击“加粗”按钮来加粗文本，并设置字号大小为“60”，单击文本颜色下拉列表中的颜色选项，设置字体颜色。

❸ 选中副标题占位符中的文本，在显示的浮动状态栏中设置字号为“44”，单击“加粗”按钮，设置文本加粗，单击文本颜色下拉列表中的颜色选项，设置字体颜色，如图 5-9 所示。

❹ 单击“开始”选项卡的“幻灯片”组中的“新建幻灯片”下三角按钮，在展开的库中选择“内容与标题”版式，如图 5-10 所示。

❺ 在新建的幻灯片中单击“插入”选项卡，选择“图像”组中的“图片”（如图 5-11 所示），弹出“插入图片”对话框，选择合适的图片，然后单击“插入”按钮。

❻ 切换至“图片工具”的“格式”选项卡，单击“图片样式”组中的按钮，然后选择“映像圆角矩形”样式，如图 5-12 所示。

❼ 单击“图片样式”组中的“图片效果”→“发光”，然后选择其合适的发光样式，如图 5-13 所示。

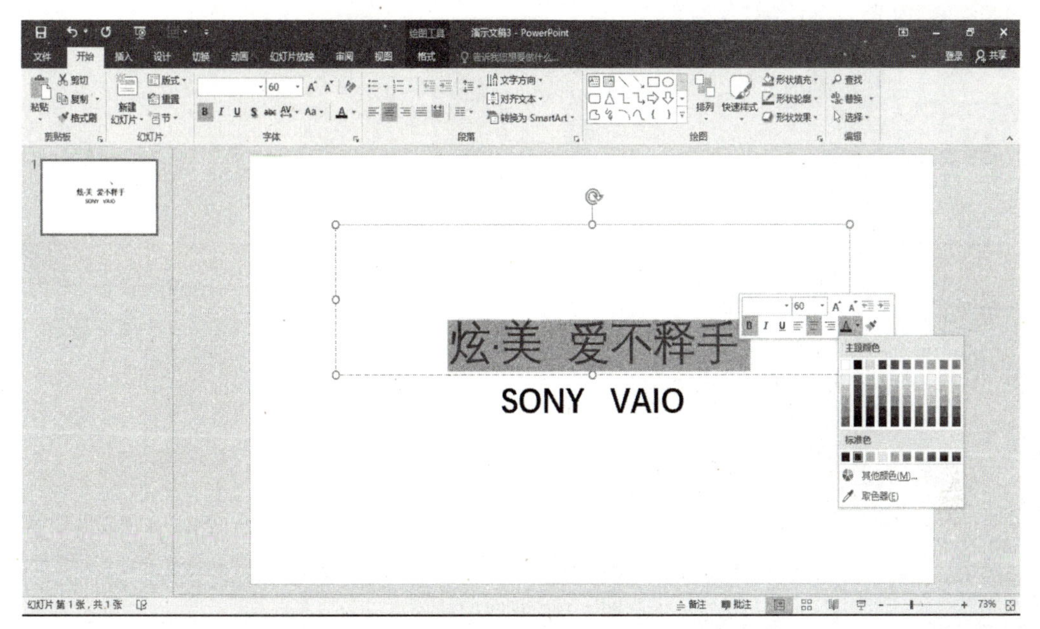

图 5-9 设置字体

图 5-10 插入幻灯片

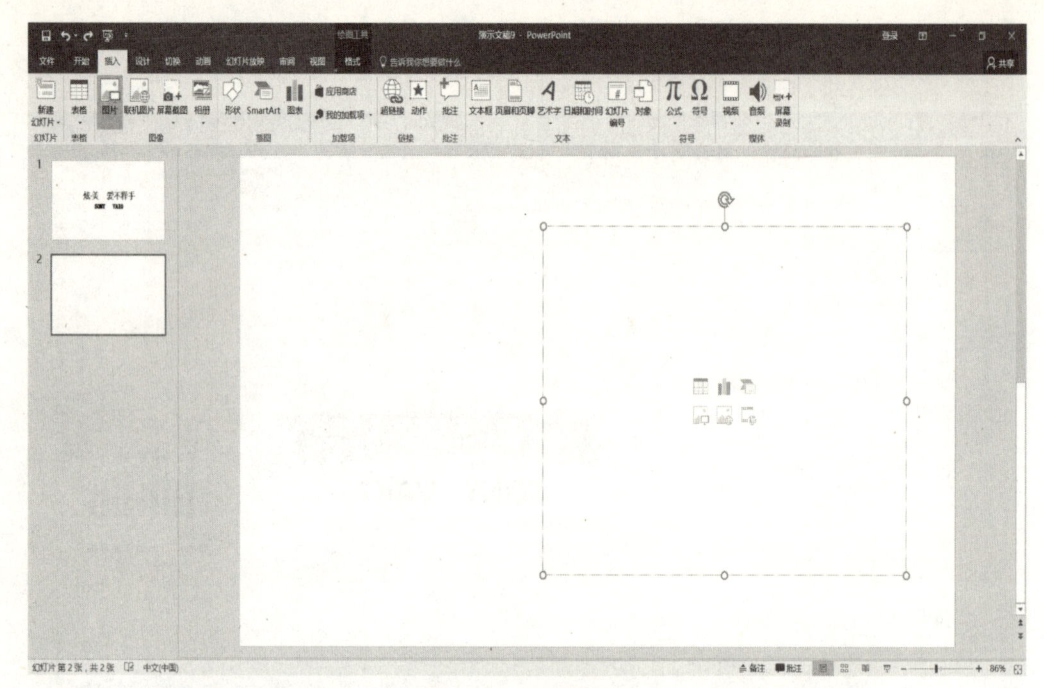

图 5-11　插入图片

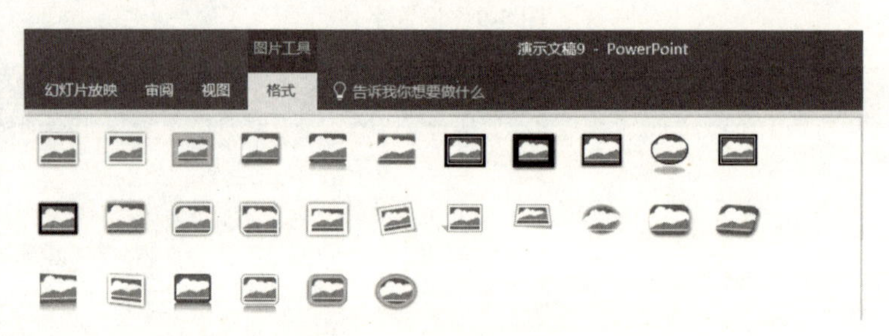

图 5-12　设置图片样式

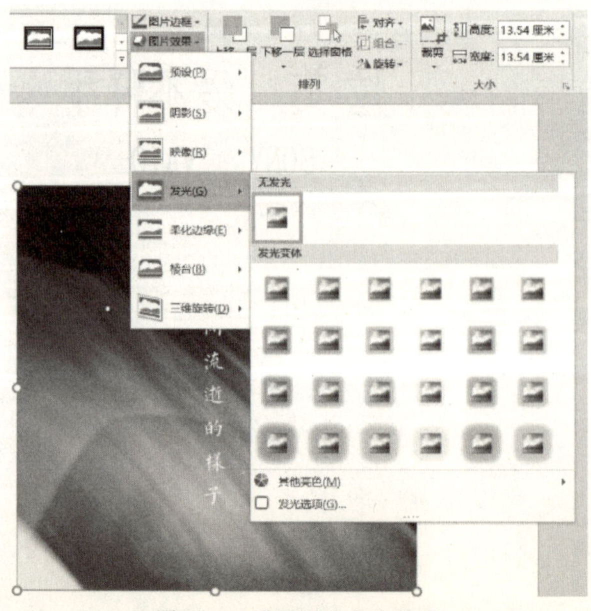

图 5-13　设置图片发光效果

❽ 在“插入”选项卡中单击“文本”组中的“艺术字”按钮，在展开的库中选择合适的艺术字样式（如图 5-14 所示）；然后在幻灯片中显示的艺术字文本框中输入相应的文本内容，可以使用拖动的方法调整艺术字的大小和位置。

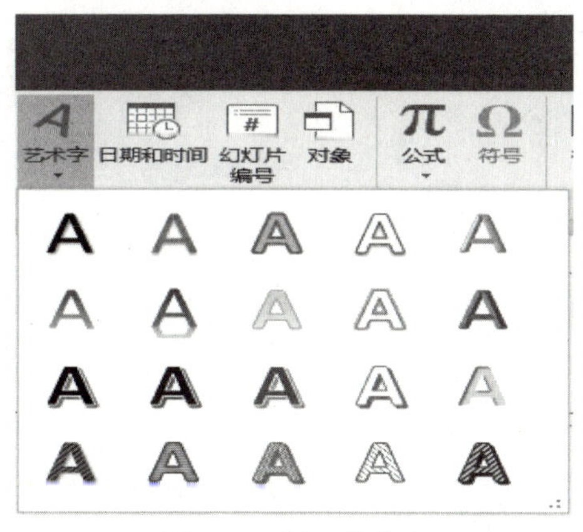

图 5-14　插入艺术字

❾ 在“绘图工具”的“格式”选项卡中，单击“艺术字样式”组中的“文本效果”→“转换”，如图 5-15 所示，然后选择“波形 2”样式。

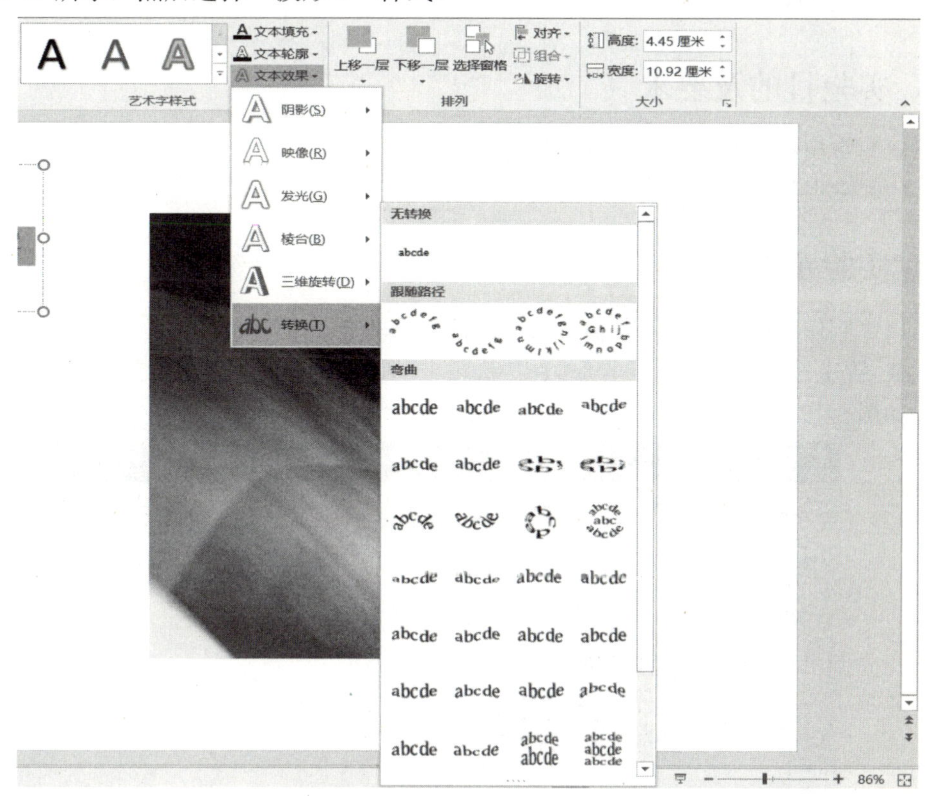

图 5-15　设置艺术字效果

❿ 设置了艺术字效果后，在幻灯片中的文本框中输入与图片相对的文字，并设置其文本的格式，设置后的效果如图 5-16 所示。

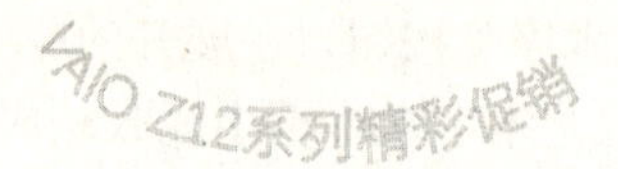

图 5-16　完成后的效果

三、实验内容

（1）制作一款产品的介绍，要求使用艺术字、来自文件的图片、图形等效果。

（2）制作介绍一种体育运动的演示文稿。

实验 4　PowerPoint 2016 幻灯片的动态效果设置

一、实验目的及要求

（1）掌握在幻灯片中设置母版的方法。

（2）掌握幻灯片中背景格式的设置方法。

二、实验示例

以“制作企业文化演示文稿”为例，操作步骤如下。

❶ 新建一个演示文稿，在“视图”选项卡的“母版视图”组中单击“幻灯片母版”按钮，结果如图 5-17 所示。

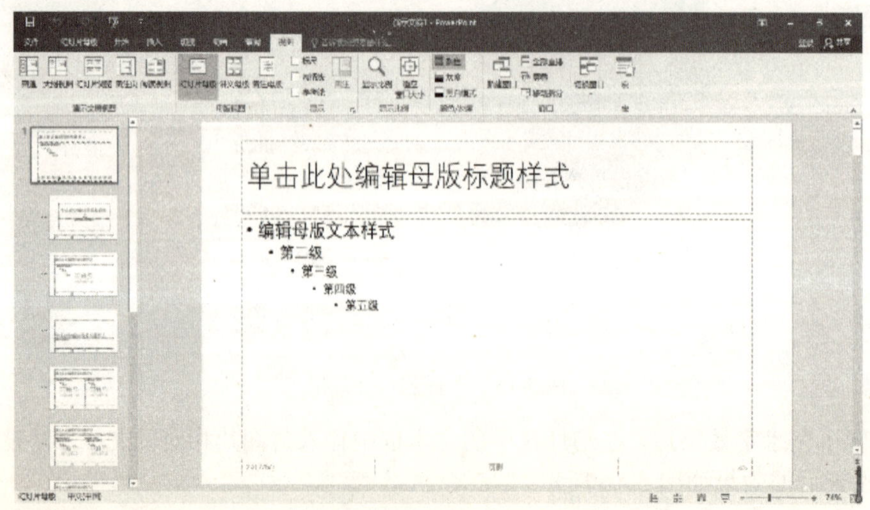

图 5-17　幻灯片母版

❷ 在“背景”组中单击“背景样式”→“设置背景格式”，弹出“设置背景格式”对话框，在“填充”选项卡中选中“填充”组中的“图片或纹理填充”(如图 5-18 所示)。

❸ 单击“文件”按钮，弹出“插入图片”对话框，找到图片的位置，单击需要插入的图片，然后单击“插入”按钮。

❹ 设置透明度为 10%，单击“全部应用”按钮，然后单击“×”按钮。

❺ 选中标题文本，然后单击“绘图工具”选项卡的“格式”标签，切换至“格式”选项卡，在展开的库中选择合适的艺术字样式，如图 5-19 所示。

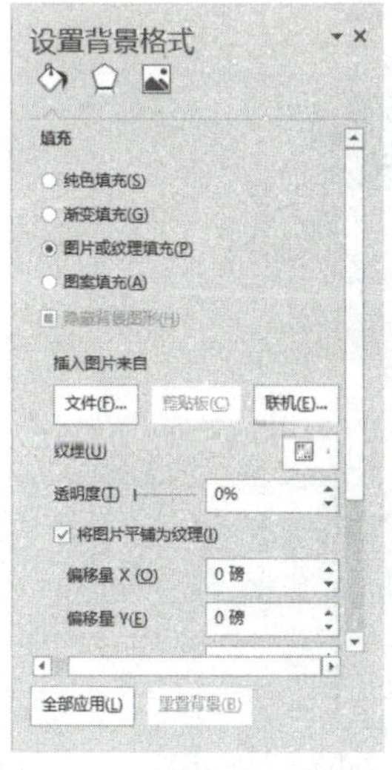

图 5-18　设置背景格式

图 5-19　设置艺术字样式

❻ 单击“艺术字样式”组中的“文本效果”→“发光”，然后选择合适的发光样式，如图 5-20 所示。

❼ 选中内容占位符文本，在现实的浮动工具栏中设置字体为“黑体”，设置字体颜色为“橙色”，如图 5-21 所示。

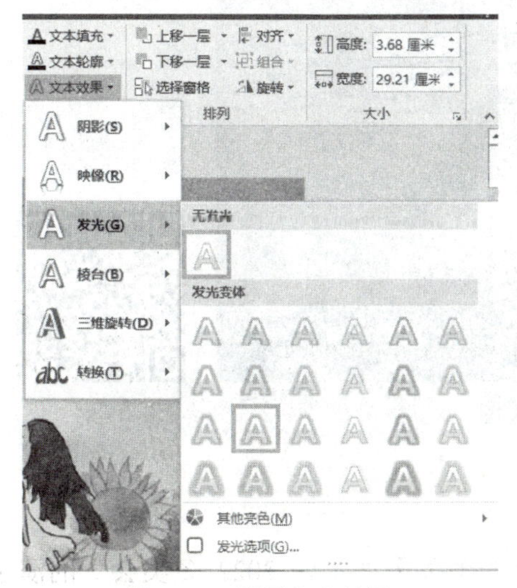

图 5-20　设置文本效果

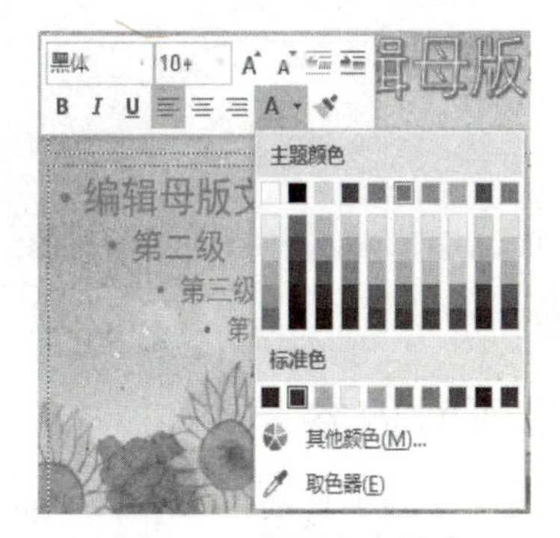

图 5-21　设置文本样式

❽ 在“幻灯片母版”选项卡中，单击“关闭”组中的“关闭母版视图”按钮。

❾ 在“开始”选项卡中，单击“幻灯片”组中的“新建幻灯片”，然后选择合适的版式样式进行幻灯片的新建，如图 5-22 所示。

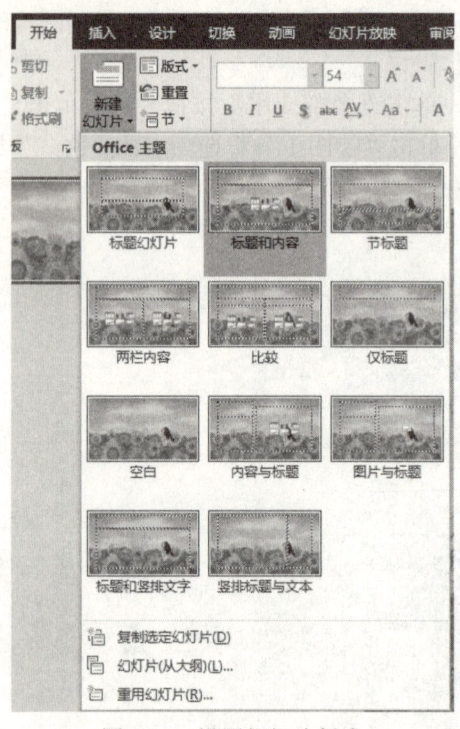

图 5-22 设置幻灯片版式

❿ 在新建的幻灯片中输入相应的内容后，效果如图 5-23 所示。

图 5-23 效果图

三、实验内容

（1）在网上搜索“冬奥会”的相关资料，制作一个关于“北京 2022 冬奥会”的演示文稿，要求使用母版设置。

（2）制作一个演示文稿，介绍自己的家乡。

实验 5　PowerPoint 2016 幻灯片的动态效果设置

一、实验目的及要求

（1）掌握在幻灯片中动态效果设置的方法。

（2）掌握在幻灯片中插入音频视频的方法。

（3）熟练掌握在幻灯片中自定义动画的方法。

（4）熟练掌握在幻灯片中插入超链接的方法。

二、实验示例

以“制作产品推广广告”为例，操作步骤如下。

❶ 新建一个演示文稿，切换至“设计”选项卡，单击“自定义”组中的 “设置背景格式”，弹出“设置背景格式”对话框，如图 5-24 所示。

❷ 单击“填充”组中的“渐变填充”单选按钮，然后单击“预设渐变”的下拉按钮，从中选择“中等渐变”样式（如图 5-25 所示），然后单击“全部应用”按钮。设置完成后，关闭对话框。在幻灯片的标题占位符中输入“恢弘的想象”，然后删除副标题占位符，效果如图 5-26 所示。

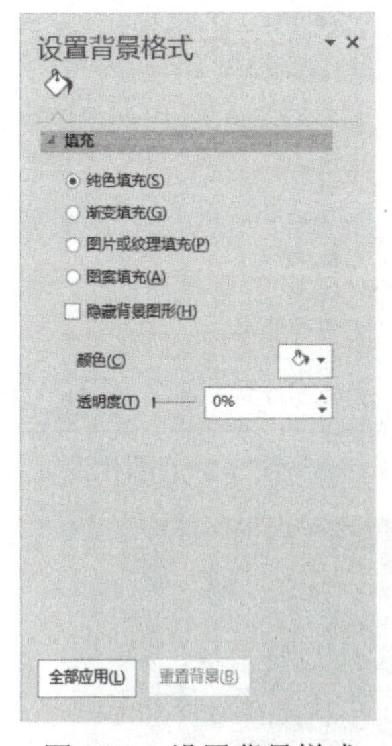

图 5-24　设置背景样式

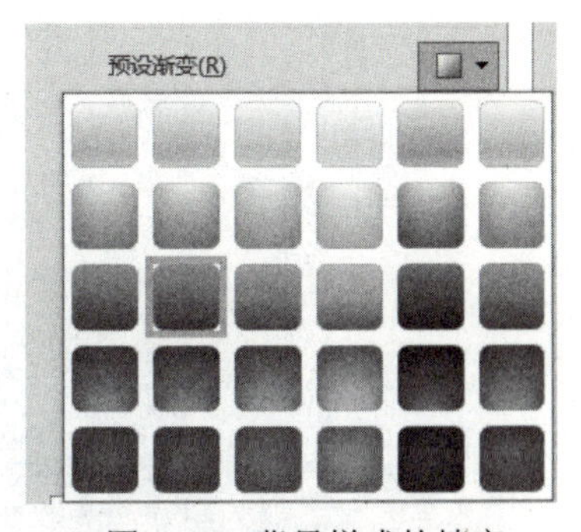

图 5-25　背景样式的填充

❸ 选中第一张幻灯片，然后按 Enter 键，新建一张空白幻灯片，在新建的幻灯片中输入内容，即第二张幻灯片，如图 5-27 所示。切换至“插入”选项卡，单击“插图”组中的“形状”按钮，然后选择“动作按钮：退后或前一项”形状样式（如图 5-28 所示）；在幻灯片的合适位置绘制形状，弹出“操作设置”对话框（如图 5-29 所示），单击“确定”按钮。用同样的方法在幻灯片中绘制“动作按钮：前进或后一项”形状。

❹ 选中第二张幻灯片，再新建一张幻灯片，然后在幻灯片中输入相应的内容，并对输入的文字进行格式设置，如图 5-30 所示。

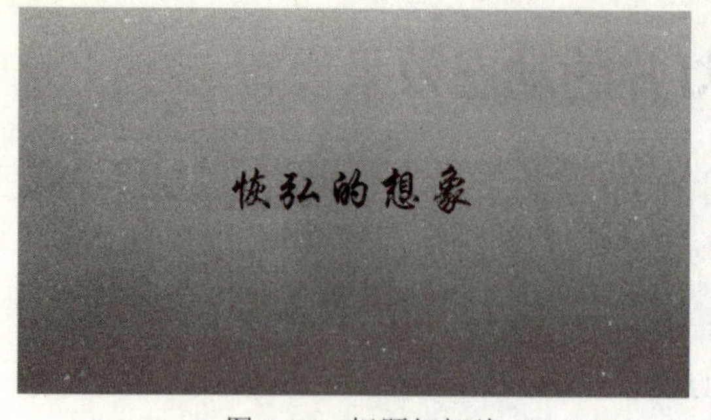

图 5-26　标题幻灯片

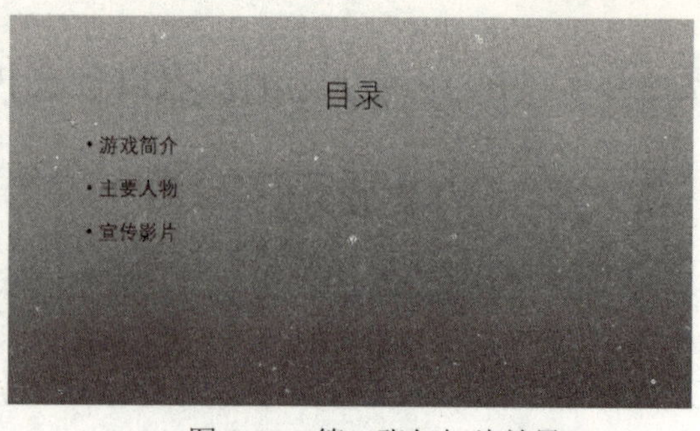

图 5-27　第二张幻灯片效果

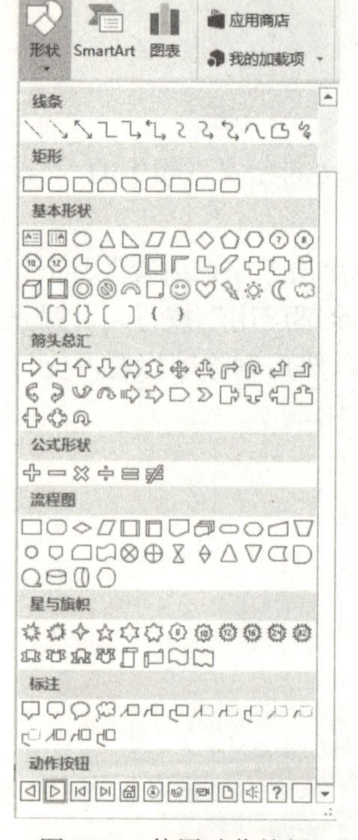

图 5-28　使用动作按钮

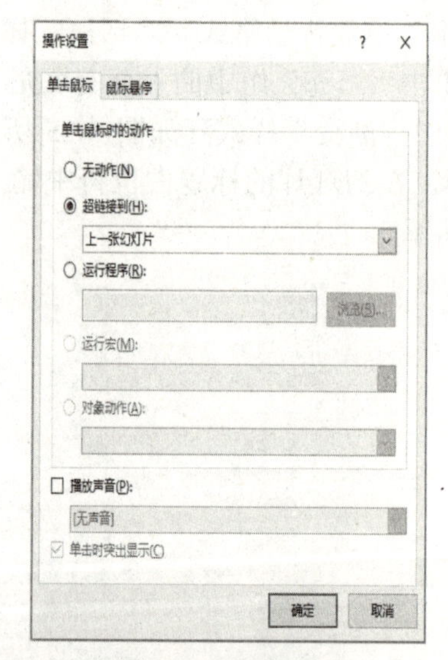

图 5-29　动作设置

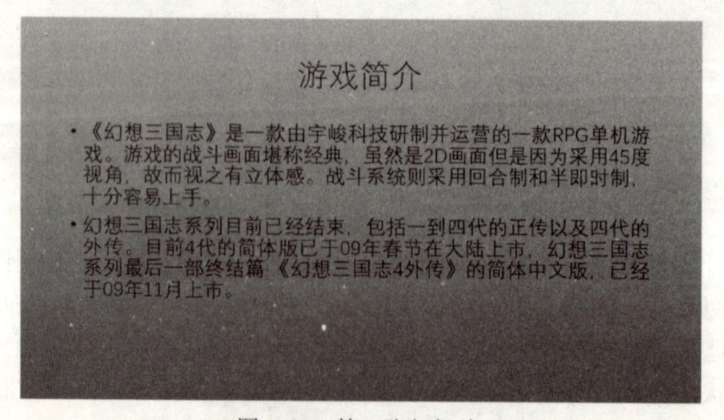

图 5-30　第三张幻灯片

❺ 在第三张幻灯片后新建一张幻灯片并单击右键，在弹出的快捷菜单中选择“版式”，然后选择“两栏内容”版式，如图 5-31 所示。

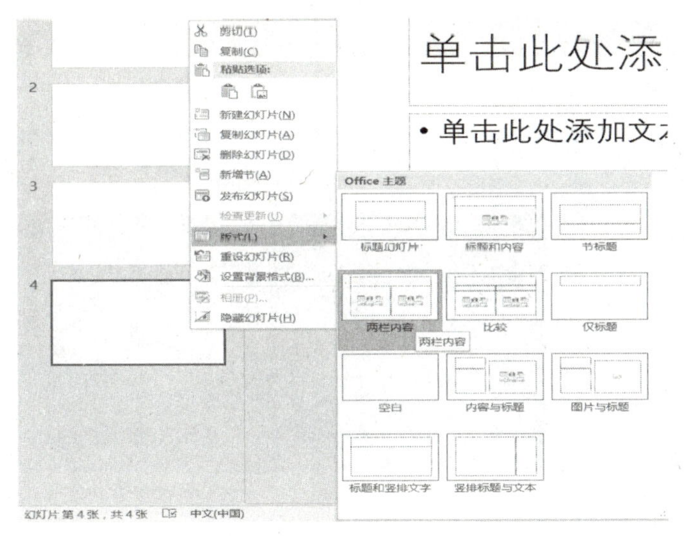

图 5-31　设置第四张幻灯片版式

❻ 在幻灯片中右栏中单击占位符中“图片”按钮，弹出“插入图片”对话框，寻找合适的图片，然后插入图片，效果如图 5-32 所示。切换至“图片工具”选项卡的“格式”标签，单击“图片样式”组中的按钮▼，从中选择合适的样式，如图 5-33 所示。

图 5-32　插入图片

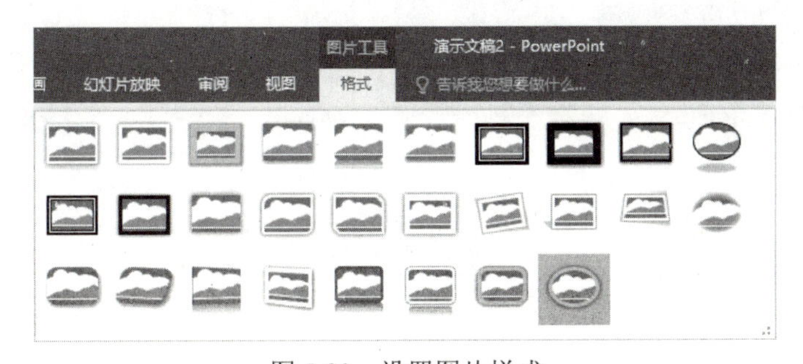

图 5-33　设置图片样式

❼ 在第 4 张幻灯片后再新建一张幻灯片，在标题占位符中输入幻灯片的标题，然后单击占位符中的“插入视频文件”按钮，弹出“插入视频文件”对话框，从中寻找合适的影片，插入影片。

❽ 在幻灯片中，可以调整插入视频的显示大小和位置，使其以合适的大小和位置显示在幻灯片中，如图 5-34 所示。用户还可以设置其图片的样式效果。

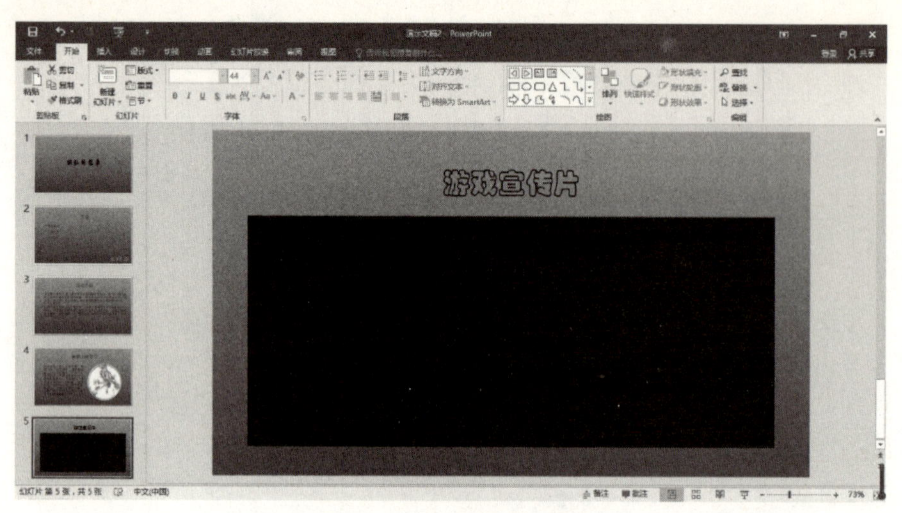

图 5-34　插入视频后的效果

❾ 为幻灯片插入超链接。

方法一：选中第二张幻灯片，在“插入”选项卡的“链接”组中单击“动作”按钮，弹出“操作设置”对话框；单击“超链接到”选择下拉列表中的“幻灯片”，再单击列表中的“游戏简介”选项（如图 5-35 所示），最后单击“确定”按钮。这样就为幻灯片中的“游戏简介”文本设置了超链接。

方法二：选中第二张幻灯片，在插入选项卡的链接组中单击“超链接”按钮，弹出“编辑超链接”对话框；单击“本文档中的位置”，再选择列表中的“游戏简介”选项（如图 5-36 所示），最后单击“确定”按钮。这样就为幻灯片中的“游戏简介”文本设置了超链接。

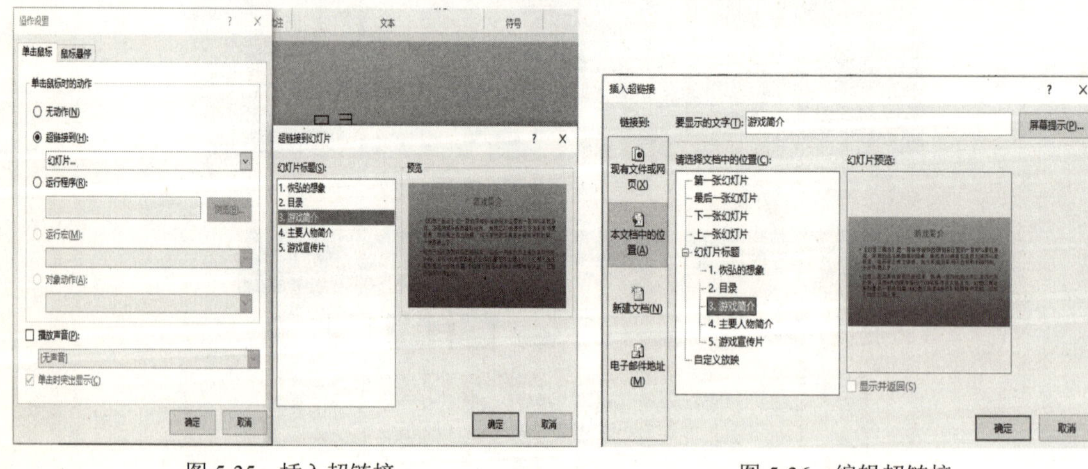

图 5-35　插入超链接　　　　图 5-36　编辑超链接

❿ 用同样的方法，为幻灯片中的其余文本设置超链接。设置完成后，简单制作的产品推广演示文稿就完成了，用户可以放映该演示文件进行观看。

三、实验内容

（1）制作关于一款游戏介绍的幻灯片，要求插入影片和声音效果、超链接和动作按钮；

（2）任选一个自己感兴趣的主题，制作幻灯片。

实验6　PowerPoint 2016 综合实验一

一、实验目的及要求

（1）掌握在幻灯片中添加文本内容的方法。

（2）掌握在幻灯片中使用艺术字的方法。

（3）熟练掌握在幻灯片中使用图片和形状的方法。

二、实验示例

以“制作宣传片”为例，操作步骤如下。

❶ 新建演示文稿，切换至“视图”选项卡，单击“母版视图”组中的“幻灯片母版”按钮（如图 5-37 所示）；在“幻灯片母版版式”选项卡上设置宣传片样式，选中第一张幻灯片，单击“背景”组中的“背景样式”→“设置背景样式”，弹出“设置背景格式”对话框；在“填充”选项卡的“填充”组中选中“图片或纹理填充”单选按钮（如图 5-38 所示），然后单击“文件”按钮，弹出“插入文件”对话框，选择需要插入的图片，然后单击“插入”按钮，即可插入图片。

❷ 在“插入”选项卡中，单击“文本”组中的“页眉和页脚”按钮，弹出“页眉和页脚”对话框，在“幻灯片”选项卡中勾选“日期和时间”复选框（如图 5-39 所示），然后单击“全部应用”按钮。

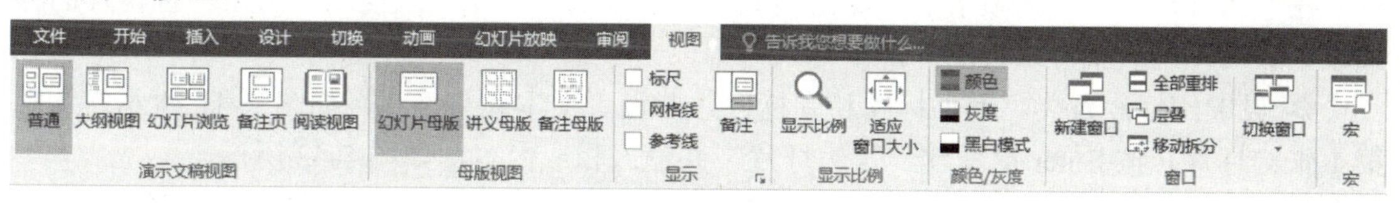

图 5-37　设置幻灯片母版

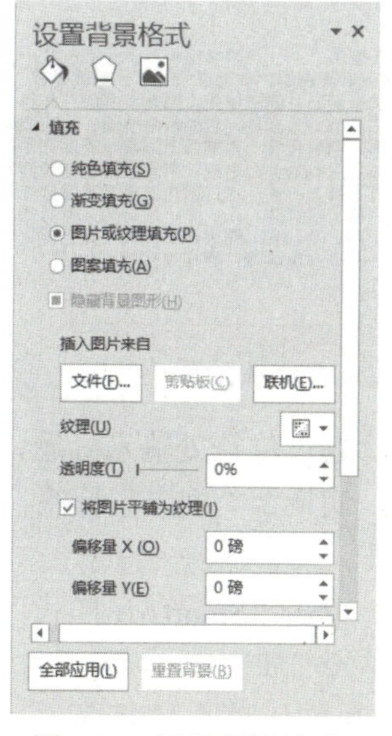

图 5-38　设置背景格式

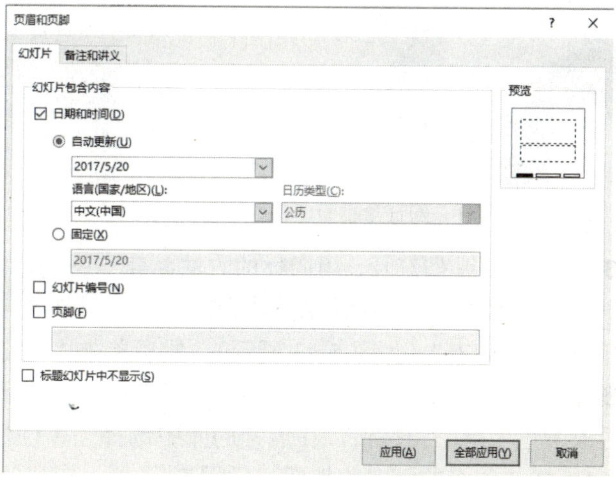

图 5-39　设置页眉和页脚

❸ 选中标题占位符，切换至“绘图工具”的“格式”选项卡，在“艺术字样式”组中单击“▾”，然后从中选择合适的样式；选中内容占位符中的文本，设置其文本格式，如图 5-40 所示。此时，对幻灯片母版的设置完成。

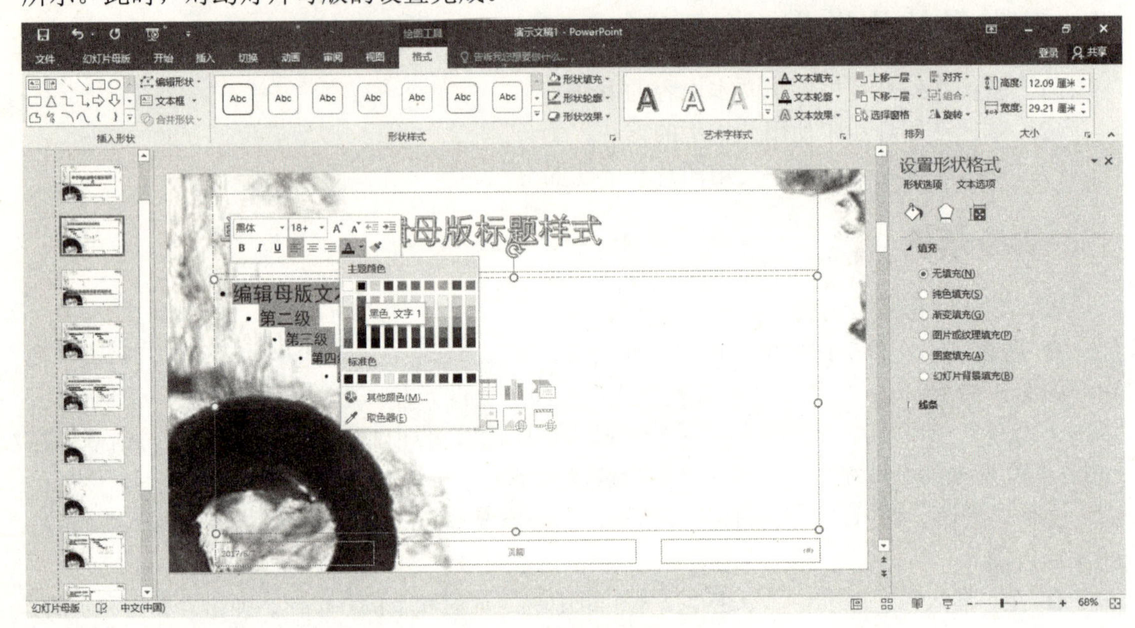

图 5-40　设置母版样式

在“幻灯片母版”选项卡中，单击“关闭”组中的“关闭母版视图”按钮。宣传片的样式设置好后，用户就可以在幻灯片中输入内容。

❹ 设置幻灯片首页。添加标题和副标题，并设置文本大小格式，如图 5-41 所示；选中第 1 张幻灯片，按 Enter 键新建一张幻灯片，并输入相应内容，如图 5-42 所示。

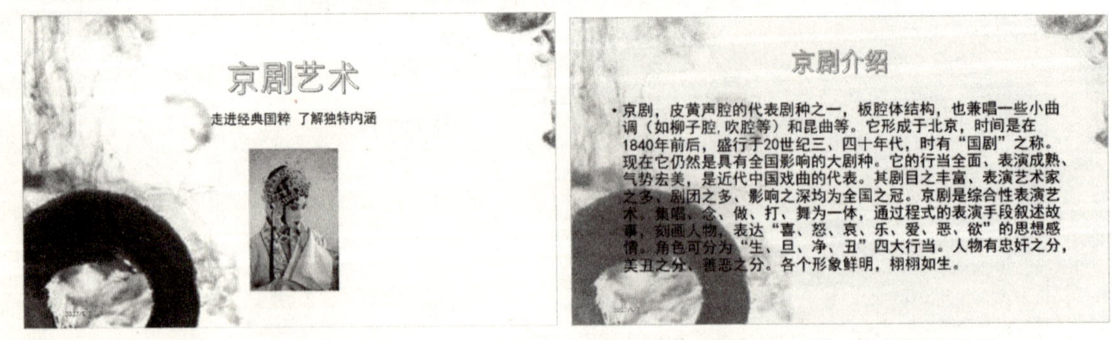

图 5-41　幻灯片首页　　　　图 5-42　第 2 张幻灯片效果

❺ 选中第 2 张幻灯片，用同样的方法新建一张幻灯片，在标题占位符处输入标题，在内容占位符单击“插入 SmartArt 图形”图标，在弹出的对话框中，切换至“列表”标签，选择“水平项目符号列表”（如图 5-43 所示），然后单击“确定”按钮。

❻ 输入文本，切换至“SmartArt 工具”的“设计”选项卡，单击“SmartArt 样式”组中的“更改颜色”下三角按钮，在展开的库中选择“个性色 2”样式（如图 5-44 所示）；单击“SmartArt 样式”组的下三角按钮，设置 SmartArt 图形的三维效果（如图 5-45 所示）。

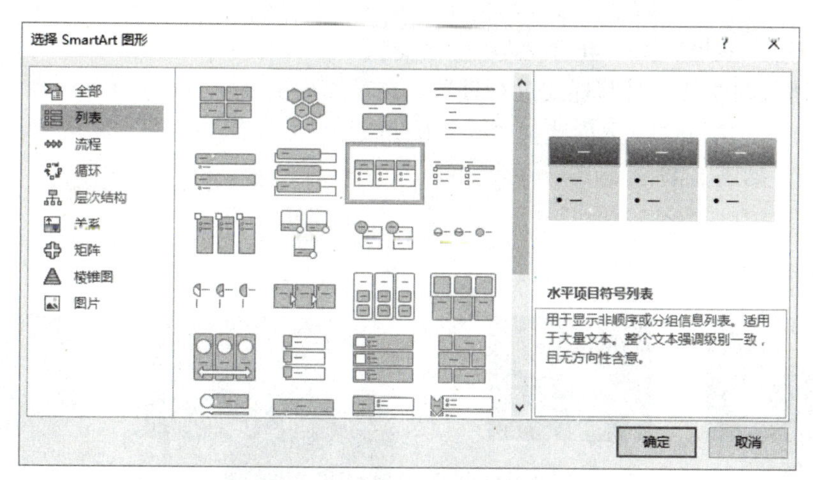

图 5-43　插入 SmartArt 图形

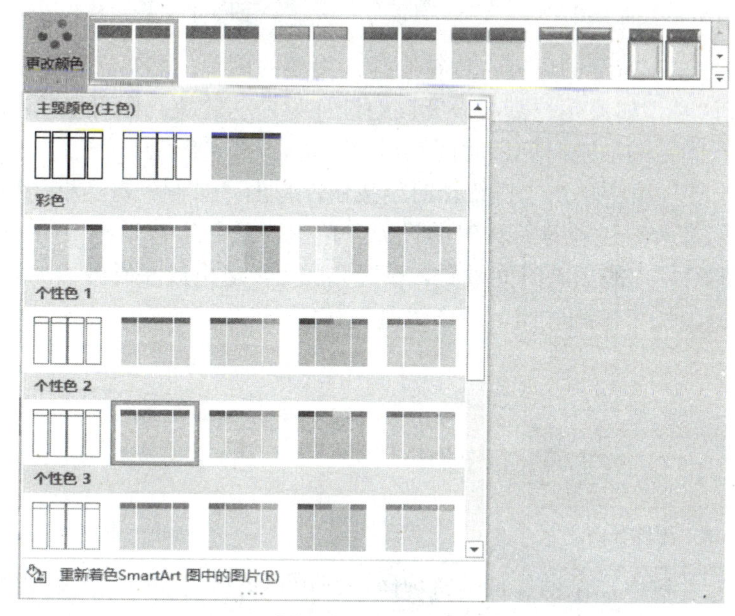

图 5-44　更改颜色

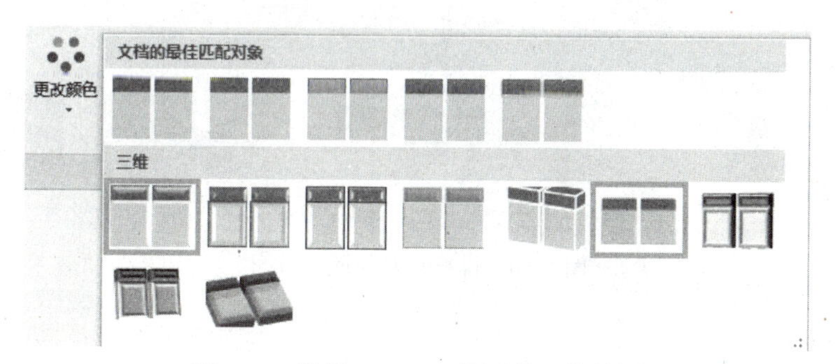

图 5-45　设置 SmartArt 图形的三维效果

❼ 选中第 3 张幻灯片，在“开始”选项卡的“幻灯片”组中单击“新建幻灯片”按钮，然后选择“两栏内容”样式；在新建的幻灯片的标题占位符中输入标题内容，单击左侧内容占位符中的“图片”图标，弹出“插入图片”对话框，查找并单击需要插入的图片，然后单

击“确定”按钮，效果如图 5-46 所示。

❽ 选择插入的图片，对其样式进行设置。在“图片工具”的“格式”选项卡中单击“图片样式”组的下三角按钮，然后选择“映像圆角矩形”。操作完成后，可以看到设置了格式后的图片效果，如图 5-47 所示。

图 5-46　插入图片

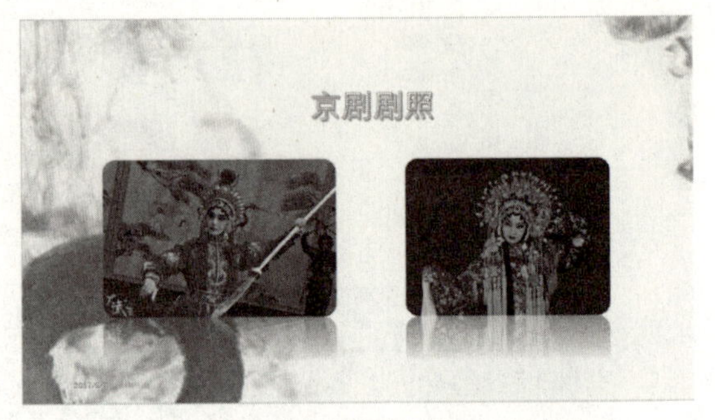

图 5-47　图片格式设置后的效果

❾ 用同样的方法在右侧的内容占位符中插入需要的图片，然后进行相应的设置。

❿ 使用排练计时。如果用户需要设置该幻灯片为自动放映，则可以使用排练计时功能，为每张幻灯片设置固定的放映时间，时间到后自动进行下一张幻灯片的放映。在“幻灯片放映”选项卡的“设置”组中单击“排练计时”按钮，弹出“录制”对话框（如图 5-48 所示）。然后可以在放映幻灯片时进行排练计时的设置。单击“录制”对话框中的“→”（下一项）按钮，进行下一张幻灯片的放映时间设置。设置完成后，退出放映时弹出如图 5-49 所示的提示框，提示用户是否保留排练时间，单击“是”按钮。

图 5-48　排练计时

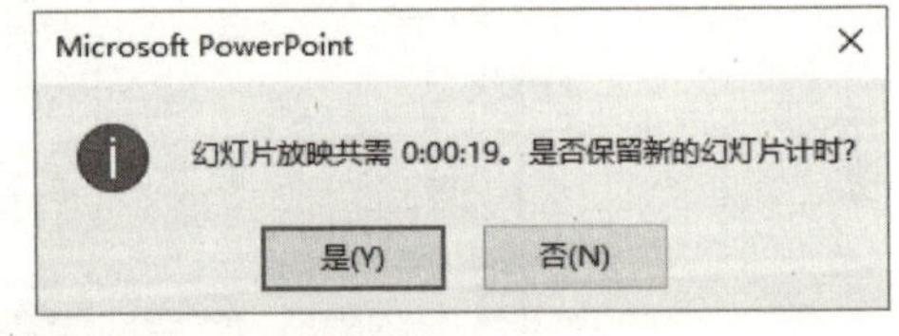

图 5-49　排练计时提示

此时返回演示文稿中，在幻灯片浏览视图中，用户可以看到每张幻灯片的放映时间，如图 5-50 所示。

图 5-50　排练计时的放映时间

三、实验内容

（1）制作一个自己社团的宣传片，要求图文并茂，使用到幻灯片模板、自定义动画、超链接等效果。

（2）用 PowerPoint 制作一份自己的个性简历。

实验 7 PowerPoint 2016 综合实验二

一、实验目的及要求

（1）掌握在幻灯片中添加形状的方法。

（2）掌握在幻灯片中使用 SmartArt 图形的方法。

（3）熟练掌握在幻灯片中添加自定义动画的方法。

二、实验示例

以制作“iPad 产品介绍”为例，操作步骤如下。

❶ 新建一个空白演示文稿，在“视图”选项卡的“母版视图”组中单击“幻灯片母版”按钮，切换到幻灯片母版视图中。在“幻灯片母版”选项卡的“背景”组中单击“背景样式”按钮，在弹出的下拉列表中选择“样式 9”选项，如图 5-51 所示。

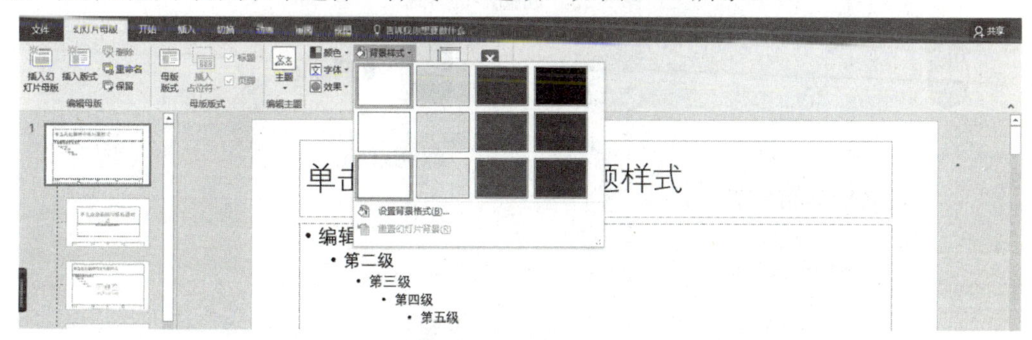

图 5-51　更改背景样式

❷ 在“插入”选项卡的“插图”组中单击“形状”按钮，然后选择矩形工具，在幻灯片中单击并拖动鼠标，绘制一个矩形。在绘制的矩形上双击，在“绘图工具”的“格式”选项卡的“大小”组中设置矩形的大小，将形状高度设置为 3.2 厘米，宽度设置为 25.4 厘米（如图 5-52 所示）。将该矩形置于幻灯片上端，在“形状样式”组中单击样式列表框右侧的下三角按钮，在弹出的下拉列表中选择如图 5-53 的样式效果。

❸ 在“插入”选项卡的“插图”组中单击“形状”按钮，在弹出的下拉列表中选择椭圆工具，在幻灯片中绘制一个圆形，将其高度和宽度都设为“3.2 厘米”，边框颜色设置为“橙色”。选择该圆形，出现绘图工具，在“格式”选项卡的“形状样式”组中单击“形状填充”按钮，从弹出的下拉列表中选择“图片”选项，在弹出的“插入图片”对话框中选择一幅准备好的图片插入，如图 5-54 所示。

❹ 在幻灯片中插入第二张图片，如图 5-55 所示。选中刚插入的图片，在“图片工具 - 格式”选项卡的“调整”组中单击“颜色”按钮，从中选择“设置透明色”（如图 5-56 所示），当鼠标指针变成带箭头的笔状时，单击图片的背景，背景就变成了透明。

❺ 重复上述操作，将“标题和内容版式”设置为相同的效果。单击“关闭母版视图”按钮，返回到普通视图，将幻灯片中的文本占位符选中后删除。

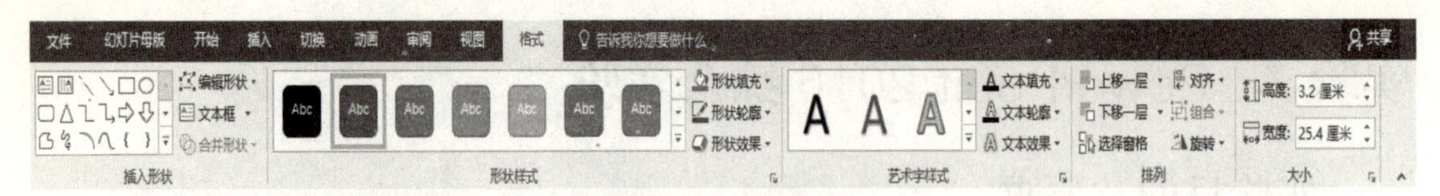

图 5-52　设置矩形大小

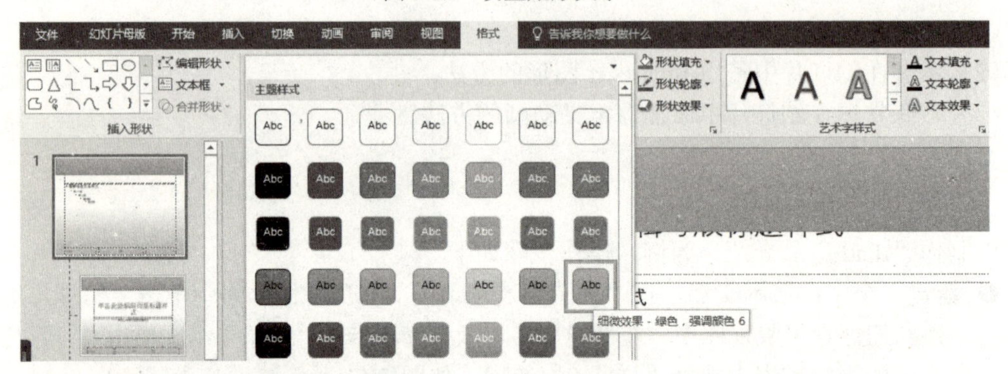

图 5-53　选择形状样式

图 5-54　填充图片

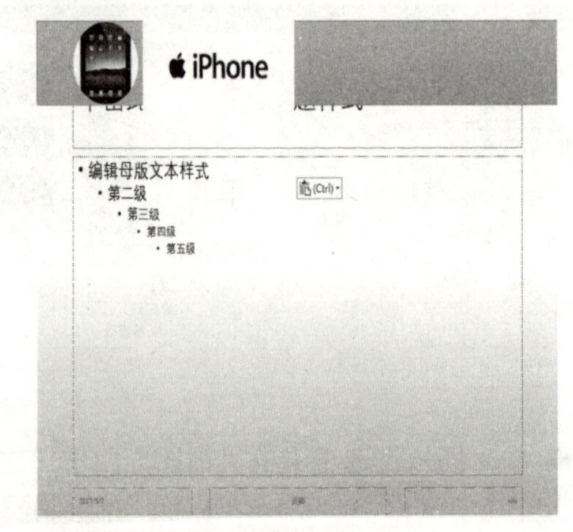

图 5-55　插入图片

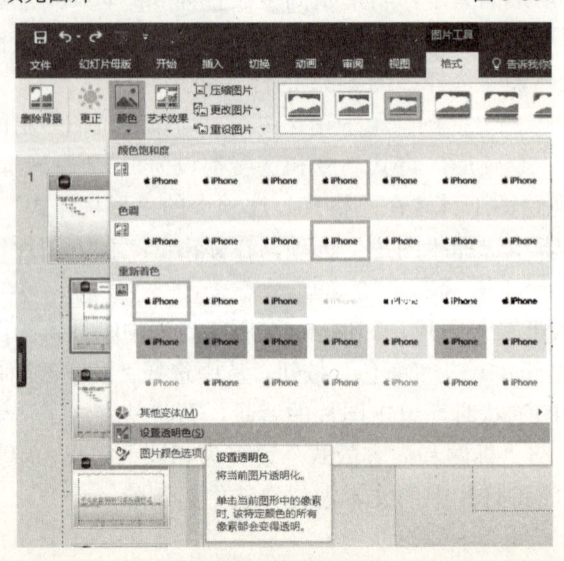

图 5-56　设置透明色

❻ 在“插入”选项卡的“插图”组中单击“形状”按钮，然后选择圆角矩形工具，在幻灯片中绘制一个圆角矩形，将其填充颜色设置为“蓝色, 个性色 1, 深色 25%”，并右击鼠标，在“设置形状格式”的“线条”组中选择“无线条”，去除了边框线（如图 5-57 所示）。在“插入”选项卡的“插图”组中单击“图片”按钮，在弹出的“插入图片”对话框中选择一幅准备好的图片插入到幻灯片中，效果如图 5-58 所示。

图 5-57　插入圆角矩形

图 5-58　插入图片

用同样方法将其设置为透明色。利用“绘图工具”的“格式”选项卡的“插入形状”插入一个横排文本框，并在其中输入文字，为其设置合适的大小和字体，如图 5-59 所示。

图 5-59　输入文本

❼ 在“插入”选项卡的“插图”组中单击“形状”按钮，然后选择圆角矩形工具，在幻灯片中绘制一个圆角矩形，将圆角弧度拖动到最大，并去除边框线。选中创建的圆角矩形，在“形状样式”下拉列表中选择“细微效果-蓝色，强调颜色 1”，并在“形状样式”组的“形状轮廓”下拉列表中选择“无轮廓”，将其边框设置为无。在“形状样式”选项组中单击“形状效果”按钮，然后选择“阴影-透视-右下对角透视”，效果如图 5-60 所示。

在圆角矩形上单击右键，在弹出的快捷菜单中选择“编辑文字”，在圆角矩形上输入文字“产品简介”，字体设置为“华文新魏”，字号为“19”。复制两个圆角矩形，将文本修改为“主要功能”和“相关参数”，选中三个矩形后，在“开始”选项卡的“绘图”组中选择“排列”命令，设置“放置对象”为左对齐和纵向分布，如图 5-61 所示。

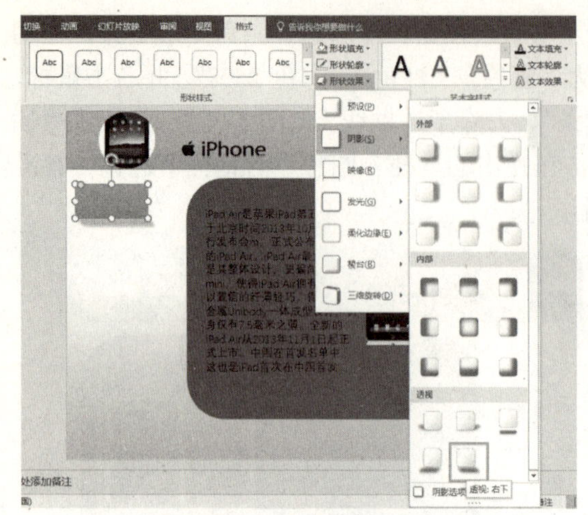

图 5-60　创建圆角矩形

图 5-61　复制圆角矩形

❽ 创建一张新幻灯片，将幻灯片中的占位符删除，插入一个横向文本框，输入如图 5-62 所示的文字。创建一张新幻灯片，插入一张新的图片，并将白色背景设置为透明色。然后插入 SmartArt 图形，并按照图 5-63 输入文本内容，并设置 SmartArt 图形的颜色和样式。按 Ctrl+M 组合键，插入一张新的幻灯片，插入一张图片，之后输入如图 5-64 所示的文本，并设置字体。

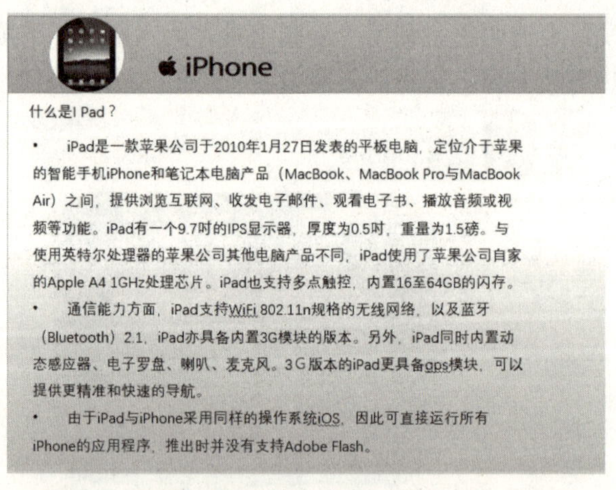

图 5-62　输入文本（一）

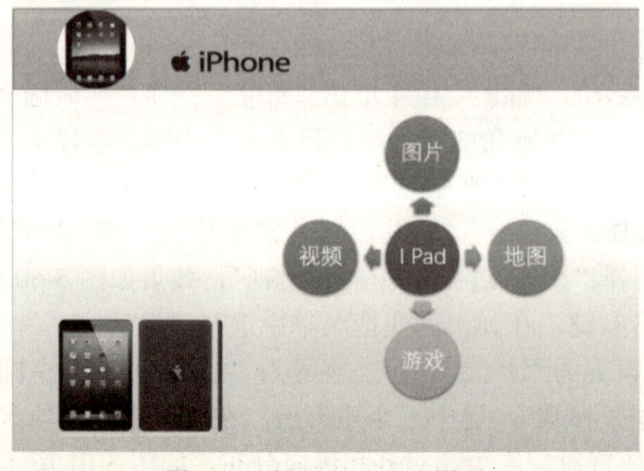

图 5-63　插入 SmartArt 图形

图 5-64　输入文本（二）

❾ 选中幻灯片 1，右键单击“产品简介”，在弹出的快捷菜单中选择“超链接”，弹出“编辑超链接”对话框，从中选择本文档中的幻灯片作为链接对象，如图 5-65 所示。用同样的方法为其他两个按钮设置超链接。

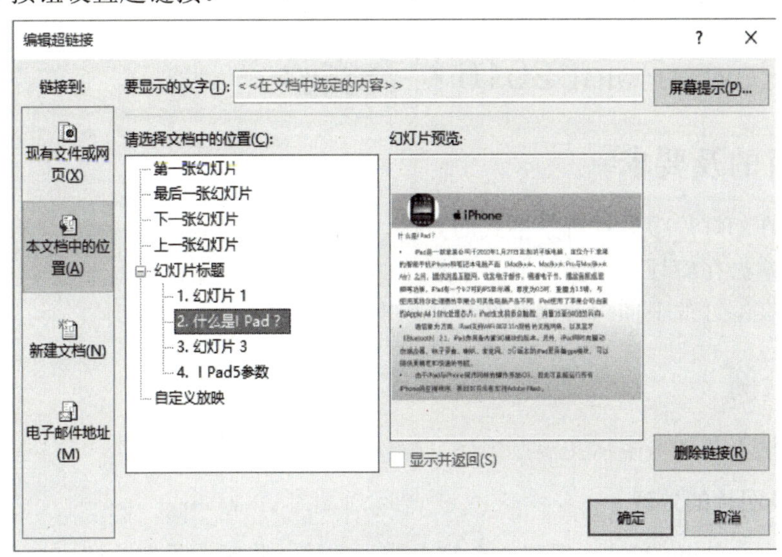

图 5-65　设置超链接

❿ 选择第 1 张幻灯片中的图片，在“动画”选项卡的“动画”组中单击下拉按钮，选择“更多进入效果”，如图 5-66 所示，在弹出的“更改进入效果”对话框中进行相关设置。用同样的方法为其他幻灯片中的对象添加适当的动画效果。

三、实验内容

（1）制作某一款手机或汽车的产品介绍，要求图文并茂，并应用插入影片功能，使用幻灯片模板、插入自定义动画、超链接等方法。

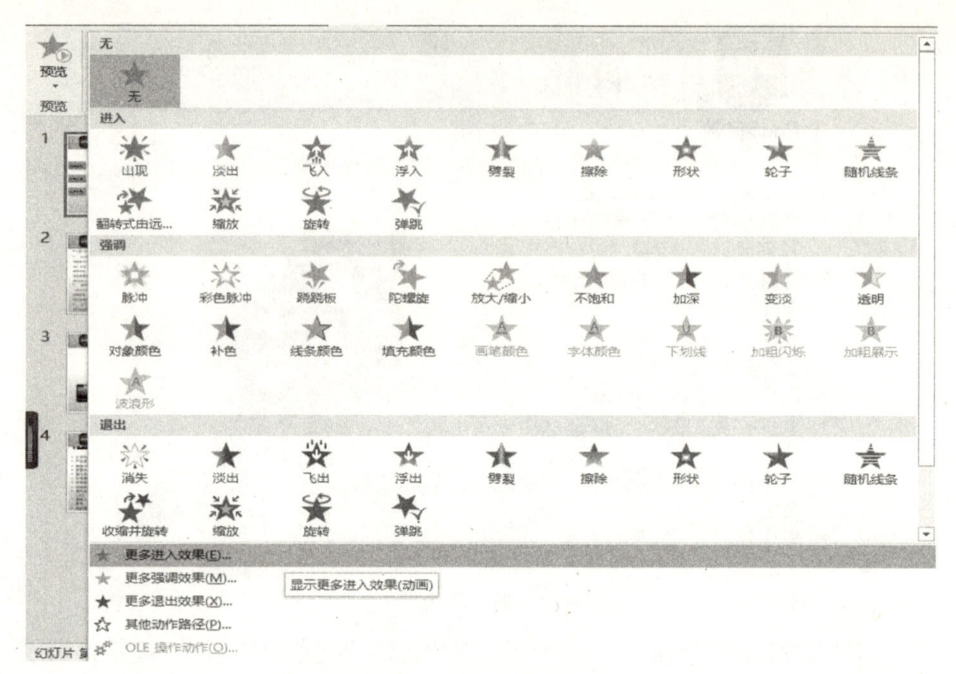

图 5-66　自定义动画窗格

（2）用 PowerPoint 制作某地的旅游指南并发布为网页。

实验 8　PowerPoint 2016 综合实验三

一、实验目的及要求

（1）掌握在幻灯片中设置背景格式的方法。

（2）熟练掌握在幻灯片中插入图片和形状的方法。

（3）掌握在幻灯片中插入音频文件并播放的方法。

二、实验示例

以“制作情人节贺卡演示文稿”为例，操作步骤如下。

1. 背景及图片的处理

❶ 启动 PowerPoint 2016，新建一个空白演示文稿，将版式设置为“空白”，在“设计”选项卡的“变体”下拉列表中单击“背景样式”按钮，然后选择“样式 10”，如图 5-67 所示。

❷ 在“变体”组下拉列表中单击“背景样式”按钮，在弹出的列表中选择“设置背景格式”命令，然后在弹出的对话框中选择“渐变填充”在“渐变光圈”区域中将左侧光圈的 RGB 值设置为 251、248、241，将右侧光圈的 RGB 值设置为 217、216、211，如图 5-68 所示。

❸ 设置完成后，单击“×”按钮。然后在“插入”选项卡的“图像”组中单击“图片”按钮，在弹出的对话框中选择所需素材，如图 5-69 所示。

❹ 单击“插入”按钮，选择“图片工具”下的“格式”选项卡，在“调整”组中单击“删除背景”按钮，然后在幻灯片中调整边界框的大小。调整后的效果如图 5-70 所示。

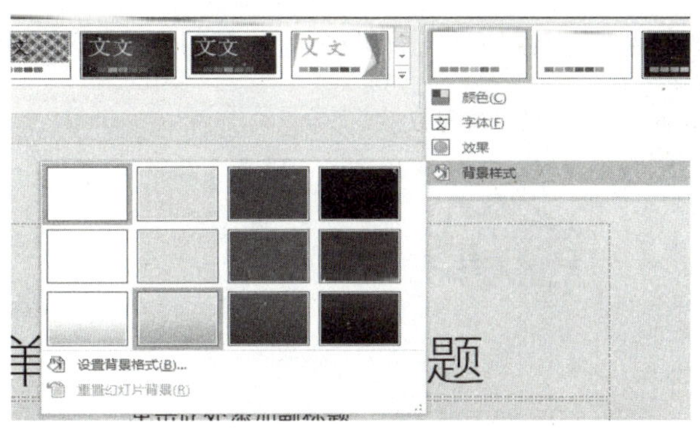

图 5-67　选择背景样式

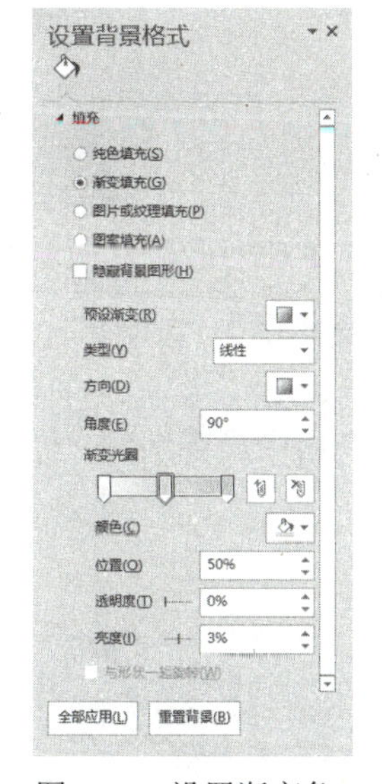

图 5-68　设置渐变色

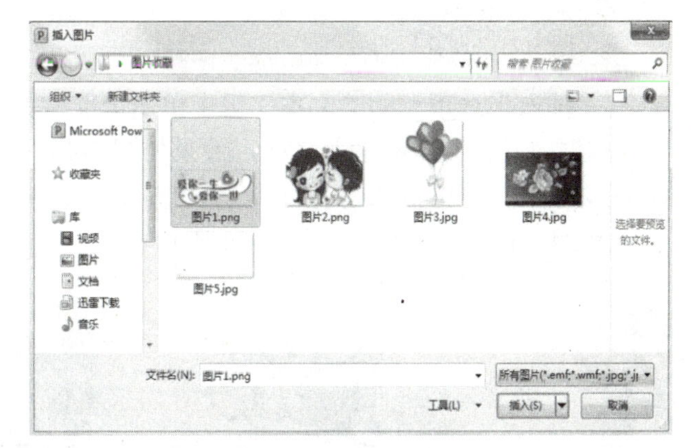

图 5-69　选择素材文件

图 5-70　调整边界框的大小

❺ 调整完成后，单击“保留更改”按钮，在幻灯片中调整该图像的位置，调整后的效果如图 5-71 所示。

❻ 使用同样的方法将其他素材文件进行导入，并在幻灯片中对其进行调整，调整后的效果如图 5-72 所示。

图 5-71　调整后的效果

图 5-72　插入其他素材图像

❼ 在“插入”选项卡的“文本”组中单击“文本框”→“横排文本框”，在幻灯片中绘制一个文本框，并在文本框输入文字，效果如图 5-73 所示。

❽ 在文本框中选中输入的文字，选择“开始”选项卡，在“字体”组中设置字体，将“字号”设置为 24，设置后的效果如图 5-74 所示。

图 5-73　输入文字

图 5-74　设置文字效果

2．插入音频

❶ 在“插入”选项卡的“媒体”组中单击“音频”→“pc 上的音频”，在弹出的对话框中选择音乐文件。单击“插入”按钮，即可将该音频文件插入，效果如图 5-75 所示。

❷ 切换到“动画”选项卡，在“动画”组中，单击“效果选项”的 按钮，在弹出的对话框中选择“效果”选项卡，在“开始播放”区域中选中“从头开始”单选按钮，然后在“停止播放”区域中选中“当前幻灯片之后”单选按钮，如图 5-76 所示。

图 5-75　插入音频文件

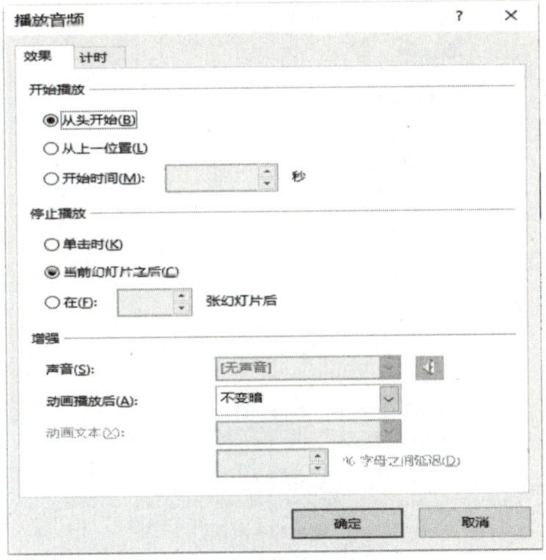

图 5-76　播放音频设置（一）

❸ 选择“计时”选项卡，在“开始”下拉列表中选择“与上一动画同时”选项，如图 5-77 所示。

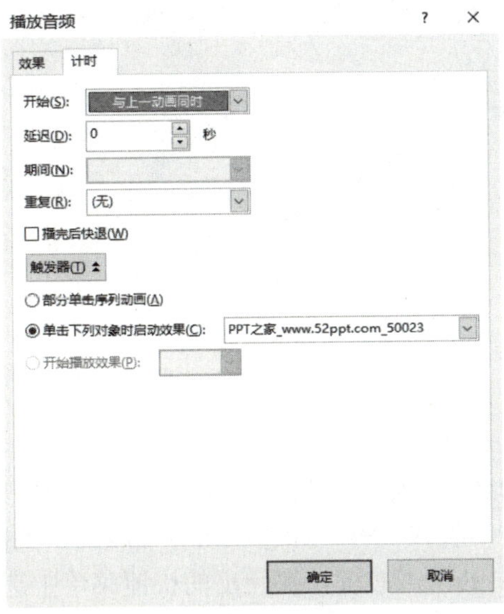

图 5-77　播放音频设置（二）

❹ 单击音频，出现“音频工具”，在“播放”选项卡的“音频选项”组中勾选“放映时隐藏”复选框，如图 5-78 所示。

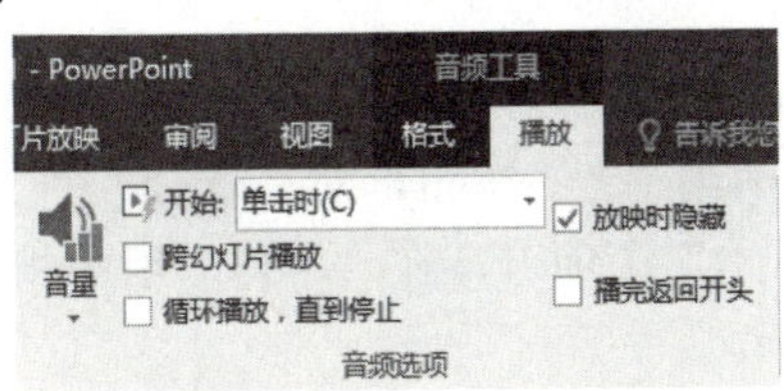

图 5-78　“音频工具”选项卡

❺ 根据个人喜好为幻灯片中的其他对象设置动画，完成后的效果，如图 5-79 所示。对完成后的场景进行保存。

图 5-79 完成后的效果

实验 9 PowerPoint 2016 综合实验四

一、实验目的及要求

（1）掌握在幻灯片中插入表格的方法。

（2）掌握在幻灯片中插入图表并美化的方法。

（3）掌握在幻灯片中插入艺术字、超链接的方法。

二、实验示例

1. 插入表格与图片

❶ 打开 PowerPoint 2016，新建一个空白演示文稿。选择新建的幻灯片，在“开始”选项卡的“幻灯片”组中单击“版式”→“标题和内容”版式，如图 5-80 所示。

❷ 选择幻灯片，在空白处单击右键，在弹出的快捷菜单中选择“设置背景格式”，如图 5-81 所示。

❸ 弹出“设置背景格式”对话框，在“填充”选项卡中选中“渐变填充”单选按钮，使用默认设置，如图 5-82 所示。设置完成后，将对话框关闭，此时设置的渐变颜色即可应用至幻灯片背景中，如图 5-83 所示。

❹ 在标题占位符中输入标题。选择输入的标题文字，切换到“绘图工具”的“格式”选项卡，在“艺术字样式”组中单击“▾”按钮，然后选择一种艺术字样式，如图 5-84 所示。

❺ 设置完成后，选择“开始”选项卡，在“字体”组中将“字体”设置为“楷体”，“字号”设置为 36，如图 5-85 所示。

❻ 在占位符中单击“插入表格”图标，如图 5-86 所示，弹出“插入表格”对话框，将“列数”设置为 5，“行数”设置为 4，如图 5-87 所示，设置完成后单击“确定”按钮。

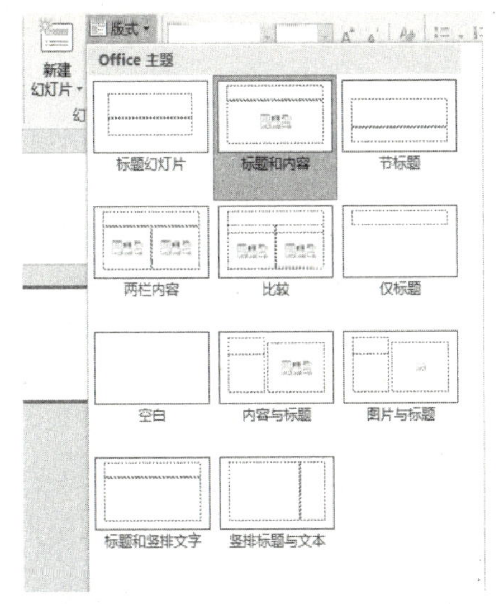

图 5-80　选择“标题和内容”版式

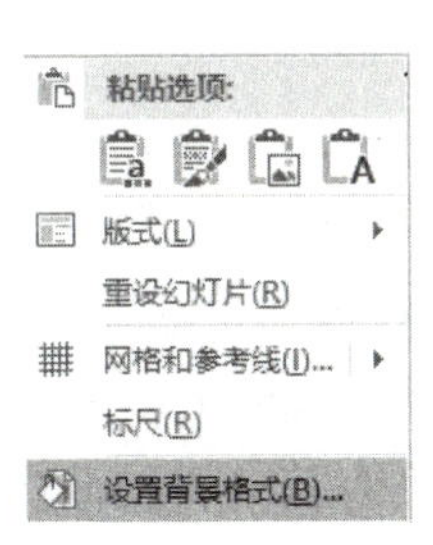

图 5-81　选择“设置背景格式”命令

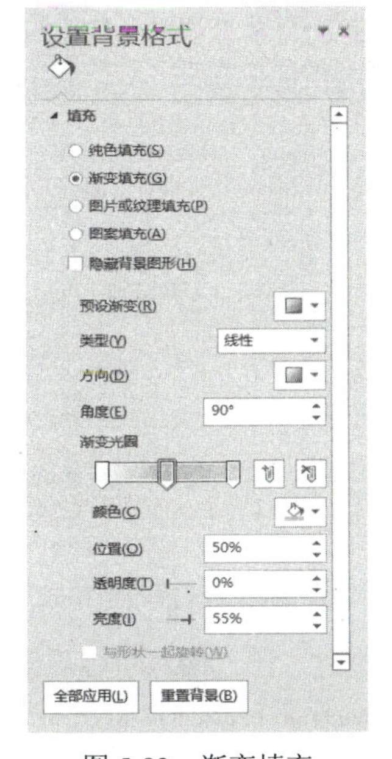

图 5-82　渐变填充

图 5-83　完成后的效果

图 5-84　选择艺术字样式

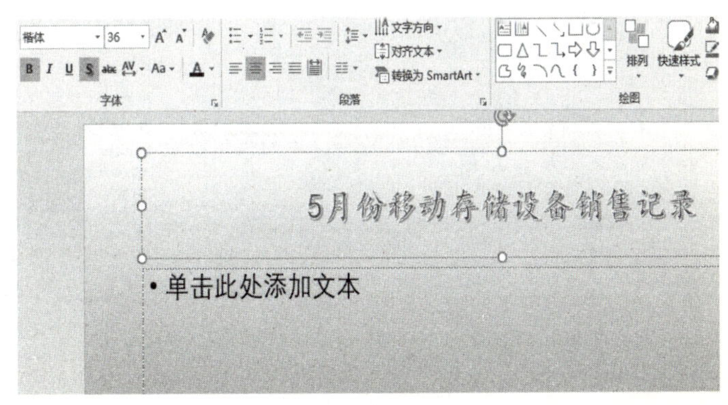

图 5-85　设置标题文本

图 5-86 单击“插入表格”图标

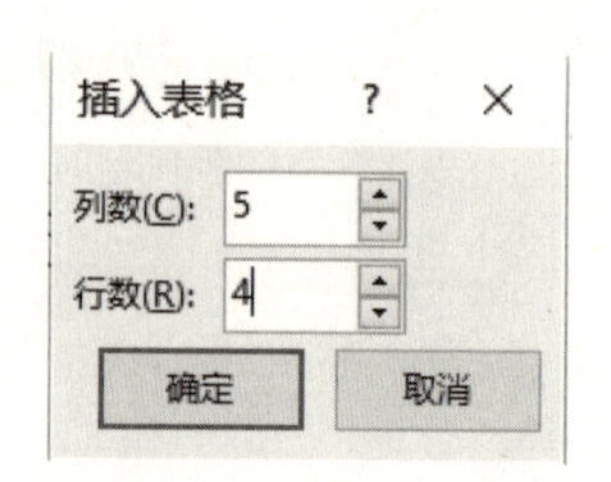

图 5-87 “插入表格”对话框

❼ 此时即可插入一个 4 行 5 列的表格，在表格中输入数据，完成后的效果如图 5-88 所示。单击插入的表格后，选择“表格工具”的“设计”选项卡，在“表格样式”组中单击“▾”按钮，在弹出的下拉面板中选择一种样式，如图 5-89 所示。

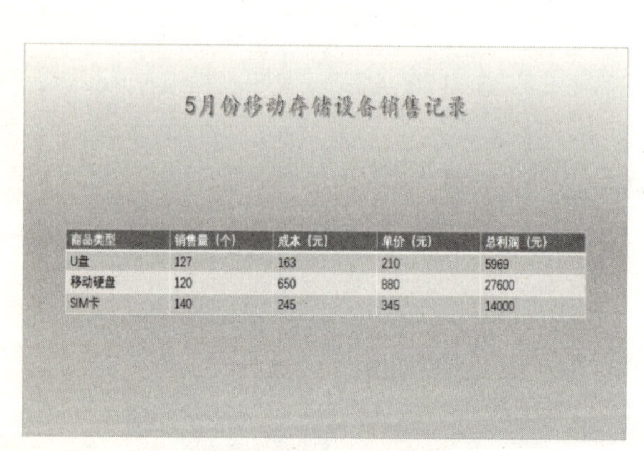

商品类型	销售量（个）	成本（元）	单价（元）	总利润（元）
U盘	127	163	210	5969
移动硬盘	120	650	880	27600
SIM卡	140	245	345	14000

图 5-88 插入表格

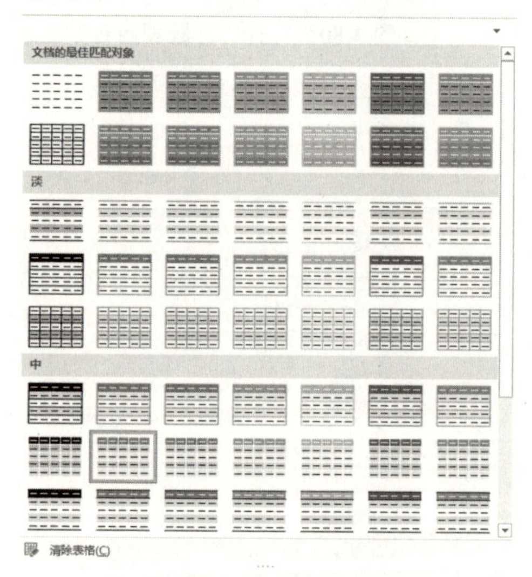

图 5-89 选择表格样式

❽ 选择完成后，该样式即可应用到表格中，如图 5-90 所示。在“插入”选项卡的“图像”组中单击“图片”按钮，在弹出的“插入图片”对话框中选择素材图片，如图 5-91 所示，然后单击“插入”按钮。

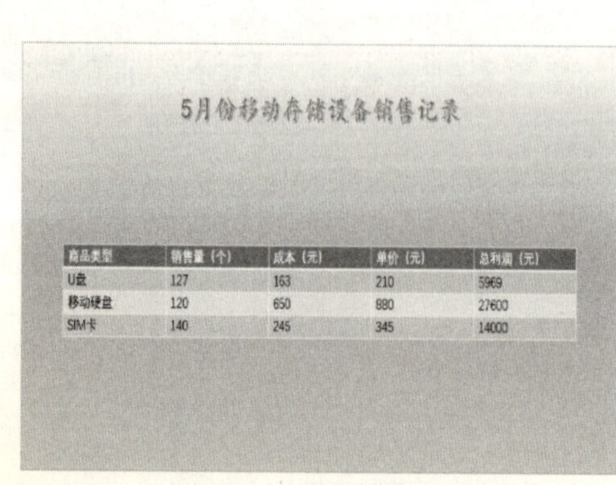

商品类型	销售量（个）	成本（元）	单价（元）	总利润（元）
U盘	127	163	210	5969
移动硬盘	120	650	880	27600
SIM卡	140	245	345	14000

图 5-90 完成后的效果

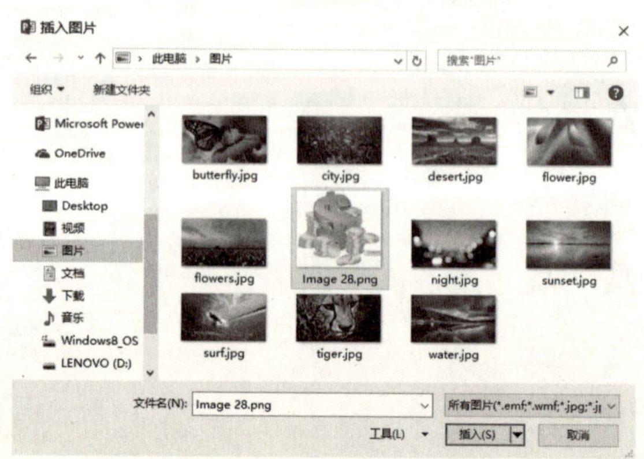

图 5-91 “插入图片”对话框

❾ 插入完成后，切换到“图片工具”选项的“格式”选项卡，在“调整”组中单击“颜色”按钮，选择“设置透明色”，如图 5-92 所示。

❿ 在白色背景上单击，此时白色背景即可被设置为透明色，如图 5-93 所示。

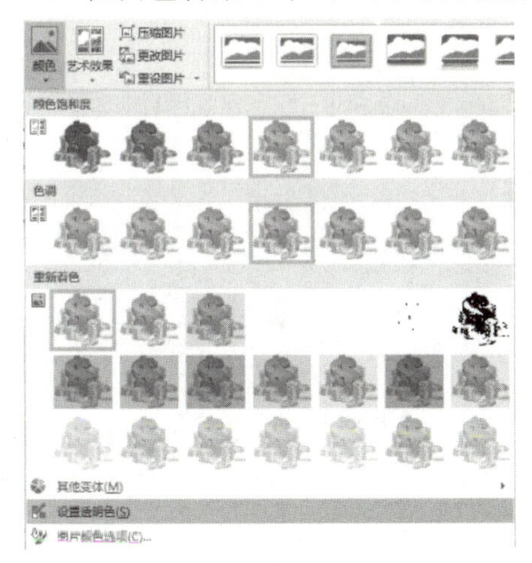

图 5-92 选择“设置透明色”

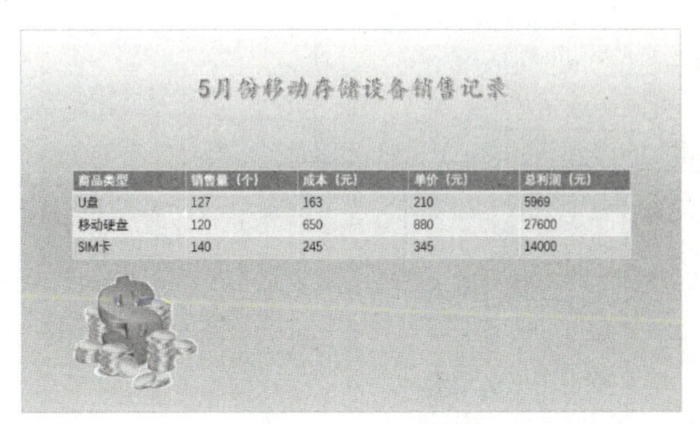

图 5-93 设置透明色效果

2. 图表与超链接

❶ 在“开始”选项卡的“幻灯片”组中单击“新建幻灯片”按钮，然后选择“空白”版式，如图 5-94 所示。为新创建的幻灯片设置与第一张幻灯片相同的背景，如图 5-95 所示。

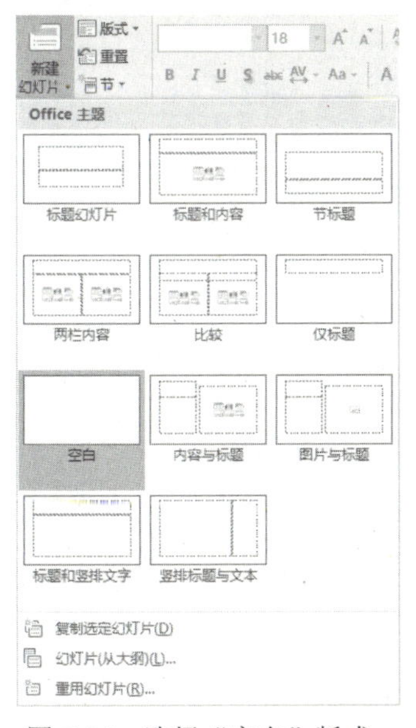

图 5-94 选择“空白”版式

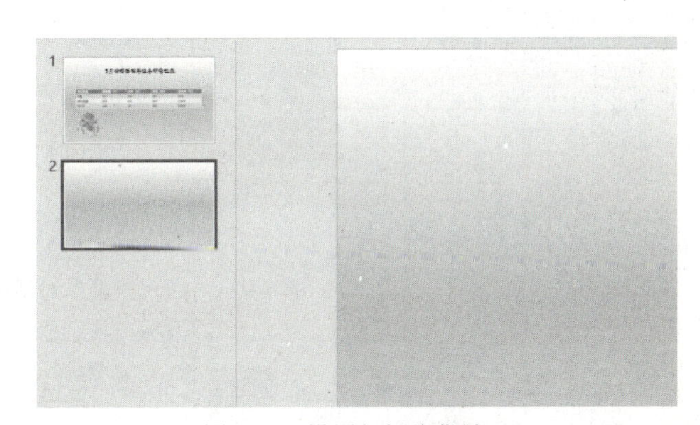

图 5-95 设置幻灯片背景

❷ 在“插入”选项卡的“插图”组中单击“图表”按钮，如图 5-96 所示，弹出“插入图表”对话框，选择“折线图”下的“带数据标记的折线图”样式，然后单击“确定”按钮，如图 5-97 所示。

❸ 此时弹出 Excel 表格，在表格中输入数据，如图 5-98 所示。输入完成后将表格窗口关闭。

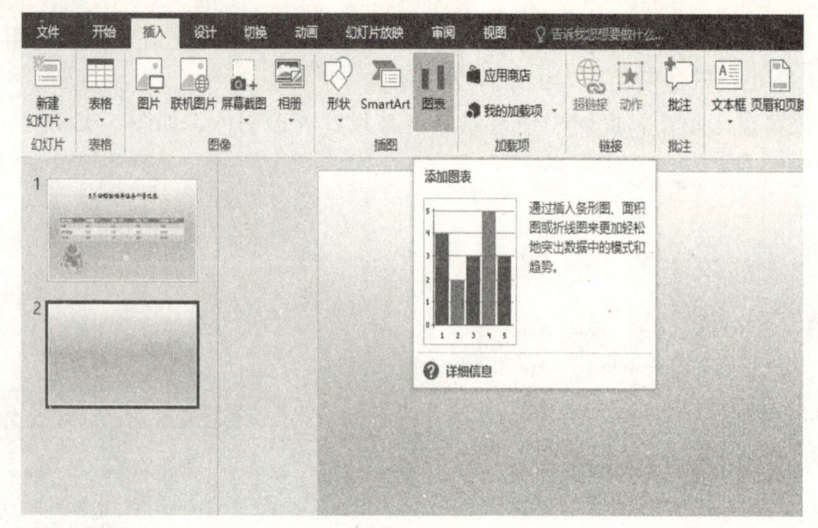

图 5-96　单击“图表”按钮

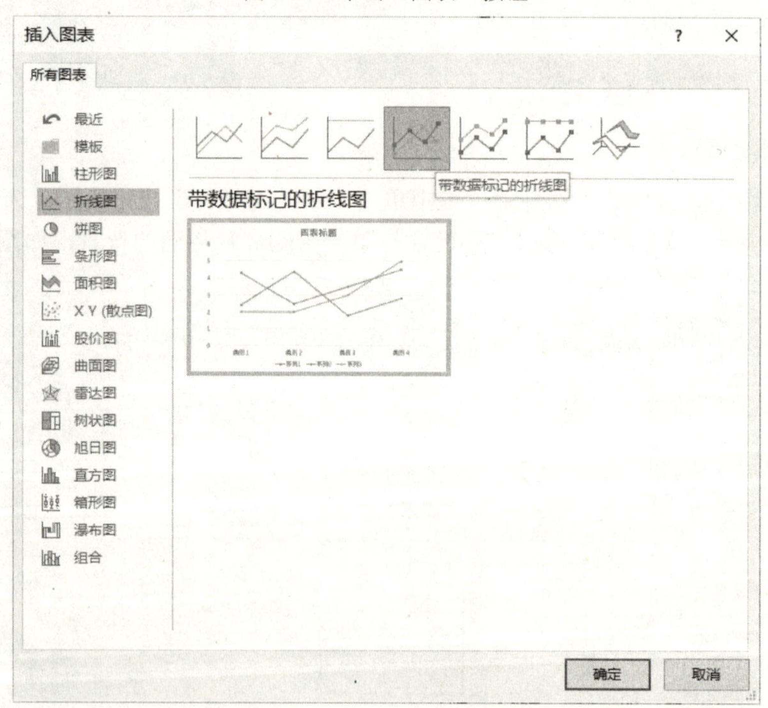

图 5-97　“插入图表”对话框

E1

	A	B	C	D	E	F	G
1		U盘	移动硬盘	SIM卡			
2	3月	90	85	97			
3	4月	105	103	126			
4	5月	127	120	140			
5							
6							
7							

图 5-98　输入数据

❹ 切换到“图表工具”的“设计”选项卡，单击“图表布局”组中的“快速布局”按钮，然后选择“布局 5”样式，如图 5-99 所示。

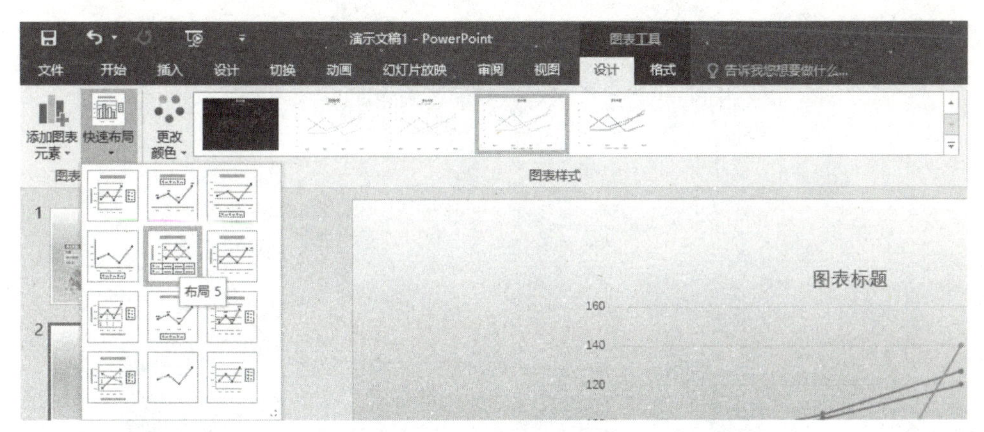

图 5-99　选择布局样式

❺ 选择表格中的文本，切换到“图表工具”的“格式”选项卡，在“艺术字样式”组中单击“▾”按钮，然后选择一种艺术字样式，如图 5-100 所示。

❻ 使用相同的方法为其他文本设置相同的艺术字样式，将标题字号设置为 28，效果如图 5-101 所示。

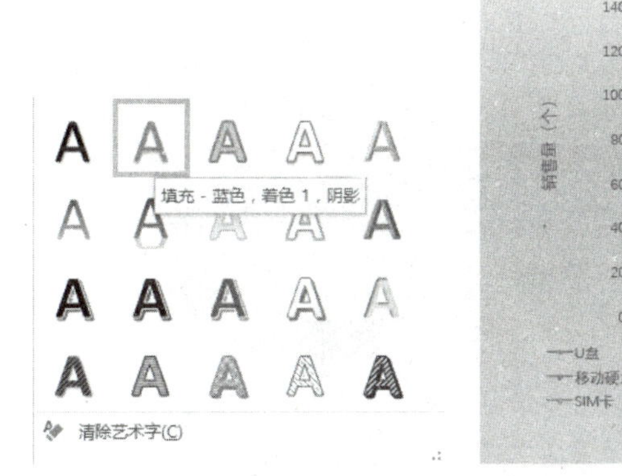

图 5-100　选择艺术字样式

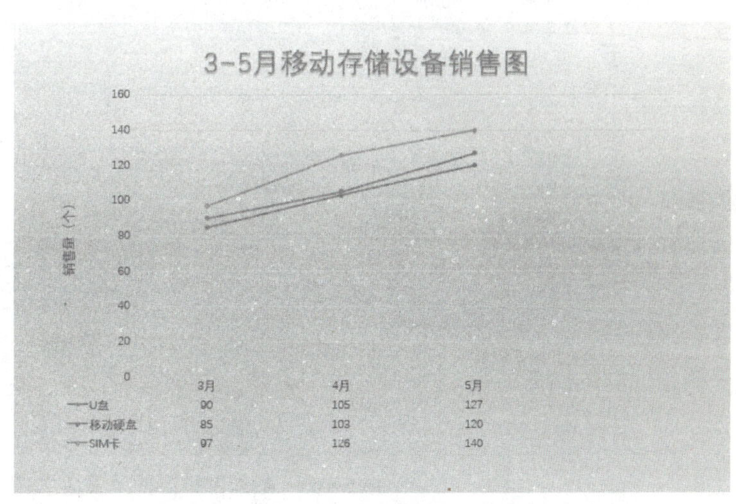

图 5-101　设置艺术字后的效果

❼ 设置完成后，单击“插入”选项卡下“图像”组中的“图片”按钮，在弹出的“插入图片”对话框中选择素材图片，然后单击“插入”按钮。插入完成后调整图片的位置和大小，完成后的效果如图 5-102 所示。

❽ 选中第一张幻灯片，在“插入”选项卡的“图像”组中单击“图片”按钮，在弹出的“插入图片”对话框中选择素材图片，然后单击“插入”按钮。插入完成后调整图片的位置和大小，完成后的效果如图 5-103 所示。

❾ 选择插入的素材图片，在“插入”选项卡的“链接”组中单击“超链接”按钮，弹出“插入超链接”对话框，如图 5-104 所示；在“链接到”列表中选择“本文档中的位置”，在“请选择文档中的位置”列表中选择第二张幻灯片，设置完成后单击“确定”按钮。

❿ 设置完成后使用相同的方法在第二张幻灯片中插入图片，并为图片设置超链接，将其链接到第一张幻灯片，如图 5-105 所示。完成后的效果如图 5-106 所示。

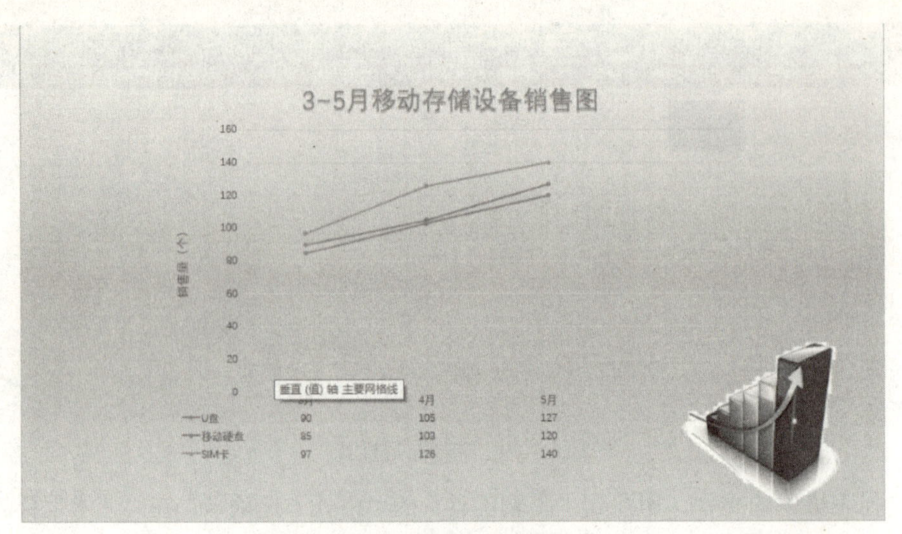

图 5-102　插入图片后的效果（一）

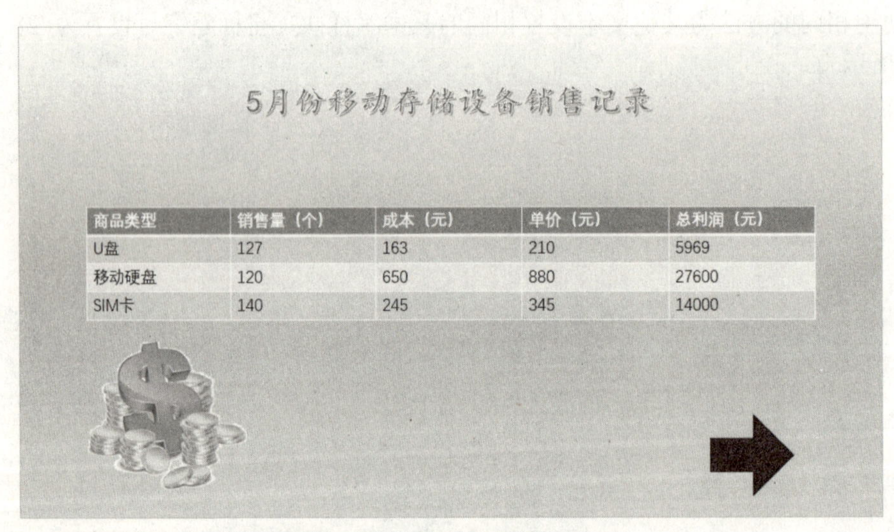

图 5-103　插入图片后的效果（二）

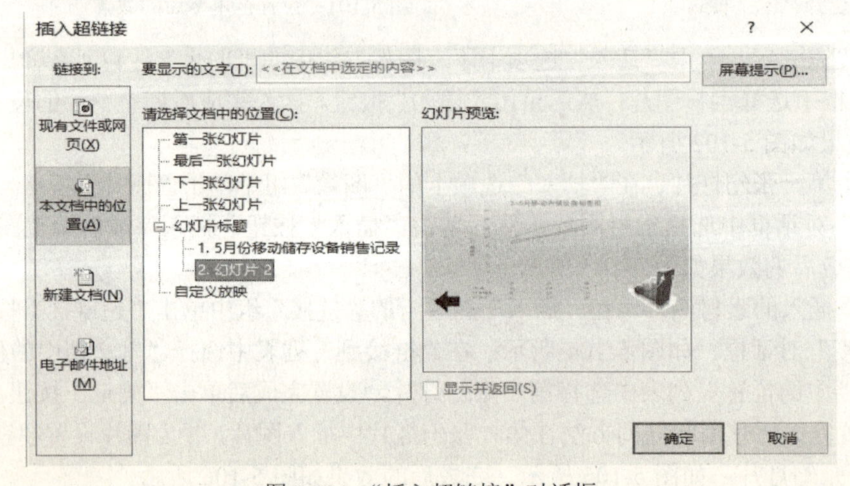

图 5-104　“插入超链接”对话框

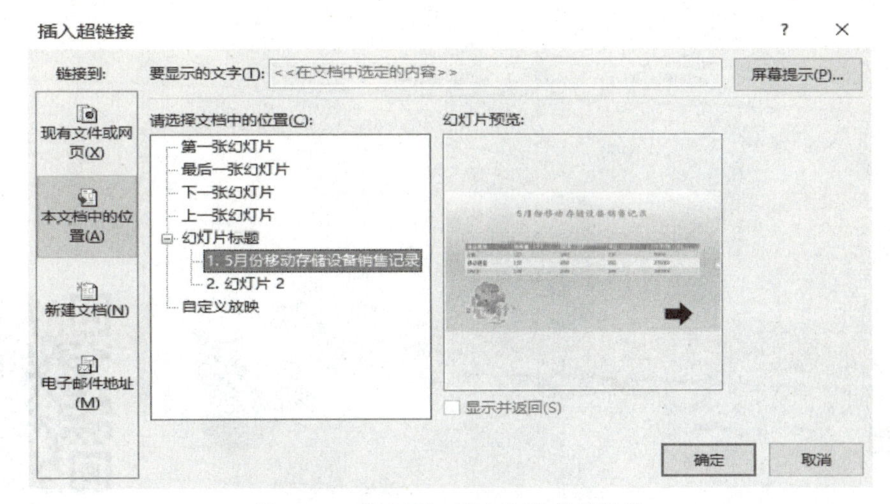

图 5-105　设置第二张幻灯片的超链接

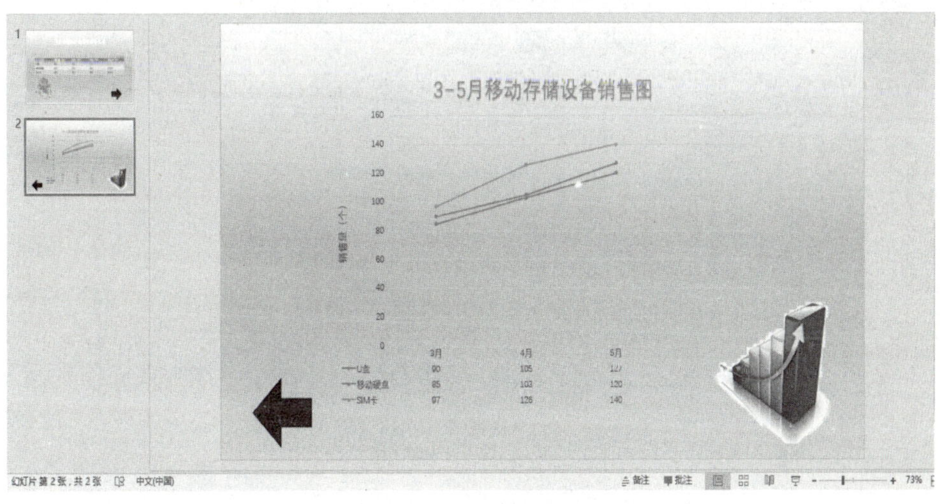

图 5-106　完成后的效果

至此，市场销售记录幻灯片就制作完成了，完成后的效果如图 5-107 和图 5-108 所示。

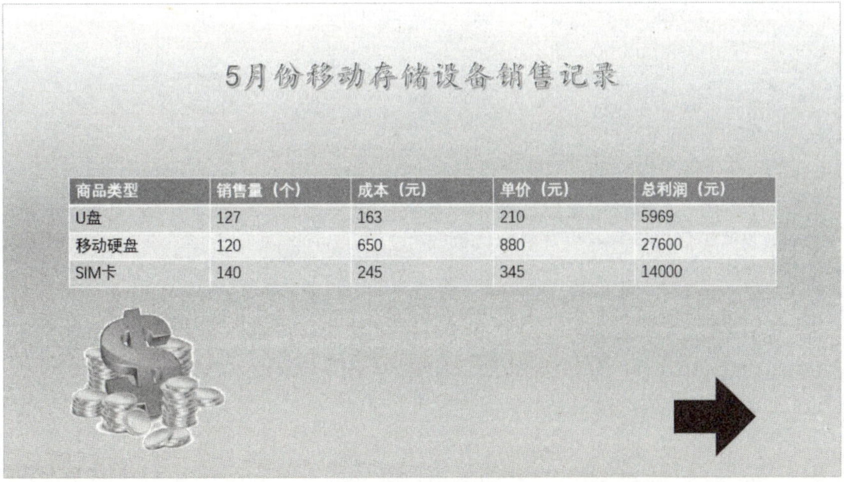

5月份移动存储设备销售记录

商品类型	销售量（个）	成本（元）	单价（元）	总利润（元）
U盘	127	163	210	5969
移动硬盘	120	650	880	27600
SIM卡	140	245	345	14000

图 5-107　市场销售记录幻灯片（一）

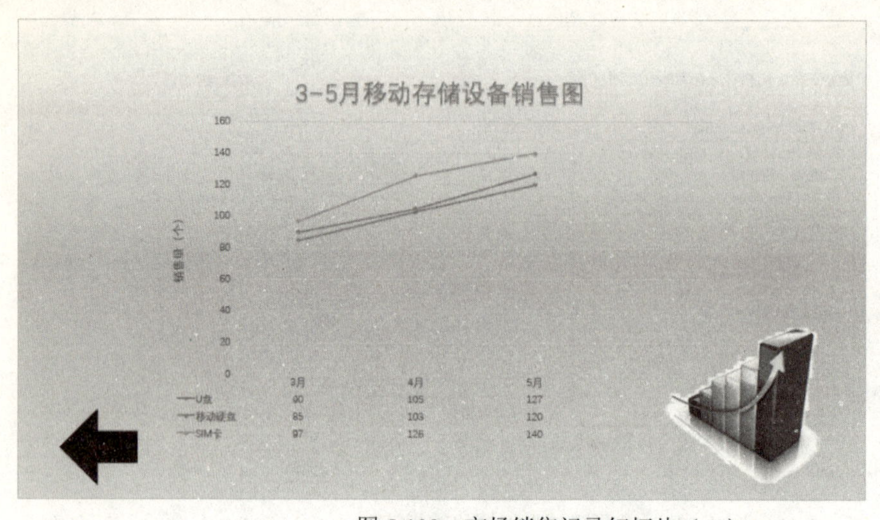

图 5-108　市场销售记录幻灯片（二）

第 6 章　图像处理软件 Photoshop

实验 1　绘制图形

一、实验目的和要求

（1）熟悉 Photoshop 的工作界面。

（2）掌握使用选框工具、套索工具和渐变工具的方法。

（3）熟练掌握创建文档的方法。

（4）掌握填充、描边的方法。

二、实验示例

使用选框工具绘制卡通人物的操作步骤如下。

❶ 选择“文件”→“新建”命令，新建一个文档，设置其宽度和高度分别为 800 像素和 600 像素，分辨率为 300 像素/英寸，如图 6-1 所示。

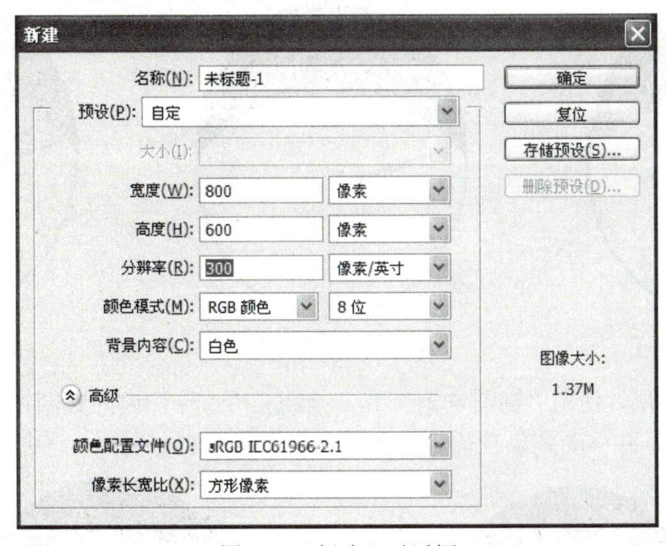

图 6-1 “新建”对话框

❷ 使用“椭圆选框工具”绘制一个椭圆，选择“编辑”→“描边”命令，如图 6-2 和图 6-3 所示。

❸ 使用“椭圆选框工具”，设置“从选区中减去”，绘制头发部分，选择“编辑”→“填充”命令，如图 6-4 和图 6-5 所示。

❹ 新建一个图层，使用“套索工具”绘制眉毛，并填充颜色，然后通过复制图层，选择“编辑”→“水平翻转”命令，得到另一边眉毛，如图 6-6～图 6-8 所示。

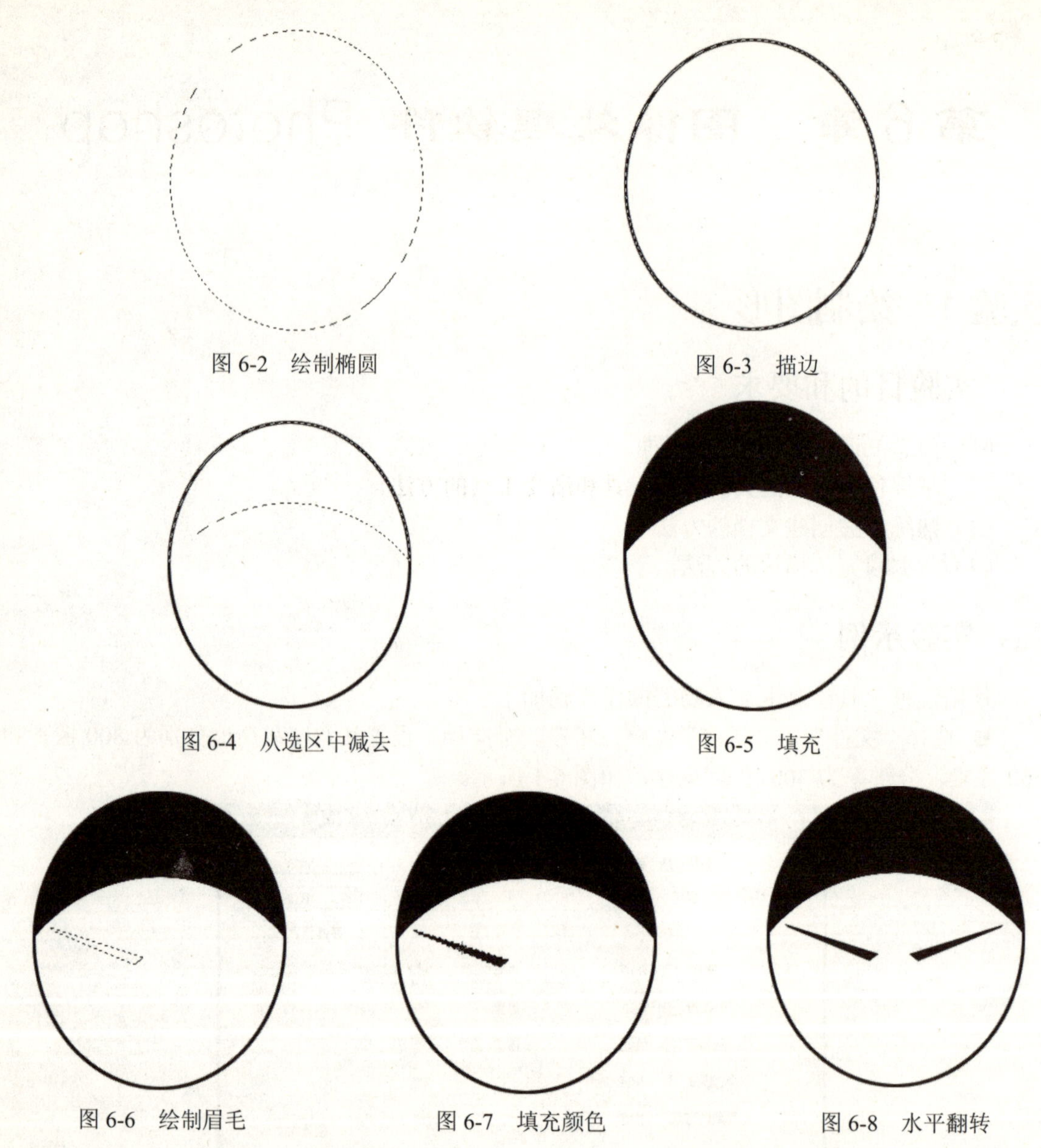
图 6-2　绘制椭圆

图 6-3　描边

图 6-4　从选区中减去

图 6-5　填充

图 6-6　绘制眉毛

图 6-7　填充颜色

图 6-8　水平翻转

❺ 新建一个图层，使用“椭圆选框工具”绘制其中一个眼睛，然后填充颜色，通过复制图层得到另外一个，并移动到最佳位置，如图 6-9 和图 6-10 所示。

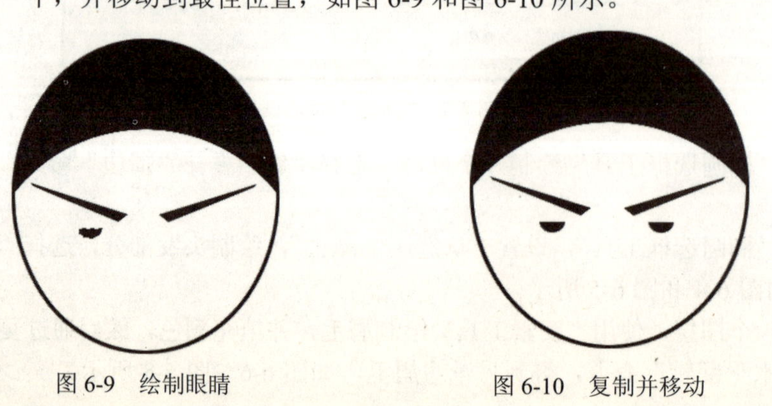
图 6-9　绘制眼睛

图 6-10　复制并移动

❻ 新建一个图层，使用“椭圆选框工具”绘制嘴，效果如图 6-11 所示。

图 6-11 效果图

三、实验内容

（1）绘制如下图形。

实验 2 修饰图像

一、实验目的及要求

（1）掌握使用绘图工具、图章工具和修复工具的方法。

（2）熟练掌握蒙板的使用方法。

（3）掌握图层的新建、复制及删除的方法。

二、实验示例

1. 去除图像中多余部分

❶ 打开素材“实验 2-1”，如图 6-12 所示。

❷ 在工具箱中单击“仿制图章工具”，按住 Alt 键，在图像中合适位置单击左键选取源素材，如图 6-13 所示。

❸ 把鼠标移到人物位置，按住鼠标左键进行涂抹，如图 6-14 所示。

❹ 最后效果如图 6-15 所示。

图 6-12　素材

图 6-13　选取源素材

图 6-14　使用鼠标涂抹

图 6-15　效果图

三、实验内容

（1）更换脸部。打开素材“实验 6-2-1”和“实验 6-2-2”，使用魔术橡皮擦把男模特中黑色区域擦除，然后复制到女模特图像中，结合变形工具调整至合适大小，通过色彩平衡调整颜色，效果如图 6-16 所示。

（2）云中超人。打开素材“实验 6-2-3”和“实验 6-2-4”，通过使用蒙板遮住要隐藏的部分，从而达到如图 6-17 所示的效果。

图 6-16　更换脸部的效果

图 6-17　云中超人

实验 3　色彩

一、实验目的及要求

（1）掌握色彩的基础知识。
（2）熟练掌握图像调整的方法。

二、实验示例

风景图像处理的操作步骤如下。

❶ 打开素材“实验 3-1”，如图 6-18 所示。

图 6-18　素材

❷ 创建一个“可选颜色”调整图层，然后在“属性”面板中设置“颜色”为“黄色”、“蓝色”和“黑色”，参数如图 6-19 所示，效果如图 6-20 所示。

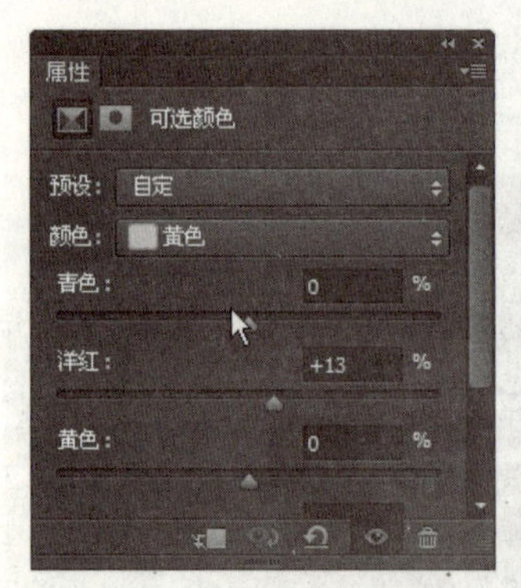

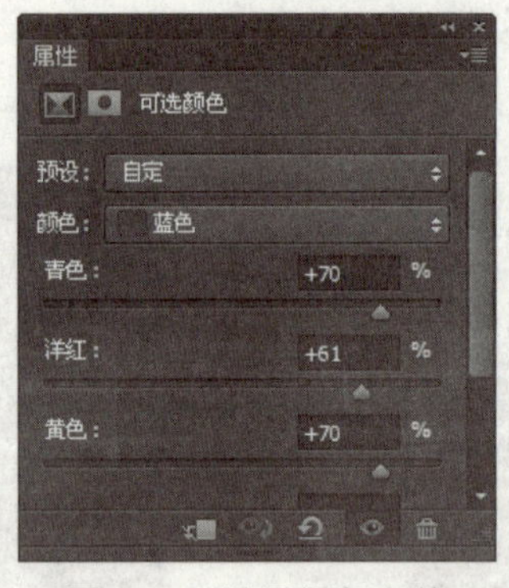

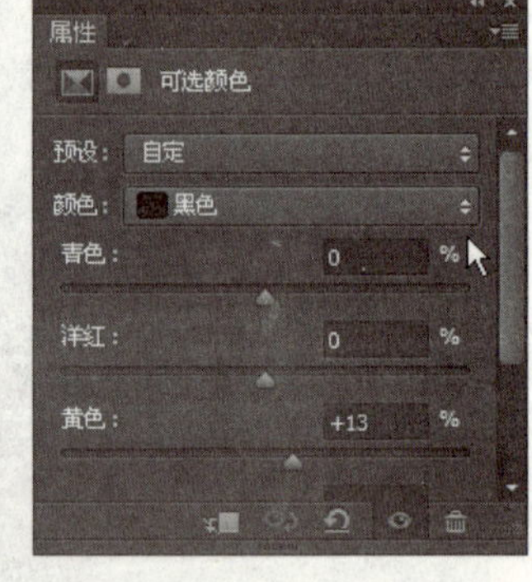

图 6-19　设置颜色参数

图 6-20　图片效果

❸ 创建一个“照片滤镜”调整图层，然后在“属性”面板中勾选“颜色”选项，设置颜色 RGB 值为 41、0、255，浓度为 54%，如图 6-21 所示。

❹ 最后效果如图 6-22 所示。

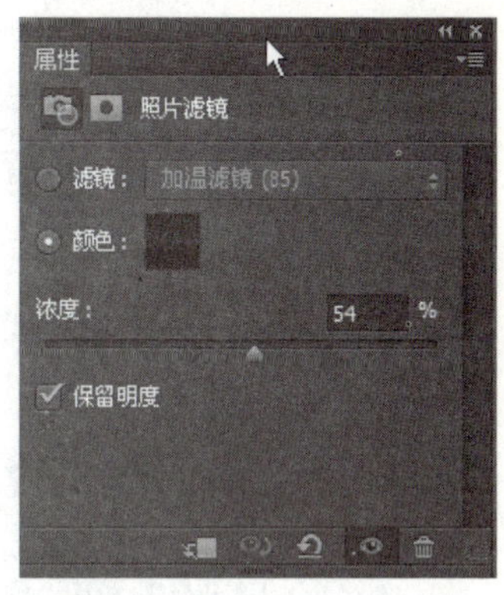

图 6-21 “照片滤镜”属性

三、实验内容

（1）打开“实验 6-3-1”，使用油漆桶，为其漫画上色，效果如图 6-23 所示。

（2）打开“实验 6-3-2”，使用“色调分离”和“阈值”命令制作手绘风格图像，效果如图 6-24 所示。

图 6-22 效果图

图 6-23 上色后的效果

图 6-24 手绘风格

第 7 章　网络基础及 Internet

实验 1　常用网络测试工具的使用

一、实验目的和要求

（1）掌握 ipconfig 命令查看本机 IP 协议的具体配置和网卡的物理地址的方法。

（2）掌握 ping 命令测试网络的方法。

二、网络命令介绍

1. ipconfig 命令

IPConfig 实用程序可用于显示当前的 TCP/IP 配置的设置值，这些信息一般用来检验人工配置的 TCP/IP 设置是否正确。IPConfig 实用程序是了解计算机当前的 IP 地址、子网掩码和默认网关是进行测试和故障分析的工具。

命令格式包括如下两种。

ipconfig——使用 IPConfig 时不带任何参数选项，那么它显示每个已经配置了的接口的 IP 地址、子网掩码和默认网关值。如图 7-1 所示。

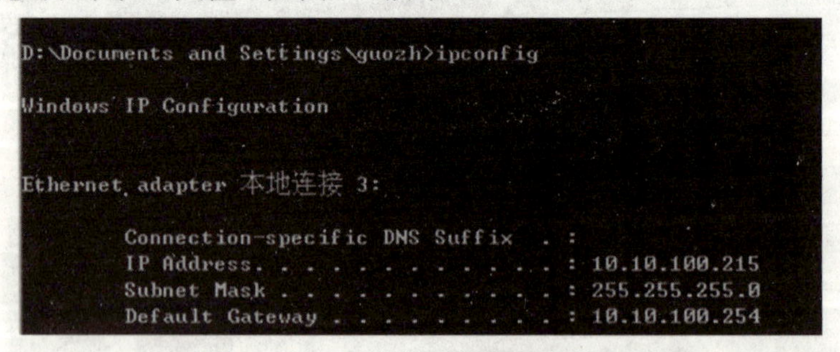

图 7-1　IPConfig 不带任何参数选项的运行结果

ipconfig /all——使用 all 选项时，IPConfig 能为 DNS 和 WINS 服务器显示它已配置且所要使用的附加信息（如 IP 地址等），并且显示内置于本地网卡中的物理地址（MAC）。如果 IP 地址是从 DHCP 服务器租用的，IPConfig 将显示 DHCP 服务器的 IP 地址和租用地址预计失效的日期，如图 7-2 所示。

2. ping 命令

ping 是 Windows 系列自带的一个可执行命令，可以检查网络是否能够连通，可以很好地帮助我们分析判定网络故障。

```
D:\WINDOWS\system32\cmd.exe
        WINS Proxy Enabled. . . . . . . . : No

Ethernet adapter 本地连接 3:

        Connection-specific DNS Suffix  . :
        Description . . . . . . . . . . . : NVIDIA nForce Networking Controller
        Physical Address. . . . . . . . . : 00-16-D3-FE-E1-5A
        Dhcp Enabled. . . . . . . . . . . : Yes
        Autoconfiguration Enabled . . . . : Yes
        IP Address. . . . . . . . . . . . : 10.10.100.215
        Subnet Mask . . . . . . . . . . . : 255.255.255.0
        Default Gateway . . . . . . . . . : 10.10.100.254
        DHCP Server . . . . . . . . . . . : 10.10.240.4
        DNS Servers . . . . . . . . . . . : 10.10.240.2
                                            10.10.240.3
        Lease Obtained. . . . . . . . . . : 2010年7月3日 11:30:53
        Lease Expires . . . . . . . . . . : 2010年7月4日 11:30:53

Ethernet adapter 无线网络连接:

        Media State . . . . . . . . . . . : Media disconnected
        Description . . . . . . . . . . . : Broadcom 802.11g 网络适配器
        Physical Address. . . . . . . . . : 00-1A-73-CE-A4-C1
```

图 7-2　IPConfig 带参数选项后的运行结果

命令格式如下：

ping　目标主机 IP 或域名

（1）命令执行过程解释

ping 10.10.240.28

ping 命令向目的主机 10.10.240.28 发送一个 32B 的消息，并计算目的主机响应的时间，该动作共进行 4 次，目的主机响应时间少于 400 ms 即为正常，超过 400 ms 则较慢，在 1 s 内没有响应，则返回“Request timed out”信息。如果返回 4 个“Request timed out”信息，说明本机目前不能与目标主机连通，可能目的主机离线（关闭）或网络故障。

（2）ping 命令结果说明

图 7-3 是 ping 命令执行一次的显示结果。

```
D:\Documents and Settings\guozh>ping 10.10.240.28

Pinging 10.10.240.28 with 32 bytes of data:

Reply from 10.10.240.28: bytes=32 time=5ms TTL=127
Reply from 10.10.240.28: bytes=32 time<1ms TTL=127
Reply from 10.10.240.28: bytes=32 time<1ms TTL=127
Reply from 10.10.240.28: bytes=32 time<1ms TTL=127

Ping statistics for 10.10.240.28:
    Packets: Sent = 4, Received = 4, Lost = 0 (0% loss),
Approximate round trip times in milli-seconds:
    Minimum = 0ms, Maximum = 5ms, Average = 1ms
```

图 7-3　ping 命令结果

4 行 Reply 显示了向目的主机独立发送 4 次 32 B 信息的响应情况，time 的数据表示往返一次使用的时间。TTL 是 IP 协议数据包中的一个值，其作用是告诉网络路由器数据包在网络中的时间太长是否应被丢弃。TTL 的值通常表示包在被丢弃前最多能经过的路由器个数。数据包经过每个路由器时都要把其 TTL 的值至少减 1，当 TTL 为 0 时，路由器决定丢弃该包。ping 结果中的其他信息根据英文易知其意。

（3）通过 ping 命令检测网络连接故障的典型次序

ping 目标主机失败后，可以采用下列步骤来帮助查找网络连接错误发生的位置。

① ping 环回地址 127.0.0.1。如果失败，说明本机 TCP/IP 协议的安装或配置有问题。

② ping 本机 IP 或域名。检查本机的网卡是否有问题，因为 ping 本机的 IP 地址时，数据会经过网卡，再转发回本机。

③ ping 本机的默认网关 IP 或域名。如果通，则说明与网关的连接正常，如果不通，说明本机与网关之间的连接出现了问题。

（4）ping 命令参数含义

❖ -t：ping 指定的计算机直到中断。

❖ -a：将地址解析为计算机名。

❖ -n count：发送 count 指定的 ECHO 数据包数。默认值为 4。

❖ -l length：发送包含由 length 指定的数据量的 ECHO 数据包。默认为 32 字节，最大值是 65527 字节。

❖ -f：在数据包中发送“不要分段”标志。数据包就不会被路由上的网关分段。

❖ -i ttl：将“生存时间”字段设置为 ttl 指定的值。

❖ -v tos：将“服务类型”字段设置为 tos 指定的值。

❖ -r count：在“记录路由”字段中记录传出和返回数据包的路由。count 可以指定最少 1 台，最多 9 台计算机。

❖ -s count：指定 count 指定的跃点数的时间戳。

❖ -j computer-list：利用 computer-list 指定的计算机列表路由数据包。连续计算机可以被中间网关分隔（路由稀疏源），IP 允许的最大数量为 9。

❖ -k computer-list：利用 computer-list 指定的计算机列表路由数据包。连续计算机不能被中间网关分隔（路由严格源），IP 允许的最大数量为 9。

❖ -w timeout：指定超时间隔，单位为毫秒。

❖ destination-list ：指定要 ping 的远程计算机。

三、实验示例

1. 使用 ipconfig 命令查看本机的各种网络地址信息

使用 ipconfig 命令，查看本机网卡的物理地址、默认网关 IP、DNS 服务器 IP 等信息。操作步骤如下：

❶ 选择 → Windows 系统 → 命令提示符，弹出“命令提示符”窗口，如图 7-4 所示。

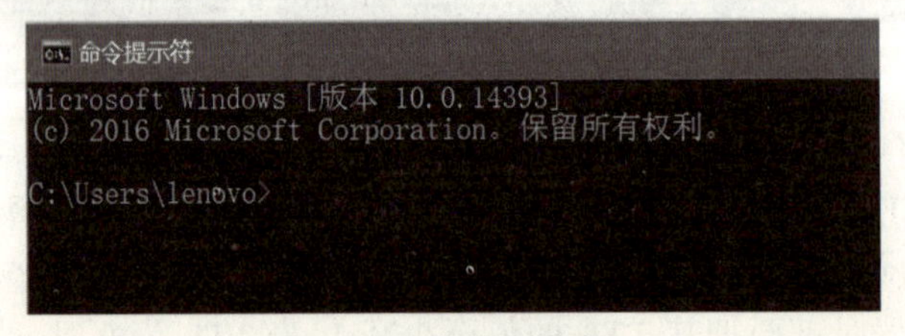

图 7-4　命令提示符窗口

❷ 在符号“>”后输入“IPCONFIG/all”命令，回车，即可显示所需结果。

2. 使用 PING 命令测试网络的连通性

要求：使用 Ping 命令依次查看计算机与腾讯 QQ（www.qq.com）、默认网关、域名服务器、环回地址连通性。

步骤如下：

❶ “→Windows 系统→命令提示符” 命令，弹出“命令提示符”窗口。

❷ 在“命令提示符”窗口中输入“ping www.qq.com”，回车后查看结果。

❸ 在“命令提示符”窗口中输入“ping 默认网关的 IP”（在上个实验中已得知），回车后查看结果。

❹ 在“命令提示符”窗口中输入“ping 域名服务器的 IP”（在上个实验中已得知），回车后查看结果。

❺ 在“命令提示符”窗口中输入“ping 127.0.0.1”，回车后查看结果。

3. 利用 ping 命令来获知已知域名的 IP 地址

Internet 上的任何一台主机可有一个域名，也可有多个域名，这是由域名管理系统来实现，但每个域名只对应一个唯一的一个 IP 地址。利用 ping 命令可以获知已知域名的 IP 地址。例如，中山大学南方学院的域名为：nanfang.sysu.edu.cn,，我们可以通过 ping 命令来获知其 IP 地址。

步骤如下：

❶ 选择→Windows 系统→命令提示符，弹出“命令提示符”窗口。

❷ 在符号“>”后输入“Ping nanfang.sysu.edu.cn”命令，回车即可知道该域名的 IP 地址。如图 7-5 红色框内即为南方学院的 IP 地址。

```
C:\Documents and Settings\Administrator>ping nanfang.sysu.edu.cn

Pinging nanfang.sysu.edu.cn [10.10.240.21] with 32 bytes of data:

Reply from 10.10.240.21: bytes=32 time=4ms TTL=62
Reply from 10.10.240.21: bytes=32 time<1ms TTL=62
Reply from 10.10.240.21: bytes=32 time<1ms TTL=62
Reply from 10.10.240.21: bytes=32 time<1ms TTL=62

Ping statistics for 10.10.240.21:
    Packets: Sent = 4, Received = 4, Lost = 0 (0% loss),
Approximate round trip times in milli-seconds:
    Minimum = 0ms, Maximum = 4ms, Average = 1ms
```

图 7-5　ping 已知域名运行后的结果

四、实验内容

（1）利用 ipconfig 命令查看本机的 IP 地址，默认网关，以及本地的网卡的物理地址。

（2）利用 ping 命令获取大家熟悉的域名的 IP 地址。

实验 2　远程桌面的设置

一、实验目的和要求

（1）掌握设置远程桌面的设置方法。

二、实验示例

远程桌面管理，就是可以连接到远程计算机的桌面，可以操作远程的电脑为你做任何事，如收发邮件，查看报表，进行用户管理，进系统维护更新等等，就像实际操作那台计算机一样。有些第三方的软件也有很强的远程桌面的功能，不过 Windows 10 也集成了这个功能，操作很方便。

远程桌面主要包括客户端和服务器端，每台 Windows 10 都同时包括客户端和服务器端，也就是说，既可以当成客户端来连接到其他装了 Windows 10 的计算机并控制它，也可以自己当成服务器端，让其他计算机来控制自己的计算机。

步骤如下：

❶ 选择“开始”→“控制面板”→“用户账户”，弹出“用户账户”窗口，选择“管理其他账户”选项，则弹出“用户账户”窗口。

❷ 在“用户账户”窗口中选择“在电脑设置中更改我的帐户信息”文字链接，在弹出的窗口中，选择“ 家庭和其他人员”文字链接。

❸ 在该窗口下单击“+ 将其他人添加到这台电脑”前面的加号，在弹出的该对话框中单击“我没有这个人的登录信息”文字链接，则弹出“让我们创建你的账”户对话框。

❹ 单击添加一个没有 Microsoft 帐户的用户文字链接，则弹出“为这台电脑创建一个账户”对话框，按照提示输入账户信息，按“下一步”按钮，则创建了一个账户。

❺ 为新创建的账户“创建密码”。

❻ 右击“此电脑”，在弹出下拉菜单中选择“属性”选项；在弹出的“属性”窗口左侧选择“远程设置”选项，则弹出“系统属性”对话框。

❼ 选择“远程”选项卡，勾选“允许远程协助连接这台计算机”复选框，单击“确定”按钮则远程桌面设置完毕，重新启动计算机。

❽ 使用另一台计算机登录自己的计算机桌面，操作如下：选择 → Windows 附件 →“远程桌面连接”，在弹出的“远程桌面连接”窗口中，按提示输入对方的 IP 地址，单击“连接”，然后输入用户名和密码即可。

三、实验内容

（1）两人一组，练习远程桌面的设置。

第 8 章　搜索引擎

实验 1　使用搜索引擎

一、实验目的及要求

（1）掌握使用搜索引擎查询信息的方法。

（2）了解信息下载的方法。

二、实验内容

使用搜索引擎查询如下信息：

（1）在谷歌、百度或者必应中，以关键词搜索相关信息（以“中山大学南方学院”为关键词搜索学院信息）。

（2）组合关键词搜索（查找在广州市与你同名同姓的人的信息）。

（3）布尔搜索：在百度中查找与“甄嬛”相关但结果中不包括“电视剧”的信息。

（4）通配符搜索：在百度中分别搜索“居*思危”和“居?思危”，比较两个搜索结果。

（5）搜索某个网站（如你的中学母校的网站）。

（6）查找某个软件的下载地址，如迅雷、网际快车等。

（7）在谷歌中搜索与“绿色环保”相关的视频文件，并把其中一个下载下来。

（8）在中国知网中，查找本学院 2006 年至今教师的论文发表数。

（9）在中国知网中，查找标题中含有“数据科学与大数据”的发表论文。

第 2 部分

习　题　集

第 1 章　计算机基础知识

一、判断题

1．没有安装任何软件的计算机称为裸机。
2．世界上公认的第一台电子计算机的逻辑元件是电子管。
3．最基本的系统软件是文字处理系统。
4．操作系统的主要功能是对计算机系统的所有资源进行控制和管理。
5．计算机具有记忆和逻辑判断能力。
6．计算机主要由硬件和软件组成。
7．按工作原理分，计算机可以分为专用计算机和通用计算机。
8．计算机的字长决定了计算机运算能力和运算精度。
9．汉字的输入码即汉字在计算机内部存储的代码。
10．十六进制数 9B 转换成二进制数为 10011010。
11．十六进制数 9BD 转换成二进制数为 100111011001B。
12．十进制数 203 转换二进制数是 11010011B，转换成十六进制数是 D3H。
13．二进制数$(111)_2$，对应八进制数为$(7)_8$，对应十进制数为$(7)_{10}$，对应十六进制数$(7)_{16}$。
14．同一个汉字有多种输入码，因而计算机内存储汉字的编码也有多种。
15．计算机中最广泛使用的英文字符编码是 ASCII 码。
16．在微型计算机中最广泛采用的字符编码是 ASCII 码。
17．ASCII 码是字符编码，这种编码用 16 个二进制位表示一个字符。
18．已知字母“F”的 ASCII 码是 46H，则字母“f”的 ASCII 码是 98H。
19．汉字字符在计算机内用 2 字节的二进制数码表示的编码称为汉字的机内码。
20．对汉字“国”，它的区位码、国标码和计算机内码所表示的编码完全一样。
21．字符 0 与空格的 ASCII 码值相等。
22．字符 a 的 ASCII 码值比字符 A 的 ASCII 码值小。
23．外存储器和内存储器的功能一样，都能永久保存数据。
24．没有安装任何操作系统的计算机也能正常运行程序或处理程序。
25．汇编程序属于计算机系统软件。
26．“存储程序与程序控制”是电子数字计算机最主要的工作特点。
27．在计算机中使用二进制进行运算和存储的主要原因是：二进制只有 0 和 1 两个符号，便于书写和阅读。
28．在计算机中使用二进制进行运算和存储的主要原因是：二进制只有 0 和 1 两个字符，便于逻辑计算。
29．ROM 又称为随机存取存储器。
30．机器语言程序称为源程序，高级语言程序称为目标程序。

31．一台微型计算系统的处理速度主要取决于内存的大小。

32．计算机工作时突然停电，存储器里的数据将全部丢失。

33．显示器是一种输出设备。

34．个人计算机属于小型计算机。

35．计算机病毒是一种程序。

36．主存储器比辅助存储器的读/写速度快。

37．人和计算机进行信息交换是通过输入/输出设备实现的。

38．A/D 转换的功能是将模拟量转换为数字量。

39．计算机的指令由操作码和操作数组成。

40．计算机中用于表示存储空间大小的最基本单位是位 bit。

41．计算机软件系统包括系统软件和应用软件。

42．任何数字、符号、字母、汉字在计算机内都是以二进制代码形式进行存储和处理的。

43．外存中的信息可直接送 CPU 处理。

44．通常，内存的存储容量比外存小，外存的存取速度比内存快。

45．计算机外部设备是除 CPU 以外的其他所有计算机设备。

46．计算机的运算精度决定于计算机字长。

47．键盘上 Caps Lack 指示灯亮（大写状态）时，计算机不接受汉字输入码。

48．内存中的数据被读出后，对应存储单元将被清空。

49．内存储器能永久保存数据。

50．接口位于外存或 I/O 设备与微机总线之间，提供信息转换和缓冲功能，使技术性能差别很大的多种外部设备都能很方便地接到总线上。

51．计算机不仅可以进行高速度运算，还可以将原始数据和运算结果保存起来，供以后调用。

52．数值、字符、声音、图片都可以作为数据进行处理。

53．计算机系统软件中的汇编程序是一种翻译程序。

54．当软盘驱动器正在读/写软盘上的信息时，不可以从驱动器中取出软盘。

55．汉字在传递和交换时使用的编码称为汉字交换码，亦称为国标码或区位码。

56．计算机中用于表示存储空间大小的最基本单位是字节 Byte。

57．一个完整的计算机系统由系统硬件和系统软件组成。

58．微型计算机的主机由运算器和控制器组成。

59．CD-ROM 既可作为输入设备，又可以作为输出设备。

60．相对主机来说，硬盘既是输入设备又是输出设备。

61．磁盘一经格式化，其中存放的所有数据都将丢失。

62．RAM 又称为随机存取存储器。

63．机器语言程序称为目标程序，高级语言程序称为源程序。

64．微型计算机的输入、输出设备通过输入/输出接口与 CPU 连接。

65．一台微型计算机系统的处理速度主要取决于字长。

66．设置在 CPU 中的 Cache 称为一级 Cache。

67．微型计算机工作时，很多部件都会产生热量，所以微型计算机工作的环境温度不可过高，而过低温度则不会影响微型计算机的正常工作。

68．彩色电视机不是多媒体系统的主要原因之一是其不具有交换性。

69．未经软件开发人员的同意而复制其软件的行为属于侵权行为。

70．计算机性能指标中字长表示内存储器的容量。

71．计算机工作时突然停电，主存储器里的数据将全部丢失。

72．字母 A、B、C、D、E 等均可用来表示软盘的盘符。

73．ROM 存储的数据不能改变，而 RAM 存储的数据可以改变。

74．CPU 控制器的功能是控制运算的速度。

75．终端不是计算机，它本身没有 CPU，也不执行计算机的处理任务。

76．计算机断电后，RAM 中的程序及数据不会丢失。

77．MPC 是一种全新的个人计算机。

78．打印机是一种输出设备。

79．计算机病毒具有潜伏性的特点。

80．在计算机系统中，主存储器部件的存储容量最大。

81．计算机软件系统包括数据库软件和应用软件。

82．计算机发展年代的划分标准是根据其所采用的 CPU 来划分的。

83．计算机病毒只破坏软盘或硬盘上的数据和程序。

84．计算机病毒是一种人造的可以在计算机中传播的生物病毒。

85．微型计算机常常是在信息复制和信息交换时感染上计算机病毒。

86．计算机病毒有可能损坏计算机硬件。

87．使用最新的杀毒软件一定检测并消除计算机中感染的任何病毒。

88．黑客只要不删改他人计算机系统信息就不构成犯罪。

89．微型计算机常常只有在信息复制时感染计算机病毒。

90．防止感染计算机病毒的有效手段是在信息的复制和信息交换时进行病毒的检测。

91．删除计算机病毒的唯一方法是格式化磁盘。

二、选择题

1．冯·诺依曼型计算机工作的基本思想是（　　）。

A．总线结构　　B．采用逻辑部件

C．存储程序　　D．输出方式

2．现代计算机最大的特点是采用了（　　）原理，使得计算机的功能强大。

A．CPU　　B．存储与程序控制

C．大规模集成电路　　D．二进制

3．计算机由五大部件组成，它们是（　　）。

A．控制器、运算器、存储器、输入设备和输出设备

B．CPU、运算器、存储器、输入设备和输出设备

C．CPU、控制器、存储器、输入设备和输出设备

D．CPU、控制器、运算器、存储器、输入设备和输出设备

4．一个完整的计算机系统应该包括（　　）。

A．主机、键盘和显示器　　B．计算机的硬件系统、软件系统

C．计算机及外部设备　　D．系统软件和应用软件

5．计算机的内存比外存（　　）。

A．存储容量大　　B．存取速度快

C．便宜　　D．不便宜但能存储更多的信息

6．用各种杀毒软件都不能清除系统病毒时，应该对此软盘（　　）。

A．丢弃不用　　B．删除所有文件

C．重新进行格式化　　D．删除 COMMAND.COM 文件

7．计算机系统软件分为（　　）两类。

A．操作系统和高级语言　　B．工具软件和 Office 套件

C．系统软件和应用软件　　D．数据库和网络软件

8．计算机的外存比内存（　　）。

A．存储容量大　　B．存取速度快

C．不便宜　　D．不便宜但能存储更多的信息

9．1KB 表示（　　）。

A．1000 位　　B．1024 位

C．1000 字节　　D．1024 字节

10．在下列不同进制的 4 个数中，（　　）是最小的数。

A．$(101101)_2$　　B．$(52)_8$

C．$(2B)_{16}$　　D．$(46)_{10}$

11．音频是指数字化的声音，包括（　　）。

A．数字、字母和图形　　B．数字、字母、符号和汉字

C．语音、歌曲和音乐　　D．数字、字母和语音

12．在计算机内部用来传送、存储、加工处理的数据或指令都是以（　　）形式进行的。

A．十进制　　B．八进制

C．二进制　　D．十六进制

13．下列叙述中正确的是（　　）。

A．线性表是线性结构　　B．栈与队列是非线性结构

C．线性链表是非线性结构　　D．二叉树是线性结构

14．数据的存储结构是指（　　）。

A．数据所占的存储空间　　B．数据的逻辑结构在计算机中的表示

C．数据在计算机中的顺序存储方式　　D．存储在外存中的数据

15．结构化程序设计主要强调的是（　　）。

A．程序的规模　　B．程序的易读性

C．程序的执行效率　　D．程序的可移植性

16．在软件生命周期中，能准确地确定软件系统必须做什么和必须具备哪些功能的阶段是（　　）。

A．概要设计　　B．详细设计

C．可行性分析　　D．需求分析

17．软件调试的目的是（　　）。

A．发现错误　　B．改正错误

C．改善软件的性能　　D．挖掘软件的潜能

18．在数据管理技术的发展过程中，经历了人工管理阶段、文件系统阶段和数据库系统阶段。其中数据独立性最高的是（　　）。

A．数据库系统　　B．文件系统

C．人工管理　　D．数据项管理

19．数据库系统的核心是（　　）。

A．数据库　　B．数据库管理系统

C．数据模型　　D．软件工具

20．现代计算机统称为（　　）。

A．第五代计算机　　B．人工智能计算机

C．程序存储式计算机　　D．非冯·诺依曼

21．在计算机内部，用来传递、存储、加工处理的数据或指令都是以（　　）形式进行的。

A．二进制数　　B．拼音码

C．十六进制数　　D．ASCII 码

22．指令是对计算机进行程序控制的（　　）。

A．最小单位　　B．机器语言程序

C．软件和硬件的界面　　D．基本功能具体而集中的体现

23．精简指令系统简称（　　）。

A．CISC　　B．RISC

C．FISC　　D．VLSI

24．计算机的外部设备是实现（　　）。

A．控制和运算功能　　B．信息的输入、输出和文件保存功能

C．处理数据的功能　　D．存储信息的功能

25．完整的计算机系统包括（　　）。

A．主机和实用程序　　B．硬件系统和软件系统

C．主机和外部设备　　D．运算器、存储器和控制器

26．计算机硬件系统一般包括（　　）和外部设备。

A．主机　　B．存储器

C．运算器　　D．中央处理器

27．下列可选项中，属于硬件的是（　　）。

A．CPU、RAM 和 DOS　　B．软盘、硬盘和光盘

C．鼠标、WPS 和 ROM　　D．ROM、RAM 和 Pascal

28．（　　）是整个计算机的神经中枢，控制整个计算机各部件协调、一致地工作。

A．微处理器　　B．控制器

C．主机　　D．I/O 接口由路

29．一般地，CPU 的主频以（　　）为单位。

A．bps　　　　　　B．MHz

C．DPI　　　　　　D．pixel

30．美国的 Intel 公司于 1971 年能成功地在一个芯片上实现了中央处理器功能，制成了时间上第一片 4 位微处理器（mpu），也称为（　　），并由它组成了第一台微型计算机 MCS-4，由此揭开了微型计算机大普及的序幕。

A．Intel 4004　　　　　　B．Intel 4040

C．Intel 8080　　　　　　D．Intel 8086

31．美国 IBM 公司采用 Intel MPU 芯片，于 1982 年推出了（　　）。

A．IBM PC　　　　　　B．IBM 兼容机

C．Appel 机　　　　　　D．Mac 机

32．全角状态下，一个英文字母在屏幕上的宽度是（　　）。

A．1 个 ASCII 字符　　　　　　B．2 个 ASCII 字符

C．3 个 ASCII 字符　　　　　　D．4 个 ASCII 字符

33．微型计算机硬件系统主要包括（　　）、存储器、输入设备和输出设备。

A．主机　　　　　　B．控制器

C．CPU　　　　　　D．运算器

34．计算机中的运算器、控制器的总称为（　　）。

A．CPU　　　　　　B．ALU

C．主机　　　　　　D．MPU

35．在微型计算机中，微处理器的主要功能是进行（　　）。

A．算术运算　　　　　　B．逻辑运算

C．算术、逻辑　　　　　　D．算术、逻辑运算及全机控制

36．用 MIP 衡量的计算机性能指标是（　　）。

A．主频　　　　　　B．识别率

C．运算速度　　　　　　D．存储容量

37．微型计算机中，系统参数设置的作用是（　　）。

A．清除病毒　　　　　　B．改变操作系统

C．增加外部设备　　　　　　D．调配机器性能

38．微型机的分类方法很多，将微机分为 8 位、16 位、32 位和 64 位微型机的分类方法是根据计算机（　　）划分。

A．用途　　　　　　B．组装形式

C．一次处理数据宽度　　　　　　D．是否由终端用户使用

39．通常说“32 位微型计算机”，这里的 32 是指（　　）。

A．微型计算机的型号　　　　　　B．计算机字长

C．内存容量　　　　　　D．存储单位

40．一般地，微型计算机主机箱中有主板、CPU、多功能卡、硬盘驱动、光盘启动、电源、扬声器、显卡和（　　）等

A．鼠标　　　　　　B．声卡

C．显示器　　　　　　D．内存条

41. 微型计算机的性能很人程度上取决于（　　）。

A. 显卡　　B. 内存
C. 硬盘　　D. CPU

42. 通常，在微型计算机中，80486 或 Pentium（奔腾）指的是（　　）。

A. 微机名称　　B. 微处理器型号
C. 产品型号　　D. 主频

43. 计算机的存储器是一种（　　）。

A. 运算部件　　B. 输入部件
C. 输出部件　　D. 记忆部件

44. 计算机的存储器可以分为（　　）。

A. 硬盘和移动硬盘　　C. 内存储器和外存储器
B. 磁盘和光盘　　D. 硬盘和优盘

45. 存储器中的 1 字节可以存放（　　）。

A. 一个小数　　B. 一个英文字母
C. 一个希腊字母　　D. 一个汉字

46. 根据汉字结构输入汉字的方法是（　　）。

A. 区位码　　B. 电报码
C. BCD 码　　D. 五笔字型

47. 用户编写的程序能被计算机 执行，在执行前必须首先将该程序装入（　　）。

A. 内存　　B. 硬盘
C. 软盘　　D. 磁盘

48. 计算机内存的每个基本单元都被赋予一个唯一的序号，此序号称为（　　）。

A. 容量　　B. 地址
C. 编号　　D. 字节

49. 许多企事业单位现在都使用计算机计算、管理职工工资，这属于计算机的（　　）。

A. 科学计算　　B. 计算机辅助系统
C. 过程控制　　D. 数据处理

50. 解释程序的功能是（　　）。

A. 解释执行高级语言源程序　　B. 将高级语言源程序翻译成目标程序
C. 解释执行汇编语言源程序　　D. 将汇编语言源程序翻译成目标程序

51. 用 C 语言编写的源程序需要用编译程序先编译成由机器语言组成的目标程序，再经过（　　）后才能得到可执行程序。

A. 汇编　　B. 解释
C. 连接　　D. 运行

52. 微型计算机的显示性能与显示器有关但更主要是由（　　）所决定的。

A. CPU　　B. 显示卡
C. Windows 系统版本　　D. 以上都不对

53. 硬盘工作时，应注意避免（　　）。

A. 剧烈震动　　B. 噪声

C．光线直射　　D．卫生环境不好

54．CAI 是计算机的应用领域之一，其含义是（　　）。

A．计算机辅助制造　　B．计算机辅助测试

C．计算机辅助设计　　D．计算机辅助教学

55．“64 位”微机的 64 指的是（　　）。

A．微型计算机的型号　　B．机器字长

C．内存容量　　D．存储单位

56．在微型计算机系统中，基本输入/输出模块 BIOS 存放在（　　）中。

A．RAM　　B．ROM

C．硬盘　　D．CPU

57．下列四种软件中属于应用软件的是（　　）。

A．C 语言编译程序　　B．BASIC 解释程序

C．Windows 系统　　D．财务管理系统

58．汉字的机内码用 2 字节来表示，目前采用较多的是每字节的最高位为（　　）。

A．0 和 0　　B．1 和 1

C．0 和 1　　D．1 和 0

59．存储 1000 个 32×32 点阵的汉字字模信息需要（　　）KB。

A．125　　B．128

C．126　　D．127

60．微型计算机的内存储器（　　）。

A．按字节编址　　B．按二进制位编址

C．按字长编址　　D．不编址

61．计算机工作时，内存储器用于存储（　　）。

A．程序和指令　　B．数据和信号

C．程序和数据　　D．ASCII 码和汉字

62．在表示存储器容量时，KB 准确的含义是（　　）字节。

A．32000　　B．1024

C．512　　D．1000

63．计算机的外部设备是实现（　　）。

A．控制和运算功能　　B．存储信息的功能

C．处理数据功能　　D．信息的输入、输出和文件保存功能

64．一般来说，计算机的外存储器比内存储器（　　）。

A．容量大且速度快　　B．容量大但速度慢

C．容量小且速度快　　D．容量小但速度慢

65．存储内容在读出后并没有被破坏，这是（　　）的特性。

A．磁盘　　B．随机存储器

C．存储器共同　　D．内存

66．计算机中访问速度最快的存储器是（　　）。

A．光盘　　B．硬盘

C．RAM　　　　D．Cache

67．汉字的字形码在（　　）时使用。

A．输出　　　　B．输入

C．计算机内部　　　　D．汉字系统之间交换

68．要表示 0～999 的所有的数，至少需要（　　）位的二进制位。

A．11　　　　B．10

C．9　　　　D．9

69．（　　）所表示的数最大。

A．$(11001011)_2$　　　　B．$(234)_8$

C．$(189)_{10}$　　　　D．$(B6)_{16}$

70．计算机中使用的鼠标器是直接连在（　　）上的。

A．串行接口　　　　B．打印机接口

C．并行接口　　　　D．显示器接口

71．汉字“学”的区位码是 4907（十进制）它的机内码（十六进制）是（　　）。

A．3107H　　　　B．B187H

C．D1A7H　　　　D．5127H

72．能使计算机系统资源得到充分共享的计算机发展趋势是（　　）。

A．巨型化　　　　B．智能化

C．共享化　　　　D．网络化

73．下列不是电子计算机主要特点的是（　　）。

A．具有逻辑判断和存储能力　　　　B．具有高速度、高精度的运算能力

C．具有自动执行程序的能力　　　　D．具有人机对话能力

74．下列叙述中不正确的是（　　）。

A．将信息进行数字化编码便于信息的存储

B．将信息进行数字化编码便于信息的传递

C．将信息进行数字化编码便于信息的加工处理

D．将信息进行数字化编码便于人类的阅读和使用

75．算术加运算 $(10110101)_2+(00111001)_2$ 的运算结果是（　　）。

A．$(00110001)_2$　　　　B．$(10111101)_2$

C．$(11101110)_2$　　　　D．$(10001100)_2$

76．下列数据中，最小的是（　　）。

A．1000B　　　　B．1000O

C．10000D　　　　D．1000H

77．下列数据中，最大的是（　　）。

A．100011100000B　　　　B．4337O

C．2271D　　　　D．8DF

78．十进制数$(6682)_{10}$对应的十六进制是（　　）。

A．1A1A　　　　B．1A1B

C．1B1A　　　　D．1B1B

79. 如果字符 H 的十进制 ASCII 码值是 72，则字符 M 的十六进制 ASCII 码值是（　　）。

A．77　　B．4D

C．115　　D．4C

80．在 48×48 点阵的汉字库中，存储一个汉字字模信息需要的字节数是（　　）。

A．36　　B．144

C．288　　D．2304

81．下列描述中正确的是（　　）。

A．1KB=1024×1024 Bytes　　B．1MB=1024×1024Bytes

C．1KB=1024MB　　D．1MB=1024Bytes

82．存储器中的 1 字节可以存放（　　）。

A．一个汉字　　B．一个英文字母

C．一个希腊字母　　D．一个小数

83．计算机中最小的数据单位是（　　）。

A．位　　B．字节

C．字　　D．字长

84．断电会使存储数据丢失的存储器是（　　）。

A．RAM　　B．软盘

C．ROM　　D．光盘

85．下面存储容量最大的存储设备是（　　）。

A．Cache　　B．硬盘

C．软盘　　D．内存

86．高速缓冲存储器是为了解决（　　）之间速度不匹配而设置的。

A．CPU 与内存　　B．CPU 与外存

C．CPU 与外部设备　　D．内存与外存

87．输入/输出接口位于（　　）。

A．CPU 与总线之间　　B．总线与输入/输出设备之间

C．内部总线与外部总线之间　　D．CPU 与内存之间

88．光盘的存储容量大，一张 CD-ROM 光盘的存储容量约为（　　）。

A．150MB　　B．650 MB

C．20 GB　　D．75 GB

89．同时包括输入设备、输出设备和存储设备的是（　　）。

A．鼠标器、键盘、显示器　　B．鼠标器、绘图仪、CD-ROM

C．键盘、打印机、CPU　　D．键盘、光笔、光盘

90．将计算机外部信息传递到计算机主机中的设备称为（　　）。

A．输入设备　　B．输出设备

C．存储设备　　D．传递设备

91．微型计算机与并行打印机连接时，应将信号插头插在（　　）。

A．扩展插口上　　B．串行插口上

C．并行插口上　　D．串并行插口上

92．分辨率最高、打印质量最好的打印机类型是（　　）。

A．喷墨式打印机　　B．激光式打印机

C．针式打印机　　D．热敏式打印机

93．下面不是多媒体计算机必须配置的设备是（　　）。

A．声卡　　B．触摸屏

C．光驱　　D．音响设备

94．多媒体技术是指（　　）。

A．一种新的图像和图形处理技术

B．超文本处理技术

C．声音和图形处理技术

D．计算机技术、电视技术和通信技术相结合的综合型技术

95．在多媒体计算机中，存储图像的关键技术是（　　）。

A．数据压缩技术　　B．图像扫描技术

C．实时多任务操作系统　　D．计算机处理速度

96．通常，人们称一个计算机系统是（　　）。

A．硬件和固定件　　B．计算机的 CPU

C．系统软件和数据库　　D．计算机的硬件系统和软件系统

97．计算机软件系统一般包括（　　）和应用软件

A．管理软件　　B．工具软件

C．系统软件　　D．编辑软件

98．1MB=（　　）。

A．1024 KB　　B．1024K 个二进制位

C．1000 KB　　D．1000K 个二进制位

99．通常，一个英文符号用（　　）字节表示。

A．1　　B．2

C．1.5　　D．0.5

100．通常，存储一个汉字占用（　　）字节。

A．1　　B．2

C．3　　D．4

101．在计算机中，作为一个整体被传送和运算的一串二进制码称为（　　）。

A．比特　　B．ASCII 码

C．字符串　　D．计算机字

102．操作者向微型计算机系统输入信息的最常用设备是（　　）。

A．语言　　B．文字

C．键盘　　D．磁带

103．鼠标器（mouse）是（　　）。

A．输出设备　　B．输入设备

C．存储器设备　　D．显示设备

104．计算机的存储器具有（　　）。

A．运算功能　　B．记忆功能

C．输出功能　　D．控制功能

105．微型计算机 CPU 的主频率主要影响了它的（　　）。

A．存储容量　　B．运算速度

C．运算能力　　D．总线宽度

106．计算机病毒攻击的文件类型通常是（　　）。

A．.wps　　B．.png

C．.dbf　　D．.com 和.exe

107．下列四项中不属于计算机病毒特征的是（　　）。

A．潜伏性　　B．传播性

C．免疫性　　D．激发性

108．计算机病毒通常是（　　）。

A．一条命令　　B．一个文件

C．一个标记　　D．一段程序代码

109．如果发现磁盘中染有病毒，下面一定能删除病毒的方法是（　　）。

A．将磁盘格式化　　B．删除磁盘中所有文件

C．使用杀毒软件　　D．将磁盘中文件复制到另外一张无毒磁盘中

三、填空题

1．一台微型计算机必须具备的输出设备是______，必须具备的输入设备是______。

2．内存储器的每个存储单元都被赋予一个唯一的序号，称为______。

3．微型计算机的外部设备包含______、______和______，外存储器是指______，常见的输入设备主要有______和______。

4．程序设计语言按其与计算机硬件的接近程度可分为______、______和高级语言。

5．1MB 的存储空间能存储______个汉字。

6．在微机中，常用的英文字符编码是______。

7．媒体是指表示和传播______的载体。

8．数字化图像分为______和______两种基本类型。

9．计算机病毒的主要特点有______、______、______、______、______。

10．计算机病毒的传播途径有______和______。

11．结构化程序设计的三种基本逻辑结构为顺序、选择和______。

12．一个完整的计算机系统是由______和______组成的。

13．硬件系统是指______、______、______、______和______五部分。

14．存储器的最小存取单位是______。

15．微型计算机的外设是指______、______和______。

16．微型计算机中的总线由______总线、______总线和______总线组成。

17．用十六进制数表示 64KB 内存中存储单元的地址，地址编号为$(0000)_H$至$(______)_H$。

18．已知字母 C 的 ASCII 码为 67，则字母 G 的 ASCII 码的二进制值为______。

19．$(268)_D=(\_\_\_\_\_\_)_H$，$(1000)_H=(\_\_\_\_\_\_)_D$。

20．与八进制小数 0. 1 等值的十六进制小数为______。

21．已知在某进位计数制下 2×3=10，根据这一规则，3×5 应等于______。

22．二进制“位”用英文_____表示，“字节”用英文_____表示，“字”用英文_____表示。

23．1 TB=______ GB=______ MB=______ KB=______ B。

24．1 字节由______位二进制数组成，度量计算机存储容量的基本单位是______。

25．______称为一个计算机字，______称为字长。

26．计算机中二进制逻辑值有______，三种基本主要运算是______。

27．32 KB 的内存空间能存储______个汉字内码。

28．格式化磁盘的作用是______。

29．ROM 是______存储器，其中的内容______。

30．高速缓冲存储器 Cache 用于______，其特点是______。

31．写保护的软盘，其内容可以______，不可以______。

32．对存储器进行一次完整的存或取操作所需的全部时间称为______。

33．计算机的运算速度主要取决于______、______和______。

34．多媒体信息是指______、______、______、______和______五种。

35．微型计算机主板上的______芯片中存放有基本输入/输出系统。

36．作为模拟信号的音频信号必须转换成______才能使计算机存储或处理。

37．分辨率是显示器的一个重要指标，表示显示器屏幕上像素的数量，像素越______，显示的字符或图像就越清晰、逼真。

38．逻辑运算中的三种基本运算是______、______和______。

39．计算机的软件系统包括______和______。

40．计算机硬件系统主要性能指标有______、______和______。

41．通常将计算机的中央处理器称为运算控制单元，又称为______，它是由控制器和运算器组成的。

42．磁盘在第一次使用前，通常要进行______。

43．一个汉字存放在计算机内，一般占用______字节。

44．操作系统的作用是管理和控制______的使用。

45．运算器的功能主要是进行算术运算和______。

46．计算机的硬件能够识别并执行一个基本操作命令称为______。

47．各存储单元的编号称为______。

48．内存储器大致分为 ROM 和______两类。

49．______是衡量存储器容量的基本单位。

50．表示磁盘文件大小的基本单位是______。

51．CD-ROM 的全称为______。

52．计算机能处理的数据是数字、文字、______、图像、声音。

53．十六进制数 3A5C 转换为十进制数是______。

54．汉字信息在计算机内存储的称为机内码，因汉字操作系统各异，机内码也各不相同，但汉字机内码在计算机中是以______方式存储的。

55．运算器由算术逻辑单元和一定数目的______组成。

56．断电以后信息还能继续保存的存储器是______存储器。

57．计算机主板上装有电池，其作用是保持______中的配置信息。

58．目前，我国计算机界把计算机分为巨型机、大型机、中型机、小型机、单片机和______。

59．从发展趋势来看，未来的计算机将是______技术、______技术、______技术和电子仿生技术相结合的产物。

60．计算机应用领域包括______、______、______、______和______。

61．微处理器按其字长可分为______位、______位、______位和64位微处理器。

62．第四代电子计算机采用的逻辑元件为______。

63．汉字国标码GB2312—1980，从实质上来说，它是一种______码。

64．根据工作方式不同，存储器可分为______和______两种。

65．显示器是计算机系统的______设备。

66．鼠标是一种比传统键盘的光标移动更方便、更准确的______设备。

67．计算机软件系统包括系统软件和应用软件，操作系统是一种______。

68．系统软件包括______、______和______三类。

69．已知应为字母符号A的ASCII码为65，英文字母符号F的ASCII码为______。

70．已知数字符号9的ASCII码为57，则数字符号5的ASCII码为______。

71．按病毒设计者的意图和破坏性大小，可将计算机病毒分为______和______。

72．按计算机病毒入侵系统的途径，计算机病毒可分为_____、_____、_____和_____。

73．目前的电子计算机的基本结构基于存储程序思想，这个思想最早由______正式提出。

74．微型机硬件的最小配置包括主机、键盘和______。

75．主存储器比辅存储器写速度______。

76．微型机开机顺序应遵循先______后主机的次序。

77．在微型机中，用来存储信息的最基本单位是______。

78．若采用32×32点阵的汉字字模，则存储3755个一级汉字的点阵字模信息需要的存储容量是______。

79．在计算机中，普遍使用的字符编码是______码。

80．无符号二进制整数10101101等于十进制数______，等于十六进制数______，等于八进制数______。

81．已知大写字母D的ASCII码为68，那么小写字母d的ASCII码为______。

82．用十六进制数给存储器中的字节编号0000H～FFFFH，则该存储器的容量是_____。

83．格式化磁盘的主要目的是______。

84．绘图仪属于______设备。

85．最先实现存储程序的计算机是______。

86．1字节可以存放______位二进制数。

87．______是计算机的核心部件。

88．1 PB有______字节。

89．承载信息的载体称为______。

90. 多媒体的关键技术主要包括______、______、______和______等。

91. 多媒体计算机系统由______系统和______系统两大部分组成。

92. 常见的颜色深度的种类有______位、______位、______位、______位和32位。

93. 计算机病毒的一般特征有______、______、______、______和______。

94. 操作系统有如下功能：______、______、______、______和______。

95. 数据处理的主要内容为数据的______、______、______、______和______等。

96. 应用软件分为三大类：______、______和______。

97. 多媒体技术以______为核心，将现代______和______融合为一体。

98. 多媒体技术又可被看成一种______，使得人机界面更形象、生动、友好。

99. 多媒体的关键技术主要包括数据压缩与解压缩、媒体同步、多媒体网络、超媒体等，其中以______、______最重要。

100. 目前，对多媒体信息的数据编码技术主要有______、______和______三种标准。

101. 在多媒体系统中，声音是指人耳能识别的______。

102. 数字音频的技术指标有______、______和______。

103. 组成图形的画面元素主要是______、______、______或______等。

104. 对于人眼来说，若每秒播放大于______帧就会产生平滑和连续的画面效果。

105. MP3音频文件就是______音频的一个典型应用。

106. IE浏览器中最常用的视频播放器是______播放器。

107. ______标准实际上是数字电视标准

108. 虚拟现实是利用计算机生成一种______，通过多种传感设备使用户“投入”到该环境中，实现______与______直接进行交互的目的。

109. 计算机病毒是指编制或者在计算机程序中插入的______或者______，影响计算机使用，并能______的一组计算机指令或者程序代码。

110. ______是指仅在某一特定时间才发作。

111. 在对计算机病毒的防治、检测和清除三个步骤中，______是重点，______是预防的重要补充，______是亡羊补牢。

112. 清除计算机病毒一般有两种方法：______清除和______清除。

113. 我国都制造和有意扩散计算机病毒视为一种______行为。

四、简答题

1. 世界上第一台电子数字计算机诞生于什么时间？
2. 世界上第一台电子数字计算机的名字是什么？
3. 世界上第一台“程序存储”计算机的名字是什么？
4. “存储程序”的工作原理是什么？
5. 从世界第一台电子计算机诞生至今，计算机经历了哪几代的演变？
6. “存储程序”的概念是谁提出的？什么时间？
7. 什么是机器语言？
8. 什么是汇编语言？

9．什么是高级语言？
10．计算机语言的发展经历了哪几个阶段？
11．我国计算机的发展过程是什么？
12．计算机的特点包括哪些？
13．计算机的性能指标有哪些？
14．简述微型计算机系统的组成。
15．计算机未来的发展方向是什么？
16．计算机的应用领域主要有哪些？
17．电子计算机系统由哪几部分组成？各部分的功能是什么？
18．主机由哪两部分组成？
19．什么是微型计算机的硬件系统？
20．系统软件主要包括哪几部分？
21．从计算机系统的角度来划分，软件可分为哪几类？
22．什么是计算机的字长？
23．叙述微型计算机的主要特点及应用领域。
24．简单描述系统软件和应用软件的功能。
25．存储器存储容量的基本单位是什么？
26．计算机传送信息的基本单位是什么？
27．将二进制、八进制和十六进制转换成十进制数的方法是什么？
28．如何将二进制数转换成八进制数？
29．如何将二进制数转换成十六进制数？
30．如何将八进制数转换成二进制数？
31．如何将十六进制数转换成二进制数？
32．操作系统有哪些功能？
33．根据操作系统提供的环境不同，操作系统可分为哪几类？
34．什么是位（bit）？
35．什么是字节（Byte）？
36．什么是字（Word）？
37．什么是 ASCII 码？
38．ASCII 码采用几位二进制进行编码？
39．存储器容量的单位如何换算？
40．什么是多媒体？多媒体的关键技术是什么？
41．什么是媒体？
42．什么是多媒体计算机？
43．什么是多媒体计算机系统？
44．什么是 MPC？
45．多媒体技术的特征是什么？
46．多媒体计算机系统由哪两部分组成？
47．什么是多媒体计算机硬件系统？

48．什么是多媒体计算机软件系统？
49．多媒体计算机主要应用于哪些领域？
50．什么是计算机病毒？
51．计算机病毒由哪几部分组成？
52．计算机病毒的特点是什么？简述计算机病毒的传播途径。
53．计算机病毒按病毒的表现性质可分为哪几种？
54．计算机病毒的防治必须以预防为主，常用的预防措施有哪些？
55．计算机病毒的症状主要由谁来确定？常见症状有哪些？
56．计算机病毒的传染途径有哪些？
57．目前使用的杀病毒软件的作用是什么？
58．个人计算机之间“病毒”传染媒介主要是什么？
59．计算机病毒的危害有哪些？
60．计算机病毒的产生原因有哪些？
61．按照计算机病毒的链接方式，计算机病毒分为哪几类？
62．按照计算机病毒的破坏情况，计算机病毒分为哪几类？
63．计算机感染病毒后，发作症状表现为哪些方面？
64．如何预防和检测计算机病毒？
65．显示器的主要指标有哪些？
66．简述内存储器和为存储器的区别（从作用和特点两方面进行讨论）。
67．图形和图像有何区别？
68．图形和图像的基本属性有哪些？
69．列举图形和图像的格式。
70．内存和硬盘有什么区别？
71．为什么计算机的内存越大，其速度越高？
72．解释“电脑”、“微机”和“计算机”有什么区别。

第 2 章　Windows 10 操作系统

一、判断题

1．任何一台计算机都可以安装 Windows 10 操作系统。

2．要安装 Windows 10，系统磁盘分区必须为 NTFS 格式。

3．同一个文件夹中不允许出现同名文件。

4．Windows 中的快捷方式，是为了促使程序执行速度更快。

5．Windows 中的一个文件只能由一种程序来打开。

6．Windows 可以使用大小写区别文件名。

7．用鼠标拖曳可执行程序到桌面上，可以建立快捷方式。

8．Windows 的任务栏只能在屏幕最下面。

9．当删除硬盘上比回收站空间还大的文件时，系统会压缩文件放回回收站。

10．删除快捷方式图标，其连接到的程序也将被删除掉。

11．当一个窗口已经最大化，该窗口既不能移动也不能改变大小。

12．使用 CTRL+空格组合键可实现中/英文输入状态的改变。

13．使用 Ctrl+Alt+Del 组合键可实现计算机的热启动。

14．如果删除了优盘（U 盘）上的文件，该文件被送入回收站，并可随时恢复。

15．任务栏可以拖动到桌面上的任何位置。

16．在 Windows 10 中，“任务栏”的作用是显示系统的所有功能。

17．Windows 中，硬盘上被删除的文件或文件夹将存放在剪贴板中。

18．Windows 是一个窗口系统，对用户来说，它是不可同时运行多个程序的一个集成化应用环境。

19．任务栏大小的调整方法是：将鼠标放在“任务栏”的边线上，鼠标即变成双向箭头型，拖动鼠标则可以改变任务栏的大小。

20．待机（或休眠）是为暂时不使用计算机，但不想关闭计算机，以便再次使用时，能快速进入需要的工作状态。

二、选择题

1．在 Windows 10 中，显示桌面按钮在桌面的（　　）

A.左下方　B.右下方　C.左上方　D.右上方

2．在 Windows 的命令菜单中，变灰的菜单表示（　　）。

A．可弹出对话框　　B．该菜单命令正在运行

C．该菜单命令当前不起作用　　D．该菜单命令的快捷键

3．按（　　）组合键，能在各种中、英文输入法之间切换。

A．Ctrl+Shift　　B．Ctrl+Space　　C．Shift+Space　　D．Alt+Shift

4．下列操作中能更改计算机日期和时间的是（　　）。
A．双击屏幕右下角的“时间”指示器
B．在控制面板中双击“日期/时间”图标
C．只能在 DOS 下修改
D．A 和 B 均对
5．不能查找文件和文件夹的操作规程是（　　）
A．右键单击“此电脑”图标，在弹出的菜单中选择“搜索查找”命令
B．右键单击“开始”按钮，在弹出的快捷菜单中选择“搜索查找”命令
C．用“开始”菜单中的“搜索查找”命令
D．在“资源管理器”窗口中选择“查看”菜单
6．在 Windows 中，能删除一个应用程序的操作是（　　）。
A．打开“资源管理器”，按住 Shift 删除应用程序安装文件夹
B．打开“我的电脑”，找到应用程序安装文件夹，删除它
C．进入“命令提示符”，在其中用 DEL 命令删除应用程序对应的文件
D．打开“控制面板”，单击“添加/删除程序”，选定要删除的应用程序，单击“删除”
7．回收站中可以暂存的是硬盘上删除的（　　）对象。
A．文件　　B．文件夹　　C．快捷方式　　D．以上都对
8．在 Windows 中可以用“回收站”恢复（　　）上被误删除的文件、文件夹和快捷方式。
A．软盘　　B．硬盘　　C．外存储器　　D．光盘
9．在 Windows 中，“剪贴板”是（　　）。
A．硬盘上的一块区域　　B．软盘上的一块区域
C．内存中的一块区域　　D．高速缓存中的一块区域
10．如果一个窗口被最小化，此对应的执行程序占用内存的情况是（　　）。
A．释放与被最小化的窗口相对应的程序所占内存
B、与被最小化的窗口相对应程序继续占用内存
C．与被最小化的窗口相对应程序被终止执行
D．内存不够时，会自动关闭。
11．执行应用程序都要显示窗口，关闭应用程序窗口，则（　　）。
A．被终止执行　　B．继续在前台执行
C．被暂停执行　　D．被转入后台执行
12．以下对 Windows 文件．文件夹进行命名中错误的是（　　）。
A．可以包含空格符　　B．可以包含“?”
C．不能包含“<”　　D．最多可以包含 255 个字符
13．在“资源管理器”中，若误删除了硬盘上的文件，则可以用（　　）操作进行恢复。
A．在回收站中对此文件执行“还原”命令
B．从回收站中将此文件拖回原位置
C．在“资源管理器”窗口中执行“撤销”命令
D．以上均可以
14．在 Windows 中不能激活开始菜单是（　　）。

A．单击“开始”按钮　　　　　　　　B．按 Alt+Esc 组合键

C．按下 Ctrl+Esc　　　　　　　　　D．按 Windows 徽标键

15．文件的类型可以根据（　　）来识别。

A．文件的大小　　　　　　　　　　B．文件的用途

C．文件的扩展名　　　　　　　　　D．文件的存放位置

16．在 Windows 中，对任务栏描述错误的是（　　）。

A．任务栏的位置．大小均可以改变

B．任务栏不可隐藏

C．任务栏上显示的是已打开的文档名或正在运行的程序名

D．任务栏的尾端可添加图标

17．Windows 操作系统是（　　）。

A．网络操作员　　　　　　　　　　B．单用户多任务的操作系统

C．分时操作系统　　　　　　　　　D．多用户多任务的操作系统

18．安装 Windows 操作系统时，如果发现错误，安装程序会提示显示（　　）。

A．等待　　　B．终止　　　C．继续　　　D．跳过

19．Windows 中的窗口切换可以通过（　　）实现。

A．按下 Alt+Ese　　　　　　　　　B．MS-DOS 方式

C．“开始”菜单　　　　　　　　　D．“回收站”

20．在 Windows 中可通过（　　）来进行输入法的安装和删除。

A．附件　　　B．资源管理器　　　C．我的电脑　　　D．控制面板

21．使用 Windows 的备份功能创建的系统镜像不可以保存在（　　）中。

A．内存　　　B．硬盘　　　C．光盘　　　D．网络

22．Windows 中启用和关闭中文输入法的快捷键是（　　）。

A．Shift+Space　　　B．Ctrl+Space　　　C．Ctrl+Shift　　　D．Ctrl+Alt

23．文件的（　　）属性既可使文件可读用、可编辑和可删除。

A．系统　　　B．只读　　　C．存档　　　D．隐藏

24．在“开始”菜单的“文档”中最多可列出（　　）个最近使用过的文档。

A．14　　　B．15　　　C．12　　　D．8

25．Windows 中用于文件和文件夹管理的工具是（　　）。

A．对话框　　　　　　　　　　　　B．控制面板

C．此电脑或资源管理器　　　　　　D．剪贴板

26．在 Windows 资源管理器中，下列叙述中正确的是（　　）。

A．单击左边窗口图标前的“+”可以打开文件夹

B．单击左边窗口图标前的“-”可以展开文件夹

C．展开文件夹与打开文件夹是相同的操作

D．展开文件夹与打开文件夹是不同的操作

27．在 Windows 10 中，“显示桌面”按钮在桌面的（　　）。

A．左下方　　　B．右下方　　　C．左上方　　　D．右上方

28．在 Windows 中，要删除一个应用程序，正确的操作应该是（　　）。

A．打开“资源管理器”窗口，对该程序执行“剪切”操作

B．打开“控制面板”窗口，执行“添加/删除程序”命令

C．打开“MS-DOS”窗口，使用 Del 或 Esc 命令

D．打开“开始”菜单，选择“运行”，在对话框中使用 DEL 或 ERASE 命令

29．下面是 Windows 中有关文件复制的叙述（包括改名复制），其中错误的是（　　）。

A．使用“资源管理器”或“此电脑”中的“编辑”菜单进行文件的复制，需要经过选择、复制和粘贴三个操作

B．不允许将文件复制到同一文件夹下

C．可以用 Ctrl+鼠标左键拖放的方式实现文件的复制

D．可以用鼠标右键拖放的方式实现文件的复制

30．在 Windows 的“资源管理器”中，选择（　　）查看方式可显示文件的“大小”与“修改时间”。

A．大图标　　B．小图标　　C．列表　　D．详细资料

31．根据文件命名规则，下列字符串中合法文件名是（　　）。

A．ADC*．FNT　　B．#ASK%．SBC

C．CON．BAT　　D．SAQ/．TXT

32．在 Windows 中，当按住 Ctrl 键，再用鼠标左键将选定的文件从源文件夹拖放到目的文件夹时，下面的叙述中正确的是（　　）。

A．无论源文件夹和目的文件夹是否在同一磁盘内，均实现复制

B．无论源文件夹和目的文件夹是否在同一磁盘内，均实现移动

C．若源文件夹和目的文件夹在同一磁盘内，将实现移动

D．若源文件夹和目的文件夹不在同一磁盘内，将实现移动

33．默认情况下，在 Windows 的“资源管理器”窗口中，当选定文件夹后，下列不能删除文件夹的操作是（　　）。

A．在键盘上按 Delete 键

B．右键单击该文件夹，打开快捷菜单，然后选择“删除”命令

C．在“文件”菜单中选择“删除”命令

D．用鼠标左键双击该文件夹

34．在 Windows 中，标题行通常为窗口（　　）的横条。

A．最底端　　B．最顶端　　C．第二条　　D．次底端

35．在 Windows 桌面上，可以移动某个已选定的图标的操作为（　　）。

A．用鼠标左键将该图标拖放到适当位置

B．右键单击该图标，在弹出的快捷菜单中选择“创建快捷方式”

C．右键单击桌面空白处，在弹出的快捷菜单中选择“粘贴”

D．右键单击该图标，在弹出的快捷菜单中选择“复制”

36．可以打开“开始”菜单的操作是（　　）。

A．按 Shift+Tab　　B．按 Ctrl+Shift　　C．按 Ctrl+Esc　　D．按空格键

37．系统启动后，操作系统常驻（　　）。

A．硬盘　　B．内存　　C．外存　　D．软盘

38．下列关于操作系统的叙述，正确的是（　　）。

A．操作系统是源程序开发系统

B．操作系统用于执行用户键盘操作

C．操作系统是系统软件的核心

D．操作系统可以编译高级语言程序

39．操作系统为用户提供了操作界面是指（　　）。

A．用户可使用计算机打字

B．用户可用某种方式和命令启动、控制和操作计算机

C．用户可以用高级语言进行程序设计、调试和运行

D．用户可以使用声卡．光盘驱动器．视频卡等硬件设备

40．分时操作系统又称为（　　）操作系统。

A．批处理　　B．多用户交互式

C．单用户多任务　　D．应用软件

41．Windows 的剪贴板是用于临时存放信息的（　　）。

A．一个窗口　　B．一个文件夹　　C．一块内存区间　　D．一块磁盘区间

42．对处于还原状态的 Windows 应用程序窗口，不能实现的操作是（　　）。

A．最小化　　B．最大化　　C．移动　　D．旋转

43．Windows 的目录结构采用的是（　　）。

A．树形结构　　B．线形结构　　C．层次结构　　D．网状结构

44．将回收站中的文件还原时，被还原的文件将回到（　　）。

A．桌面上　　B．“我的文档”中　　C．内存中　　D．被删除的位置

45．在 Windows 的窗口菜单中，某命令项后面有向右的黑三角表示该命令项（　　）。

A．有下级子菜单　　B．单击鼠标可直接执行

C．双击鼠标可直接执行　　D．右键单击鼠标可直接执行

46．Windows 操作中经常用到剪切．复制和粘贴功能，其中复制功能的快捷键为（　　）。

A．Ctrl+C　　B．Ctrl+S　　C．Ctrl+X　　D．Ctrl+V

47．Windows 10 的“桌面”指的是（　　）。

A．整个屏幕　　B．全部窗口　　C．某个窗口　　D．活动窗口

48．右键单击“此电脑”图标，在弹出的快捷菜单中选择“属性”命令，在打开的“系统属性”对话框中看不到（　　）。

A．计算机名称　　B．内存容量

C．硬盘容量　　D．CPU 型号

49．在 Windows 中，连续选择多个文件时，先单击第一个文件，再按住（　　）键并单击选择最后一个文件。

A．Ctrl　　B．Shift　　C．Del　　D．Alt

50．要卸载一种中文输入法，可在(　　)窗口中进行。

A．控制面板　　B．文字处理程序　　C．资源管理器　　D．此电脑

51．在 Windows 10 中打开一个文档一般就能同时打开相应的应用程序，因为（　　）。

A．文档就是应用程序

B．必须通过这个方法来打开应用程序
C．文档与应用程序建立了关联
D．文档是应用程序的附属
52．在 Windows 10 中，用来对文件进行管理的是（　　）。
A．我是电脑　　B．开始菜单
C．我的文档　　D．资源管理器
53．要删除一个已选定的文件，下列操作中错误的是（　　）。
A．执行“文件”菜单中的“删除”命令
B．执行“编辑”菜单中的“删除”命令
C．按键盘上的 Delete 键
D．直接将文件拖至“回收站”
54．要卸除一种中文输入法，可在下列哪个窗口中进行（　　）。
A．控制面板　　B．资源管理器
C．文字处理程序　　D．我的电脑
55．使用键盘切换活动窗口，应用（　　）组合键。
A．Ctrl+Tab　　B．Alt+Tab
C．Shift+Tab　　D．Tab
56．以下不属于 Windows 10“附件”的是（　　）。
A．图画　　B．写字板　　C．记事本　　D．控制面板
57．在 Windows 10 操作系统中，显示桌面的快捷键是（　　）。
A．Win+D　　B．Win+P
C．Win+Tab　　D．Alt+Tab
58．文件的类型可以根据（　　）来识别。
A．文件的大小　　B．文件的用途
C．文件的扩展名　　D．文件的存放位置
59．在 Windows 10 中，如果屏幕上有多个窗口，那么活动窗口（　　）。
A．可以有多个　　B．只能是一个固定的窗口
C．是没有被其他窗口盖住的窗口　　D．是标题栏颜色与众不同的窗口
60．在 Windows 环境中，指定活动窗口的方式是（　　）。
A．用鼠标单击该窗口任意位置　　B．反复按 Ctrl+Tab 键
C．把其他窗口都关闭，只留一个窗口　　D．把其他窗口都最小化，只留下一个窗口
61．要选定多个不连续的文件（文件夹），要先按住（　　），再选定文件。
A．Alt 键　　B．Ctrl 键
C．Shift 键　　D．Tab 键
62．在 Windows 中使用删除命令删除硬盘中的文件后，（　　）。
A．文件确实被删除，无法恢复
B．在没有存盘操作的情况下，还可恢复，否则不可以恢复
C．文件被放入回收站，可以通过“查看”菜单的“刷新”命令恢复
D．文件被放入回收站，可以通过回收站操作恢复

63．要把选定的文件剪切到剪贴板中，可以按（　　）组合键。

A．Ctrl+X　　B．Ctrl+Z

C．Ctrl+V　　D．Ctrl+C

64．在 Windows 10 中，要查找某文件的存储位置，可以通过“开始”菜单的（　　）命令。

A．程序　　B．文档　　C．搜索　　D．帮助

65．菜单是命令的集合，要执行下拉菜单中的某个命令，可以（　　）。

A．通过键盘输入该命令名字，如“复制”等

B．单击下拉菜单中的该命令名

C．选择菜单中的该命令项，然后按键盘上任意键

D．选择菜单中的该命令项，然后单击窗口任意空白位置

66．在 Windows 中，要找出文件名以 MS 开头的所有文件，在“查找”对话框的“名称”中应输入（　　）。

A．MS*.*　　B．.*　　C．??.MS　　D．MS.*

67．在 Windows 10 环境中，启动（运行）一个应用程序就打开相应的窗口，当关闭程序对应的窗口时，就是（　　）。

A．使该程序转入后台运行

B．暂时中断该程序的运行，随时可以再恢复运行

C．结束该程序的运行

D．该程序仍然在运行，不受影响

68．在 Windows 10 中，文件名不可以（　　）。

A．包含空格　　B．包含多个扩展名

C．符号 *　　D．使用汉字字符

69．在下列软件中，属于计算机操作系统的是（ ）。

A．Windows 10　　B．Word 2016　　C．Excel 2016　　D．Powerpint 2016

70．正常退出 Windows 10，正确的操作是（　　）。

A．在任何时刻关掉计算机的电源

B．选择“开始”菜单中“关闭计算机”并进行人机对话

C．在计算机没有任何操作的状态下关掉计算机的电源

D．在任何时刻按 Ctrl+Alt+Del 键

71．Windows 中记事本生成的文档文件是(　　)。

A．RTF 文件　　B．Word 文件　　C．文本文件　　D．以上 3 种都可以

72．文件操作时，带有通配符的文件名“*.*”表示(　　)。

A．当前盘上的全部文件　　B．硬盘上的全部文件

C．当前盘当前目录中的全部文件　　D．根目录中的全部文件

73．下列说法中错误的是（　　）。

A．用户无法使用隐藏文件

B．只读文件不能修改文件内容，只能进行读出操作

C．用户使用的文件通常是存档文件

D. 不是所有文件的所有属性都可以由用户选定

74. 有关 Windows 10 附件的“写字板”、“记事本”、“画图”的叙述中正确的是（　　）。

A. 它们都是文字处理软件

B.“记事本”创建的文档在“画图”中可以浏览

C.“画图”创建的位图文件可以在“写字板”中编辑

D.“记事本”创建的文档可以在“写字板”中编辑

75. 不正常关闭 Windows 可能会（　　）。

A. 烧坏硬盘　　B. 丢失数据

C. 无任何影响　　D. 下次一定无法启动

76. 在 Windows 中，磁盘驱动器“属性”对话框的“工具”标签中包括的磁盘管理工具有（　　）。

A. 修复　　B. 格式化　　C. 复制　　D. 碎片整理

77. 在 Windows 10 中，显示桌面按钮在桌面的（　　）。

A. 左下方　　B. 右下方　　C. 左上方　　D. 右上方

78. 下列（　　）不属于 Windows 目录显示方式。

A. 大图标显示方式　　B. 列表显示方式

C. 详细显示方式　　D. 浏览显示方式

79. 在 Windows 中，快捷方式的扩展名为（　　）。

A. sys　　B. bmp　　C. lnk　　D. ini

80. 在 Windows 中，用录音机可执行文件的类型有（　　）。

A. *.txt　　B. *.doc　　C. *.cpp　　D. *.wav

三、填空题

1. 切换窗口可以通过任务栏的按钮切换，也可按______键。

2. 若选定多个连续文件，应先单击选定第一个文件，然后按______键，再单击要选定的最后一个文件；若要选定多个不连续的文件，可以在按______键的同时分别单击其他文件。

3. 在“资源管理器”中，用鼠标把文件 FILE 从 D 盘 AA 子文件夹里拖动到 D 盘 BB 子文件夹里，则可以实现的是文件的______操作；若将文件 FILE 从 D 盘 AA 子文件夹里拖动到 A 盘的 AA 子文件夹中，则可以实现的是文件的______操作；若想将 D 盘 AA 子文件夹里的文件 FILE 拖动移动到 A 盘 AA 子文件夹中，则应按______键。

4. 双击窗口标题栏的功能是______，双击控制菜单图标的作用是______。

5. 在 Windows 中，任何一个文件的大小、类型、位置、修改时间等信息都含在它的“______”中。

6. 将当前窗口的内容复制到剪贴板的快捷键是______，复制整个屏幕内容到剪贴板的快捷键是______。

7. 在 Windows 的菜单命令中，灰色显示的表示______，前面打勾表示______，后面带省略号的表示______。

8. 使用键盘切换活动窗口，应用______组合键。

9. 剪切、复制、粘贴的快捷键分别是：______、______、______。

10. 所有 Windows 应用程序窗口的控制菜单都是相同的，提供了窗口的______、______、______、______、______操作。

11. “资源管理器”中的文件夹图标前有“+”，表示此文件夹______。

12. 文件名一般由两部分组成，即主文件名和扩展文件名，两组名字之间用“______”分开。

13. 删除“开始”菜单或“所有程序”菜单中的程序，只删除了该程序的______，而______仍然保留在计算机中。

14. 磁盘碎片整理程序通过对磁盘上的______空间重新排列，达到加速磁盘访问的目的。它使文件总是存储在______的空间上，将______空间合并。

15. 用鼠标拖动选定文件，按______键是强行复制，按______键是强行移动。右键拖动既可以实现复制又可以实现移动，取决于拖动到释放位置时松开右键选择的是______快捷菜单命令。

16. 用鼠标拖动文件或文件夹到“回收站”都是对文件或文件夹的______，不过硬盘上的文件或文件夹还可以______恢复（除非按______键），而软盘或网络上文件或文件夹则______。

17. 拖动桌面上的“计算机”图标到其他窗口，可以创建______。

18. Windows 10 采用______结构来管理磁盘文件。

19. 不经过回收站，永久删除所选中文件和文件夹中要按______。

20. 桌面一般由桌面背景、桌面图标、______、“开始”按钮等组成。

21. 要查看磁盘的剩余空间，可用鼠标______单击磁盘驱动器图标，选择快捷菜单下的______命令

22. Windows 10 是由______公司开发的，是具有革命性变化的操作系统。

23. 要想一次性最小化所有窗口，可以用______选择“______”命令。

24. Windows 的文件．文件夹取名支持长文件名，最长不能超______个字符，可以使用______符，但不能使用______。

25. 在计算机中，“*”和“?”被称为______。

26. 完整的文件名是由标示名和______两部分。

27. Windows 10 文件名规定最多可包含______个字符，扩展名最多可为______个字符。

28. 文件名必须以字母或______开头。

29. 如果要卸载 Windows 10 某个程序，应选择“控制面板”窗口中的______选项。

30. 更新文件夹窗口内容可以使用文件夹窗口中“查看”菜单的______命令。

31. 在 Windows 中移动窗口时，鼠标指针要停留在______处拖动。

32. 快捷图标仅仅提供所代表的程序或文件的______，可添加或删除而不影响实际的程序或文件。

33. 在 Windows 中删除一个文件，实际上是将该文件移到______中。

34. 在 Windows 中，对文件或文件夹的操作管理可以通过______或______实现。

35. 在 Windows 中，为了在文档中输入一些特殊的符号，可使用系统提供的______。

36. 用______组合键，可以进行中文输入法与英文输入之间转换。

37. 用______组合键，可以在各种中文输入法之间进行切换。

38．Windows 中的菜单可包括控制菜单．快捷菜单和______。
39．为了查找文件，可在“开始”菜单中选择______选项。
40．根据需要对文件可进行修改、更名、______、移动、复制和发送等操作。

四、简答题

1．简述 Windows 10 的“开始”菜单和“任务栏”的功能。
2．Windows 桌面上的常用图标有哪些？哪些图标不允许删除？
3．Windows 10 的“开始”菜单中包含哪些常用选项？
4．窗口由哪几部分组成？窗口的操作方法有哪些？
5．Windows 的菜单有多少种？它们分别采用什么方式激活？
6．Windows 对菜单选项的基本约定是什么？
7．什么是对话框？对话框与窗口的主要区别是什么？
8．在 Windows 中如何快速查找文件或文件夹？
9．能否在 Windows 的“运行”对话框中执行 DOS 内部命令？
10．Windows 中的所有删除都将放回回收站吗？剪贴板的主要功能是什么？
11．有哪些方法可以实现在 Windows 中复制、剪切、粘贴、移动和删除文件、文件夹？
12．什么是快捷方式？如何创建快捷方式？快捷方式的扩展名是什么？
13．如何用鼠标完成文件、文件夹、快捷方式的移动、复制和删除？
14．进行 Windows 系统设置应启用什么窗口？该窗口中的图标文件扩展名是什么？
15．怎样一次性最小化所有打开的窗口？

第3章　文字处理软件Word 2016

一、判断题

1．在 Word 2016 中，必须先选定操作内容，然后才能对选定对象进行操作。

2．在 Word 2016 中，一旦进入“打印预览”窗口，“放大/缩小”按钮即被选中，鼠标指针变为放大镜。

3．Word 2016 文档中的功能区可由用户根据需要显示或隐藏。

4．用“插入”选项卡中的“符号”选项可以插入符号和其他特殊符号。

5．在“打印预览”窗口中，通过浏览文档可以观察文章段落在页面上的整体布局，但不能对其进行编辑。

6．在 Word 2016 文档中，通常先选定操作对象，再单击右键，可弹出快捷菜单。

7．在菜单栏选择“插入”选项卡的“图片”选项，可以在 Word 2016 文档中插入一个图形文件。

8．在菜单栏选择“插入”选项卡中的“表格”命令，可以插入的最大表格是 4 行×5 列。

9．Word 2016 的运行界面风格是由软件开发人员定制好的，一经安装，用户不能更改。

10．Word 2016 中的功能区的特点是：一般情况下只显示最常用的命令，不常用的命令需要使用时随时可以显示出来。

11．使用 Word 2016 文档“文件”菜单中的“新建”命令，既可以建立一个 Word 2016 文档，也可以建立一个 Word 2016 模板文件。

12．Word 2016 中的所有功能都可以直接通过功能区的按钮来实现。

13．在 Word 2016 中，Enter 键是段落的标志，每按一次 Enter 键，Word 2016 认为建立一个段落，包括一个空行。

14．在 Word 2016 文档中输入文字时，每输入一行文字需要按一次 Enter 键，不管该段文字是否结束。

15．在 Word 2016 中，进行选定文本操作时，可以用鼠标选定，也可以用键盘选定。

16．在 Word 2016 中，样式可以由用户创建，模板不能由用户创建。

17．在 Word 2016 中，可以用拖动方法将选定的文本移动到指定位置，也可以用剪切的方法将选定的文本移动到指定位置。

18．利用 Word 2016 的“查找”和“替换”的功能，可以将一个长文本中的所有内容替换为某一指定的文件内容。

19．用 Word 2016 建立的文档，通过文档转换后都可以在其他软件中使用，在其他软件中编辑的文件经过转换后也都可以在 Word 2016 中使用。

20．在 Word 2016 文档的段落对齐方式中，左对齐和两端对齐是完全一样的。

21．既可以直接在功能区中选择“插入”选项卡的“页码”命令插入页码，也可以在插入页眉和页脚时选择“页眉和页脚”中的“编辑页脚”命令插入页码，但这两种方法插入的页码性质不同。

22．在 Word 2016 中，格式和样式是两个完全相同的概念。

23．在 Word 2016 中，表格中可以插入任何文字、数字和图形。

24．在 Word 2016 中，表格的单元格中输入的文字长度超过单元格宽度时，表格会自动扩展列宽。

25．在 Word 2016 中，表格也可以像图片一样设置与文字的环绕。

26．表格中的单元格可以从横向拆分为多个单元格，也可以从纵向拆分为多个单元。

27．文本框与图片相似，所以可以用插入“图片”命令插入文本框。

28．在文本框中也可以插入图片。

29．双击文档窗口的退出按钮可以退出 Word 2016 的运行环境。

30．通过鼠标拖动操作，可将已选定的文本移动或复制到另一个已打开的文档中。

31．在 Word 2016 文档中，只有普通、页面和大纲三种显示视图。

32．在任何显示视图下，均可在 Word 2016 文档中插入图片，亦可插入文本框。

33．插入文本框必须在页面视图下进行。

34．选择“Office”→“打印”，可在默认打印机上打印文档中的选定部分或某几页。

35．标尺的作用是控制文本内容在页面中的位置。

36．在“资源管理器”中双击一个 Word 2016 文档文件，可以启动 Word 2016 并打开该文件。

37．在草稿显示模式下，显示的效果和打印出来的效果完全一致。

38．文本框可以实现被正文环绕。

39．可以在 Word 2016 文档中插入 Excel 工作表。双击 Excel 工作表可以激活该工作表，然后进行编辑、排序、汇总等操作。

40．在文档中插入分节符可以在同一页上实现不同格式文本的分栏。

41．在 Word 2016 中，一个表格的大小不能超过一页。

42．表格中的虚线（暗线）不能打印出来。

43．在使用“插入表格”命令插入一张空表格时，各列的列宽相等。

44．改变表格的列宽时，只能改变一整列的宽度，不能单独改变某个单元格的列宽。

45．在 Word 2016 表格中，不能改变表格线的粗细。

46．在 Word 2016 表格中，不能删除单元格，只能删除其中的内容。

47．在 Word 2016 表格中，可以将表格中的一个单元格拆分为多个单元格。

48．Word 2016 具有表格计算功能，可对行、列或某一范围单元格中的数值进行计算，其单元格命名方式与 Excel 相同。

49．Word 2016 的表格可以指定依据某列数据进行排序。

50．一个已填入数据的表格，不能再用“自动套用格式”命令来改变表格的格式。

51．Word 2016 能读取 Excel 中的数据，并作为 Word 2016 表格插入 Word 2016 文档中。

52．通过剪贴板，可以将 Word 2016 表格中的数据复制到 Excel 工作表中。

53．Word 2016 具有将表格中的数据制作成图表的功能。

54．在 Word 2016 中，同时打开多个 Word 2016 文档后，在同一时刻有一个是当前文档。

55．用“插入”选项卡中的“符号”命令，可以插入特殊符号。

56．使用 Word 2016 编辑文档时，要显示页眉页脚内容，应采用草稿视图方式。

57．Word 2016 提供了强大的数据保护功能，即使用户在操作中连续出现多次误删除，也可以通过“撤销”功能，全部予以恢复。

58．删除表格中的行，可先选定要删除的行，然后按 Backspace 或 Delete 键。

59．复制格式设置的快速方式是使用“开始”选项卡的“格式刷”命令。

60．Word 2016 具有分栏功能，各栏的宽度可以不同。

61．Word 2016 编辑软件的环境是 DOS。

62．利用 Word 2016 录入和编辑文档之前，必须首先确定所编辑的文档的文件名。

63．文档存盘后自动退出 Word 2016。

64．在 Word 2016 中，一个段落可设置为既是居中又是两端对齐。

65．Word 2016 具有图文混排功能。

66．Word 2016 在编辑文档时有“自动保存文件”的功能。

67．在 Word 2016 中，文本和图片可以重叠排版。

68．Word 2016 文档中不但可以插入图形，还可插入声音。

69．在 Word 2016 中，使用“查找替换”方法不能完成对指定内容的格式的替换操作。

70．在 Word 2016 中，标尺是按一个字符宽度标度的。

71．在 Word 2016 的表格处理时，有“绘制斜线表头”命令可供选择。

72．Word 2016 的打印预览功能只能显示文档的当前页。

73．删除 Word 2016 表格的方法是将整个表选定，然后按 Delete 键。

74．在 Word 2016 中，艺术字可以自由旋转。

75．在 Word 2016 中，可以选择矩形块。

76．在 Word 2016 中，剪切下的正文不能再恢复。

77．在 Word 2016 中，段落格式与样式是同一个概念的不同说法。

78．Word 2016 是一个文字处理软件，它具有强大的文字、表格和图形的处理功能。

79．在 Word 2016 中，“先选定、后操作”是进行编辑的基本规则。

80．Word 2016 的编辑状态下可以同时显示水平标尺和垂直标尺的视图方式是草稿视图。

81．在 Word 2016 中，“复制”和“移动”操作均可以在不同的文档之间进行。

82．在 Word 2016 文档中，选定文本块时不可以同时选定几个不连续的段落。

83．Word 2016 表格处理计算中可以复制公式。

84．在 Word 2016 文档中，如果加入了页码，则首页必须显示页码。

85．在 Word 2016 的普通视图中可以显示首字下沉的效果。

86．当鼠标指针通过 Word 2016 编辑区时的形状为箭头。

87．Word 2016 的文本编辑区内有一个闪动的粗竖线，它表示插入点，可在该处输入字符。

88．“粘贴”命令的快捷键是 Ctrl+V。

89．打算将文档中的一段文字从目前位置移到另外一处，第一步应当复制。

90．在 Word 2016 工作过程中，删除插入点光标右边的字符，按 Del 键。

91．为了方便地输入特殊符号、当前日期时间等，可以采用“插入”选项卡中的相应命令。

92．在 Word 2016 的编辑状态下，若要调整左右边界，比较直接、快捷的方法是调整标尺上的左、右缩进游标。

93．在 Word 2016 文档中选中某句话，连击两次“开始”选项卡中的斜体按钮，则这句话的字符格式不变。

94．在 Word 2016 中，默认整篇文档为一节。

95．在 Word 2016 文档中，每个段落都有自己的段落标记，段落标记的位置在段落的结尾部。

96．在 Word 2016 中，在正文区中拖动鼠标可实现对文本的快速选定。

97．在 Word 2016 中，两个段落之间的间距是通过设置“段落”对话框中的“段前”和“段后”值来调整的。

98．Word 2016 中“纸张大小”的设置是在“页面布局”选项组中进行的。

99．当 Word 2016 的文档内容没有达到一页大小时，可以在文档中插入人工分页符进行分页。

100．在 Word 2016 中，表格是由多个单元格组成，单元格中只能填充文字。

101．在 Word 2016 表格中不能插入和删除单元格。

102．在 Word 2016 中，图片周围不能环绕文字，只能单独在文档中占据几行位置。

103．在 Word 2016 中，页边距是文字与纸张边界之间的距离，分为上、下、左、右四类。

二、选择题

1．Word 2016 属于（　　）软件。

A．系统　　B．应用

C．绘图　　D．工具

2．在 Word 2016 中，为了快速生成表格，可以从“插入”选项卡中选择或单击（　　）按钮。

A．插入图标　　B．分栏

C．插入表格　　D．绘图

3．在 Word 2016 中，选定整个文档为文本块，可使用（　　）组合键。

A．Ctrl+A　　B．Shift+A

C．Alt+A　　D．Ctrl+Shift+A

4．在 Word 2016 窗口中，在“文件”菜单中显示的若干文件名，表明（　　）。

A．这些文件目前处于打开状态

B．这些文件目前正排队等待打印

C．这些文件最近用 Word 2016 处理过

D．这些文件是当前目录中扩展名为 .docx 的文件

5．在 Word 2016 文档的编辑过程中，可以按组合键（　　）保存文件。

A．Shift+S　　B．Alt+S

C．Ctrl+S　　D．Shift+Ctrl+S

6．在 Word 2016 的编辑状态下，若要调整左右边界，比较直接、快捷的方法是使用（　　）。

A．样式　　B．“字体”选项组

C．“段落”选项组　　D．标尺

7．下列菜单中，含有设定字体命令的选项卡是（　　）。

A．“开始”

B．“页面布局”

C．“审阅”

D．“视图”

8．打开 Word 2016 文档一般是指（　　）。

A．从内存中读取文档的内容，并显示出来

B．为指定文件开设一个新的、空的文档窗口

C．把文档的内容从磁盘调入内存，并显示出来

D．显示并打印出指定文档的内容

9．在 Word 2016 中，如果用户需要“撤销”上一步的操作，或者“重复”上一步的操作。这两个操作的组合键分别是（　　）。

A．Ctrl+T 和 Ctrl+I

B．Ctrl+Z 和 Ctrl+Y

C．Ctrl+Z 和 Ctrl+I

D．Ctrl+T 和 Ctrl+Y

10．在一个正处于编辑状态的 Word 2016 文档中，选择一段文字有两种方法：一种是将鼠标移到这段文字的开头，按住鼠标左键，一直拖到这段文字的末尾；另一种方法是将光标移到这段文字的开头，按住（　　）键，再按方向键，直至选中需要的文字。

A．Ctrl

B．Alt

C．Shift

D．Esc

11．在 Word 2016 中，对于用户可以编辑的文档个数，下面说法中正确的是（　　）。

A．用户只能打开一个文档进行编辑

B．用户只能打开两个文档进行编辑

C．用户可打开多个文档进行编辑

D．用户可以设定每次打开的文件个数

12．在 Word 2016 中制作表格时，按（　　）组合键，可以将光标移到前一个单元格。

A．Tab

B．Shift+Tab

C．Ctrl+Tab

D．Alt+Tab

13．在 Word 2016 中，用户若需要将一篇文章中的字符串“Internet”全部替换为字符串“因特网”，则可以在“编辑”选项组中选择替换选项，也可以按（　　）组合键。

A．Ctrl+F

B．Ctrl+G

C．Ctrl+A

D．Ctrl+H

14．关于 Word 2016 的功能，下面说法中错误的是（　　）。

A．Word 2016 可以自动保存文件，间隔时间由用户设定

B．Word 2016 在查找和替换字符串时，可以区分大小写，但目前不能区分全角半角

C．Word 2016 可以正确编辑标准文本文件，但用 DOS 的 TYPE 命令不能正确显示 Word 2016 文档的内容

D．在 Word 2016 中，能以不同的比例显示文档

15．中文 Word 2016 的运行环境是（　　）。

A．MS-DOS

B．汉字操作系统

C．多任务操作系统

D．Windows

16．Word 2016 在编辑排版一个文件完毕后，要想知道其打印效果，可以选择（　　）功能。

A．打印预览

B．模拟打印

C．提前打印

D．屏幕打印

17. 可以退出 Word 2016 的键盘操作为按（　　）组合键。

A. Shift+F4　　B. Alt+F4

C. Ctrl+F4　　D. Ctrl+Esc

18. 启动中文 Word 2016 后，空白文档的名字为（　　）。

A. 文档 1.docx　　B. 新文档.docx

C. 文档.docx　　D. 我的文档 1.docx

19. Word 2016 提供了多种显示文档的方式，有所见即所得的显示效果方式是（　　）。

A. 草稿视图　　B. 页面视图

C. 大纲视图　　D. 打印预览

20. 下列视图中，不是 Word 2016 提供的视图是（　　）。

A. 草稿视图　　B. 页面视图

C. 大纲视图　　D. 合并视图

21. 在 Word 2016 中，当前正在编辑文档的文档名显示在（　　）。

A. 功能区　　B. “开始”选项卡

C. 状态栏　　D. 标题栏

22. 在 Word 2016 中，当退出全屏显示视图时，切换到（　　）。

A. 默认的草稿视图　　B. 页面视图

C. 大纲视图　　D. 原先的视图

23. 在 Word 2016 中，可在（　　）选项卡中改变文档的字体大小。

A. 开始　　B. 插入

C. 页面布局　　D. 视图

24. 在 Word 2016 编辑的文档内容中，文字下面的红色波浪下划线表示（　　）。

A. 以修改过的文档　　B. 对输入的确认

C. 可能有拼写错误　　D. 可能有语法错误

25. 在 Word 2016 编辑时，文字下面有绿色波浪下划线表示（　　）。

A. 以修改过的文档　　B. 对输入的确认

C. 可能有拼写错误　　D. 可能有语法错误

26. 在 Word 2016 中，一个文档有 200 页，定位于第 112 页的最快方式是（　　）。

A. 用垂直滚动条，快速移动文档，定位于第 112 页。

B. 用 PageUP 或 PageDown 键定位于第 112 页。

C. 用向下或向上箭头定位于第 112 页

D. 用“定位…”命令定位于第 112 页

27. Word 2016 的查找和替换功能十分强大，不属于其功能的是（　　）。

A. 能够查找文本和替换文本中的格式　　B. 能够查找和替换带格式及样式的文本

C. 能够查找图形对象　　D. 能够用通配字符进行复杂的搜索

28. 在 Word 2016 中，“替换”对话框中设定了搜索范围为向下搜索并单击“全部替换”按钮，则（　　）。

A. 对整篇文档查找并替换匹配的内容

B. 从插入点开始向下查找并替换当前找到的内容

C．从插入点开始向下查找并全部替换匹配的内容

D．从插入点开始向上查找并替换匹配的内容

29．在 Word 2016 中，用新名字保存文件应（　　）。

A．执行“文件”菜单中的“另存为”命令

B．执行“文件”菜单中的“保存”命令

C．单击快速启动工具栏的“保存”按钮

D．复制文件到新命名的文件中

30．在编辑 Word 2016 文档时，要用键盘完成文字或图形的复制，应先按（　　）键。

A．Ctrl　　B．Alt

C．Shift　　D．F1

31．在 Word 2016 中，当选中了文档的内容并按 Del 键，则（　　）。

A．相当于“剪切”功能

B．相当于“清除”功能，但可被粘贴

C．文档内容被清除，但能用 Undo 命令恢复

D．文档内容没有被清除

32．在编辑 Word 2016 文档时，输入的新字符总是覆盖了文档中已输入的字符（　　）。

A．原因是当前文档正处于改写的编辑方式

B．原因是当前文档正处于插入的编辑方式

C．连按两次 Insert 键，可防止覆盖发生

D．按 Delete 键可防止覆盖发生

33．在 Word 2016 中，要取消文档中某一段文字的粗体格式，应（　　）。

A．选中某一段文字，单击“开始”选项卡的“字体”组中的粗体按钮

B．直接单击“字体”组中的“加粗”命令

C．选中这一段文字，单击“字体”组中的“非粗体”命令

D．单击“字体”组中的“非粗体”命令

34．在 Word 2016 中选中某一段文字，连击两次“字体”组中的斜体按钮，（　　）。

A．这段文字呈左斜体格式　　B．这段文字是右斜体格式

C．这段文字的字符格式不变　　D．产生错误报告

35．在 Word 2016 中，段落是一个格式化单位，下列不属于段落的格式有（　　）。

A．对齐方式　　B．缩进

C．制表位　　D．字体

36．在 Word 2016 中，每个段落（　　）。

A．以句号结束　　B．以用户按 Enter 键结束

C．以空格结束　　D．由 Word 2016 自动设定结束

37．在 Word 2016 中，标尺的顶部倒三角形标记代表（　　）。

A．左端缩进　　B．右端缩进

C．首行缩进　　D．悬挂式缩进

38．在 Word 2016 中，文档的视图模式会影响字符在屏幕上的显示方式，为了保证字符格式的显示与打印完全相同应设定（　　）。

A．大纲视图　　　　B．草稿视图

C．页面视图　　　　D．全屏幕视图

39．在 Word 2016 中，创建表格，有步骤：a：用鼠标单击表格按钮，然后拖动鼠标选择要求的行数列数；b：把插入点置于想插入表格的地方；c：当显示的格子达到要求的行列数，释放鼠标键；d：拖动鼠标到插入点。正确的操作为（　　）。

A．a、d、c　　　　B．b、a、c

C．b、a、d　　　　D．a、d

40．在 Word 2016 中，对一个 4 行 4 列的表格编辑正文时，当在表格的第 3 行最左一列处按 Shift+Tab 组合键后，插入点将（　　）。

A．移动到表格的 2 行 4 列处　　　　B．移动到表格的 2 行 1 列处

C．移动到表格的 4 行 4 列处　　　　D．移动到表格的 4 行 1 列处

41．Word 2016 在“全角”方式下显示一个 ASCII 字符，要占用的显示位置是（　　）。

A．2 个英文字符　　　　B．1 个英文字符

C．半个汉字　　　　D．2 个汉字

42．在 Word 2016 中，下列操作中不能选择全部文档的是（　　）。

A．将光标移到文本左边空白区内任意处，三击

B．将光标移到文本右边空向区内任意处，三击

C．将光标移到文本左边空白区内任意处，按住 Ctrl 键并单击鼠标左键

D．按 Ctrl+A 组合键

43．在 Word 2016 编辑状态下，操作的对象经常是被选择的内容，若鼠标在某行行首的左边，（　　）可以仅选择光标所在的行。

A．单击鼠标　　　　B．二击鼠标

C．双击鼠标　　　　D．右键单击鼠标

44．下列关于文档窗口的说法中正确的是（　　）。

A．只能打开一个文档窗口

B．可以同时打开多个文档窗口，被打开的窗口都是活动窗口

C．可以同时打开多个文档窗口，但其中只有一个是活动窗口

D．可以同时打开多个文档窗口，但在屏幕上只能见到一个文档窗口

45．在 Word 2016 中，不能设置的文字格式为（　　）。

A．加粗倾斜　　　　B．加下划线

C．立体字　　　　D．加底纹

46．在 Word 2016 的编辑状态，进行字体设置操作后，按新设置的字体显示的文字是（　　）。

A．插入点所在段落中的文字　　　　B．文档中被选择的文字

C．插入点所在行中的文字　　　　D．文档全部文字

47．当前活动窗口是文档 dl.docx 的窗口，单击该窗口的“最小化”按钮后（　　）。

A．不显示 dl.docx 文档内容，但 dl.docx 文档并未关闭

B．该窗口和 dl.docx 文档都被关闭

C．dl.docx 文档未关闭，且继续显示其内容

D．关闭了 dl.docx 文档但该窗口并未关闭

48．在 Word 2016 的编辑状态下，下列 4 种组合键中，一般可以从当前输入汉字状态转换到输入 ASCII 字符状态的组合键是（　　）。

A．Ctrl+空格组合键　　　　B．Alt+Ctrl 组合键

C．Shift+空格组合键　　　　D．Alt+空格组合键

49．在 Word 2016 编辑状态，要在文档中添加符号“☆”，应当使用（　　）选项卡中的命令。

A．开始　　　　B．页面布局

C．视图　　　　D．插入

50．在 Word 2016 的编辑状态，进行“替换”操作时，应当使用（　　）选项卡中的命令。

A．开始　　　　B．页面布局

C．视图　　　　D．插入

51．在 Word 2016 的编辑状态，依次打开了 dl.docx、d2.docx、d3.docx 和 d4.docx4 个文档，当前的活动窗口是（　　）文档的窗口。

A．dl.docx　　　　B．d2.docx

C．d3.docx　　　　D．d4.docx

52．在 Word 2016 的编辑状态，执行两次“剪切”操作，则剪贴板中（　　）。

A．仅有第一次被剪切的内容　　　　B．仅有第二次被剪切的内容

C．有两次被剪切的内容　　　　D．内容被清除

53．在 Word 2016 的编辑状态，文档窗口显示出水平标尺，则当前的视图方式一定是（　　）。

A．草稿视图方式　　　　B．页面视图方式

C．页面视图方式或草稿视图方式　　　　D．大纲视图方式

54．在 Word 2016 的编辑状态，在当前编辑一个新建文档“文档 1.docx”，当执行“保存”命令后（　　）。

A．该“文档 1”被存盘　　　　B．弹出“另存为”对话框，供进一步操作

C．自动以“文档 1”为名存盘　　　　D．不能将“文档 1”存盘

55．在 Word 2016 的编辑状态，选择了整个表格，执行“表格工具布局”选项组中的“删除行”命令，则（　　）。

A．整个表格被删除　　　　B．表格中一行被删除

C．表格中一列被删除　　　　D．表格中没有被删除的内容

56．在 Word 2016 的编辑状态，为了文档设置页码，可以使用（　　）选项卡中的命令。

A．开始　　　　B．页面布局

C．视图　　　　D．插入

57．在 Word 2016 编辑状态，当前编辑的文档是 C 盘中的 dl.docx 文档，要将该文档复制到 D 盘上，应当执行“文件”菜单中的（　　）命令。

A．“另存为”　　　　B．“保存”

C．“新建”　　　　D．“插入”

58．利用 Word 2016“视图”选项卡的“显示比例”选项组中的“显示比例”命令，可以实现（　　）。

A．字符的缩放　　B．字符的缩小

C．字符放大　　D．以上都不正确

59．在 Word 2016 中，选择一个矩形文字块时，应按住（　　）键并拖动鼠标左键。

A．Ctrl　　B．Shift

C．Alt　　D．Tab

60．在 Word 2016 中，执行“文件”菜单中的“新建”命令，在新打开的窗口中（　　）。

A．新建立一个文档

B．打开用户指定的文档

C．显示、处理原先当前窗口里所编辑的文档

D．没有任何文档

61．当前活动的文档为 C:\mydir 目录下的 test.docx，进行编辑后，执行“文件”菜单中的“另存为”命令，则（　　）。

A．C:\mydir 目录下 test.docx 不再存在，编辑的结果存入另一个新文件

B．C:\mydir 目录下 test.docx 保持不变，编辑的结果存入 C:\mydir 目录下的另一个新文件，文件名由用户在对话框中指定

C．编辑的结果存入 C:\mydir 目录下 test.docx 中，同时编辑的结果存入另一个新文件，文件名和路径由用户在对话框中指定

D．C:\mydir 目录下 test.docx 保持不变，同时编辑的结果存入另一个新文件，文件名和路径由用户在对话框中指定

62．在 Word 2016 的编辑状态下，设置了一个由多个行和列组成的表格。如果选中一个单元格，再按 Delete 键，则删除该单元格（　　）。

A．所在的行　　B．内容

C．右方单元格左移　　D．下方单元格上移

63．在 Word 2016 中，“拆分表格”指的是（　　）。

A．从某两行之间把原来的表格分为上下两个表格

B．从某两列之间把原来的表格分为左右两个表格

C．从表格的正中把原来的表格分为两个表格，拆分方向由用户指定

D．在表格中由用户任意指定一个区域，将其单独存为另一张表格

64．在 Word 2016 中，选定一个单元格，执行“拆分单元格”命令，则（　　）。

A．将单元格拆分为多列，列数由用户指定

B．将单元格拆分为多行，行数由用户指定

C．将单元格拆分为多行多列，列数和行数由用户指定

D．默认将单元格拆分为 3 列 1 行

65．Word 2016 文档的默认扩展名为（　　）。

A．.docx　　B．.dat

C．.txt　　D．.bmp

66．Word 2016 窗口的菜单栏中有（　　）个一级菜单选项。

A．4　　B．7

C．8　　D．9

67．有关 Word 2016 的编辑操作，下列说法中不正确的是（　　）。

A．复制就是把选定的文字或图形复制到当前文档的指定位置

B．只有做完选定操作之后，才能进行复制或剪切操作

C．只有做完复制或剪切操作之后，才能进行粘贴操作

D．粘贴是将剪贴板上的内容复制到指定文档的指定位置

68．将 Word 2016 文档中的一部分文本内容复制到别处，先要进行的操作是（　　）。

A．选定内容　　B．复制

C．剪切　　D．替换

69．当一个 Word 2016 文档窗口被关闭后，该文档将（　　）。

A．保存在外存中　　B．保存在内存中

C．保存在剪贴板中　　D．既保存在外存中也保存在内存中

70．在 Word 2016 的编辑状态下，文档有一行被选择，当按 Delete 键后，（　　）。

A．删除了插入点所在的行　　B．删除了被选择的一行

C．删除了被选择行及其后的所有内容　　D．删除了插入点及其前的所有内容

71．在 Word 2016 文档中，每个段落都有自己的段落标记，段落标记的位置在（　　）。

A．段落的首部　　B．段落的结尾处

C．段落的中间位置　　D．段落中，但用户找不到的位置

72．Word 2016 具有分栏功能，下列关于分栏的说法中正确的是（　　）。

A．最多可以设 4 栏　　B．各栏的宽度必须相同

C．各栏的宽度可以不同　　D．各栏之间的间距是固定的

73．Word 2016 提供了一些误操作的“撤销”命令，也提供了“恢复”不该被撤销操作的命令，可直接用（　　）组合键进行恢复。

A．Ctrl+U　　B．Ctrl+Z

C．Shift+U　　D．Shift+Y

74．不能关闭 Word 2016 的操作是（　　）。

A．双击标题栏　　B．单击标题栏右边的“关闭”按钮

C．执行“文件”菜单中的“关闭”命令　　D．执行“文件”菜单的“退出 Word”命令

75．在使用 Word 2016 进行文字编辑时，下列叙述中错误的是（　　）。

A．Word 2016 可将正在编辑的文档另存为一个纯文本（.txt）文件

B．执行“文件”菜单中的“打开”命令可以打开一个已存在的 Word 2016 文档

C．打印预览文档时，打印机必须是已经开启的

D．Word 2016 允许同时打开多个文档

76．下列对 Word 2016 编辑功能的描述中错误的是（　　）。

A．Word 2016 可以开启多个文档编辑窗口

B．Word 2016 可以插入多种类型的图形文件

C．Word 2016 可以将多种格式的系统日期、时间插入到光标位置

D．执行“复制”命令可将已选中的对象直接复制到光标位置

77．Word 2016 软件处理的主要对象是（　　）。

A．表格　　B．文档

C．图片　　D．数据

78．Word 2016 中的段落格式设置是在（　　）选项卡中设定。

A．开始　　B．视图

C．插入　　D．页面布局

79．在 Word 2016 中可以建立几乎所有的复杂公式，通过（　　）可实现。

A．执行“插入”选项卡中的“公式”命令

B．Excel 公式

C．执行“插入”选项卡中的“符号”命令

D．执行“插入”选项卡中的“对象”命令

80．为了在 Word 2016 文档中获得艺术字的效果，可以（　　）。

A．执行“插入”选项卡中的“图片”　　B．选用 Windows XP 的“画图”程序

C．执行“插入”选项卡中的“艺术字”　　D．执行“开始”选项卡中的“字体”命令

81．在 Word 2016 中，（　　）实际上应该在文档的编辑、排版和打印等操作之前进行，因为它对许多操作都将产生影响。

A．页面设置　　B．打印预览

C．字体设置　　D．页码设定

82. 在 Word 2016 中，为了使文字版面更美观，需插入首字下沉效果，具体操作是（　　）。

A．选中要设置的文字，然后执行“插入”选项卡中的“首字下沉”命令

B．执行“开始”选项卡中的“首字下沉”命令

C．选中要设置的文字，然后执行“开始”选项卡中的“首字下沉”命令

D．执行“插入”选项卡中的“首字下沉”命令

83．在 Word 2016 中，关于页眉和页脚的设置，下列叙述中错误的是（　　）。

A．允许为文档的第一页设置不同的页眉和页脚

B．允许为文档的每个节设置不同的页眉和页脚

C．允许为偶数页和奇数页设置不同的页眉和页脚

D．不允许页眉和页脚的内容超出页边距范围

84．在 Word 2016 图形编辑器中，用选定框选中多个图形造成图形没有被全部选定的原因是（　　）。

A．因为图形不可选　　B．因为图形处于文字层的下层

C．因为图形处于文字层的上层　　D．因为没有把所有对象全部圈于选定框中

85．在 Word 2016 中，用鼠标拖动图形的控点实现 Word 2016 文档中图片裁剪，若要同时相等地裁剪两边，请在向内拖动任意一边上中心控点的同时，需同时按住（　　）键。

A．Shift　　B．Ctrl

C．Alt　　D．Fl

86．打印页码“2-5, 10, 12”表示打印的是（　　）。

A．第 2 至 5 页、第 10 页、第 12 页

B．第 2 至 5 页，第 10 至 12 页

C．第 2 页、第 5 页、第 10 页、第 12 页

D．第 3 页、第 4 页、第 10 页、第 12 页

87. 在文档中人工设定分页符的是（　　）命令。

A.“布局”选项卡中的“页面设置”　　B.“视图”选项卡中的“页面”

C.“页面布局”选项卡中的“分隔符”　　D.“插入”选项卡中的|“分页”

88. 如果文档中某一段与其前后两段之间要求留有较大间隔，最好的解决方法是（　　）。

A. 在每两行之间用按 Enter 键的办法添加空行

B. 在每两段之间用按 Enter 键的办法添加空行

C. 用段落格式设定来增加段距

D. 用字符格式设定来增加间距

89. 能插入 Word 2016 文档中的图形文件（　　）。

A. 只能是在 Word 2016 中绘制的

B. 只能是 Windows 中的“画图”程序产生的 BMP 文件

C. 可以是 Windows 中的 Excel 程序产生的统计图表

D. 可以是 Windows 所能支持的多种格式的文件

90. 在 Word 2016 中可以在文档的每页或一页上打印一图形作为页面背景，这种特殊的文本效果被称为（　　）。

A. 图形　　B. 艺术字

C. 插入艺术字　　D. 水印

91. 启动 Word 2016 可以有各种方法，下面不常使用的是（　　）。

A. 从开始菜单的程序子菜单中找到 Word 2016 启动

B. 进入安装 Word 2016 所在的文件夹，双击 Word 2016 的图标

C. 通过已有的 Word 2016 文档启动

D. 双击桌面上所建的 Word 2016 的快捷方式图标

92.（　　）不可以关闭 Word 2016。

A. 单击标题栏右侧的关闭按钮　　B. 双击标题栏

C. 按 Ctrl+F4 组合键　　D. 按 Alt+F4 组合键

93. 双击 Word 2016 窗口的标尺可以打开（　　）对话框。

A.“页面设置”　　B.“标尺设置”

C.“打印设置”　　D.“打开文件”

94. 在“文件”菜单中选择“打印”选项进行打印文档的是（　　）。

A. 只可以打印当前页　　B. 可以打开“打印”对话框

C. 可以打印文档的所有页。　　D. 打印指定页

95. 能使所有行的左右两端完全对齐（首行除外）的对齐方式是（　　）。

A. 左对齐　　B. 右对齐

C. 居中　　D. 分散对齐

E. 两端对齐　　F. 顶端对齐

96. 以只读方式打开的文档进行修改后，应当用（　　）进行保存。

A.“文件”菜单的“保存”命令　　B. Ctrl+S 保存

C.“文件”菜单的“另存为”命令　　D. 鼠标

97. 在 Word 2016 中，字符样式只能应用于（　　）。

A．光标所在段落　　B．选定文本

C．光标所在的节　　D．整个文档

98．Word 2016 文档中的段落左缩进是指（　　）。

A．段落离页面左边界的距离　　B．段落离首行缩进的距离

C．段落离纸张左边界的距离　　D．段落高悬挂缩进的距离

99．既可以给字符加边框，也可以给段落加边框，给字符和段落加边框操作的区别是（　　）。

A．加边框的类型不同　　B．加边框的线型不同

C．加边框的应用范畴不同　　D．加边框的宽度不同

100．选定图片是通过（　　）进行的。

A．鼠标的双击　　B．鼠标的单击

C．鼠标三击　　D．Ctrl+S 组合键

101．下列有关样式的说法中正确的是（　　）。

A．所有的样式都可以随意删除　　B．可以由用户自定义样式

C．样式中不包括段落格式　　D．样式中不包括页面格式

102．下列有关模板的说法中正确的是（　　）。

A．所有的模板都是由系统给定的

B．系统给定的只有空白文档模板

C．用户创建的模板可以存放任意目录中

D．可以由用户自己创建模板

103．如果将两个单元格合并，原有的单元格内容（　　）。

A．不合并　　B．完全合并

C．部分合并　　D．大部分合并

104．关于 Word 2016 分节符的理解，（　　）是不正确的。

A．加入分节符之后，整个文章就不是一节

B．分节符就是通常所说的强制分页符

C．要实现多种分栏并存，一般要在文档中插入分节符

D．分节符由一条横贯屏幕的虚线表示

105．在 Word 2016 文档中，若选定的文字块里包含有几种字号的汉字，则在格式栏字号框中显示（　　）。

A．首字符的字号　　B．文本块中的最大字号

C．文本块中最小的字号　　D．空白

106．在 Word 2016 文档中，在“布局”选项卡中选择“页面设置”选项，可对输入的文本（　　）。

A．设置页边距、纸张的大小和方向，版面

B．设置纸张的大小和方向、段落对齐方式、字体的大小和颜色

C．设置页边距、页码、分页方式

D．设置字体大小

107．在 Word 2016 文档中插入文本框时，为了使文本框显示在全页的正确位置，文档

必须处于（　　）视图下。

A．草稿　　　　B．页面

C．大纲　　　　D．主控文档

108．在编辑 Word 2016 文档过程中，可用（　　）改变段落的缩进格式，调整左右边界和改变表铬的栏宽。

A．菜单栏　　　　B．工具栏

C．格式栏　　　　D．标尺

109．Word 2016 对文档提供了若干保护方式，若需要禁止不知道口令者打开文档，则应设置（　　）。

A．只读口令　　　　B．保护口令

C．修改口令　　　　D．以只读方式打开文档

110．在草稿视图下，以下说法中不正确的是（　　）。

A．可用标尺设置左右边界边距　　　　B．可以用标尺设置首行缩进

C．可以垂直标尺设置上下页边距　　　　D．可以利用标尺设置段落缩进或悬挂缩进

111．在文档中插入一个空表格时，（　　）。

A．各行的行高固定　　　　B．各行和各列的行宽及列宽都相同

C．各列的列宽相等　　　　D．各列的列宽是否相等与纸张的大小有关

112．在一个单元格中输入文字，若该单元格不能容纳所输入的文字内容时，（　　）。

A．该单元格的行高会自动增大　　　　B．所有单元格的行高和列宽都会自动增大

C．该单元格的列宽会自动增大　　　　D．该单元格所在行的行高会自动增大

113．将表格中的一个单元格拆分为多个单元格后，原单元格中的内容将（　　）。

A．只保留在还分后的第一个单元格中　　　　B．均分配在拆分后的各个单元格中

C．复制到拆分后的各个单元格中　　　　D．丢失

三、填空题

1．可以使用“插入”选项卡中的______命令，在文档中插入公式。

2．Word 2016 的文档以文件形式存放于磁盘中，其文件扩展名为______。

3．Word 2016 的文档视图有______、______、______、______和______。

4．打印预览可使用户______，可以对文档的整体效果进行浏览。

5．行距的调整是通过______的操作实现的。

6．使页面横置是通过______来实现的。

7．利用 Word 2016 的绘图工具绘制图形时可在文档的______位置开始画起。

8．Word 2016 是一种______软件。

9．打开一个 Word 文档，是指把该文档从磁盘调入______中，并在窗口的文本区显示其内容。

10．在 Word 2016 编辑状态下，可以利用“页面布局”选项卡中的______来设置每页的行数和每行的字符数。

11．在 Word 2016 中，只有在______视图下可以显示水平标尺和垂直标尺。

12．在 Word 2016 编辑状态下，可以进行“拼写和语法”检查的选项在______选项卡的

“校对”选项组中。

13．在 Word 2016 编辑状态下，将鼠标指向一中文句子并双击左键，该句子被选中，字体栏显示“黑体”，选择“宋体”字体后，再单击，此时该句子的字体应该是______。

14．在输入文档内容时，按 Enter 键后，将产生______符号。

15．用户在编辑、查看或者打印已有的文档时，首先应当______已有文档。

16．Word 2016 上的段落标记是在输入键盘上的______之后产生的。

17．水平标尺上有首行缩进标记、______、右缩进标记等三个滑块位置，从而可锁定这三个边界的位置。

18．在 Word 2016 文档编辑时，要完成修改、移动、复制和删除等操作，必须先______要编辑的区域，使该区域反向显示。

19．在 Word 2016 中一次可以打开多个文档，多份文档同时打开在屏幕上，当前插入点所在的窗口称为______窗口，处理中的文档称为活动文档。

20．在 Word 2016 中给文档加口令后，若口令忘记了，则该文档______打开，其口令无法删除。

21．用户可以使用______命令，自行选定项目编号的样式。

22．在 Word 2016 文档编辑中，可以使用______快捷键，在文档的指定位置强行分页。

23．______是打印在文档每页顶部或者底部的描述性内容。

24．用户设定的页眉和页脚必须在______方式或者打印预览中才可见。

25．在 Word 2016 中绘制椭圆时，若按住______键后，再拖动鼠标，可画一个正圆。

26．图片的大小可以调整，只要先______，用鼠标拖动即可。

27. 在 Word 2016 文档中，对表格中的单元格进行选择后，可以进行插入、移动、______、合并和删除等操作。

28．在 Word 2016 中，使用“表格工具布局”选项卡中的______命令，可将表格中选定的某列数据按递增顺序进行排列。

29．在 Word 2016 中，页码是作为______的一部分插入到文档中的。通过“插入”选项组中的“页码”命令，既可以设置页码在页面上的位置，也可以设置页码的对齐方式。

30．在 Word 2016 中，段落格式编排最基本的内容是段落边界的设定、段落______的设定和行距及段落间距的设定。

31．在 Word 2016 中不宜使用：按 Enter 键增加空行的方法加大段落间距，而应该使用命令______的“缩进和间距”来设置。

32. 在 Word 2016 中，要在页面上插入页眉和页脚，应使用“插入”选项卡中的______命令。

33．编辑 Word 2016 文档时，我们常希望在每页的底部或顶部显示页码的信息，这些信息也打印在文件每页的顶部，就称为______。

34．为使文档显示的每一页面都与打印后的相同，应选择的视图方式是______。

35．在草稿视图方式下，自动分页的标志是______。

36．在“替换”操作中，如果仅输入查找内容而没有输入替换内容，则______。

37．在 Word 2016 中，要使用“字体”对话框进行字符编排，可选择______选项卡中的“字体”命令，打开“字体”对话框。

38. 在 Word 2016 中，用键盘选择文本，只要按______键的同时进行光标定位的操作。

39. Word 2016“字体”选项组的 B、I、U 代表字符的粗体、______、下划线标记。

40. 将文档中一部分内容移动到别处，首先要进行的操作是______。

41. 在图形编辑状态中，单击“矩形”按钮，按住______键同时拖动鼠标，可以画出正方形。

42. ______栏位于在 Word 2016 窗口的最下方，用来显示当前正在编辑的位置、时间、状态等信息。

43. 在 Word 2016 中，将剪贴板中的内容插入到文档中的指定位置，叫做______。

44. 在 Word 2016 中，文件另存为另一新文件名，可选择“文件”菜单中的______命令。

45. 在 Word 2016 中，按住______键，单击图形，可选定多个图形。

46. 在 Word 2016 中，打印预览显示的内容和打印后的格式______。

47. 在 Word 2016 中，单击垂直滚动条的▼按钮，可使屏幕______。

48. 在 Word 2016 中，导入图片分为两种______和从剪贴板导入。

49. 在 Word 2016 中，“复制”命令的快捷键是______。

50. 在 Word 2016 中，可以通过使用______对话框来添加边框。

51. 在 Word 2016 中，取消最近一次所做的编辑或排版动作，或删除最近一次输入的内容，叫做______。

52. 在 Word 2016 中，如果输入的字符替换或覆盖插入点后的字符的功能叫______。

53. 在 Word 2016 中，拖动标尺上的“移动表格列”，可改变表格列的______。

54. 在 Word 2016 中，拖动标尺左侧上面的倒三角可设定______。

55. 在 Word 2016 中，拖动标尺左侧下面的小方块可设定______。

56. 在 Word 2016 中，文档两行之间的间隔叫______。

57. 在 Word 2016 中，新建 Word 2016 文档的快捷键是______。

58. 在 Word 2016 中，页边距是______的距离。

59. 在 Word 2016 窗口的工作区中闪烁的垂直条表示______。

60. 在 Word 2016 中，Ctrl + Home 操作可以将插入光标移动到______。

61. 在 Word 2016 中，格式工具栏上标有“U”图形按钮的作用是使选定对象______。

62. 在 Word 2016 中，要设置文字的边框，可以选择______选项组“字符边框”命令。

63. 启动 Word 2016 后，Word 2016 新建一个名为______的空文档，等待输入内容。

64. 如果要将 Word 2016 文档中的一个关键词改变为另一个关键词，需使用______选项组中的“替换”命令。

65. 如果要将打开的 DOCX 文档保存为纯文本文件，一般使用______命令。

66. 如果设置 Word 2016 文档的版面规格，需使用“布局”选项组的______命令。

67. 如果要退出 Word 2016，最简单的方法是______击右上角的×按钮。

68. 在 Word 2016 的“打印”对话框中选定______页码范围，表示打印指定的若干页。

69. 要选择光标所在段落，可______该段落。

70. 在 Word 2016 的“打印”对话框中选定______，表示只打印光标所在的一页。

71. 在 Word 2016 文档编辑过程中，如果先选定了文档内容，再按住 Ctrl 键并拖曳鼠标至另一位置，即可完成选定文档内容的______操作。

72．在 Word 2016 中，按______键与工具栏上的粘贴按功能相同。

73．在 Word 2016 中，在选定文档内容之后，单击“复制”命令，是将选定的内容复制到______。

74．在 Word 2016 窗口的功能区上面是______。

75．在 Word 2016 文档编辑区的下方有一横向滚动条，可对文档页面进行______方向的滚动。

76．在 Word 2016 文档编辑区的右侧有一纵向滚动条，可对文档页面进行______方向的滚动。

77．在 Word 2016 文档中插入一个图形文件，可以使用“插入”选项卡中的______命令。

78．在 Word 2016 中，“字体”选项组上标有“B”字母按钮的作用是使选定对象______。

79．在 Word 2016 中，给选定的段落、表单元格、图文框及图形四周添加的线条称为______。

80．在 Word 2016 中，给选定的段落、表单元格、图文框添加的背景称为______。

81．在 Word 2016 中，列插入是指在选定列的______边插入一列。

82．在 Word 2016 中，如果放弃刚刚进行的一个文档内容操作（如粘贴），只需单击工具栏上的______按钮即可。

83．在 Word 2016 中，如果将正在编辑的 Word 2016 文档另存为纯文本文件，文档中原有的图形、表格的格式会______。

84．在 Word 2016 中，如果要调整行距，可使用“开始”选项卡中的______命令。

85．在 Word 2016 中，如果要为选定的文档内容加上波浪下划线，可使用“开始”选项卡中的______命令。

86．在 Word 2016 中，如果要选定较长的文档内容，可先将光标定位于其起始位置，再按住______键，单击其结束位置即可。

87．在 Word 2016 中，如果要在文档中使用项目符号和编号，需使用______选项组中的项目符号和编号命令。

88．在 Word 2016 中，与打印机输出完全一致的显示视图称为______视图。

89．在 Word 2016 中，删除选定表格的单元格时，可以使用______选项组中的“删除单元格”命令。

90．在 Word 2016 中，为了能在打印之前看到打印后的效果，以节省纸张和重复打印花费的时间，一般可采用______的方法。

91．在 Word 2016 编辑状态，当前正编辑一个新建文档“文档 1”，当执行“保存”命令后，弹出______对话框供进一步操作。

92．在 Word 2016 编辑状态下，“格式刷”按钮的作用是______。

93．______是对文档进行修改时，用特殊符号标记曾经修改过的内容，以让其他人看到该文档中有哪些内容被修改过。

94．通过页面布局组中的______命令，可以为 Word 2016 文档添加水印效果。

95．用户可以根据自己的需要对______工具栏进行自定义。

96．Word 2016 文档的所有命令都在______。

97．通过在“表格工具布局”选项卡中单击______命令，可以在各页的表格中添加同样的标题行。

四、简答题

1. Word 2016 的功能是什么？
2. 如何启动 Word 2016？
3. 如何退出 Word 2016？
4. 如何保存 Word 2016 文档？
5. 什么是功能区？
6. Word 2016 功能区由哪几部分组成？
7. 如何显示和隐藏 Word 2016 的功能区？
8. Word 2016 的快速访问工具栏的功能是什么？
9. 如何建立一个 Word 2016 新文档？
10. 如何打开一个已经存在的文档？
11. 如何快速打开最近编辑过的文档？
12. 如何获得 Word 2016 的帮助信息？
13. 如何设置最近使用的文档数？
14. 如何将 Word 2016 文档保存为 PDF 或 XPS 文档？
15. 如何定位插入点？
16. 如何插入特殊符号？
17. 如何进行拼写和语法检查？
18. 如何选定文本？
19. 如何复制文本？
20. 如何移动文本？
21. 如何删除文本？
22. 如何查找、替换文本？
23. Word 2016 的视图方式包括哪几种？
24. 页面视图的功能是什么？
25. 如何向快速工具栏中添加按钮？
26. 如何隐藏功能区？
27. 如何设置默认打开 Word 2016 文档的位置？
28. 如何设置文本的字体、字号、字体颜色？
29. 如何设置文字的特殊效果，如上下标？
30. 如何设置字符边框和底纹？
31. 段落的对齐方式有哪几种？
32. 如何设置段落的对齐方式？
33. 段落的缩进方式有哪几种？如何设置段落的缩进方式？
34. 如何设置行间距和段间距？
35. 如何使用格式刷？
36. 什么是页眉、页脚？如何插入页眉、页脚？

37. 如何为不同节插入不同的页眉、页脚？
38. 如何设置首页不同或奇偶页不同的页眉、页脚？
39. 如何插入页码？
40. 如何进行大小写转换？
41. 如何设置和取消分栏？
42. 如何设置和取消首字下沉或悬挂？
43. 如何进行页面设置？
44. 如何给文档加上密码？
45. 怎样预览文档的打印效果？
46. 什么是样式？如何新建一个样式？如何应用已有的样式？
47. 什么是模板？如何根据模板创建文档？
48. 在 Word 2016 中如何创建表格？
49. 如何移动表格、调整表格的大小？
50. 如何选定表格的一行、一列、一个单元格？
51. 如何在表格中插入行、列？如何删除单元格、行、列？
52. 如何改变表格的行高和列宽？
53. 如何快速平均分布行和列？
54. 如何合并单元格？如何拆分单元格？
55. 如何更改表格单元格中文字的对齐方式？
56. 如何改变表格的边框？
57. 如何对表格中的一行或一列数据求总和？
58. 如何在表格中进行其他函数的计算？
59. 列举几种提高办公效率的诀窍。
60. 如何插入图片文件？
61. 如何插入艺术字？
62. 如何缩放图片？
63. 如何设置图片的格式？
64. 如何设置图片的环绕方向？
65. 如何绘制基本图形？
66. 如何绘制自选图形？
67. 如何在图形中添加文字？
68. 如何组合图形、取消组合图形？
69. 如何插入数学公式？
70. 如何制作水印效果？
71. 如何设置边框和底纹？
72. 如何在输入内容时自动创建项目符号和编号？
73. 如何为已有的文本添加项目符号和编号？
74. 如何设置多级项目符号？
75. 什么是文档的主题？如何使用文档的主题？

76．什么是 Microsoft Office 诊断？

77．如何设置 Word 2016 的自动恢复和自动保存？

78．如何制作论文的提纲？

79．如何制作论文目录？

80．什么是批注和修订？如何为文档添加批注和修订？

81．如何显示和隐藏文档结构图？

第 4 章　表格处理软件 Excel 2016

一、判断题

1．Excel 模板文件扩展名为 .xltx。

2．在保存 Excel 工作簿的操作过程中，默认的工作簿文件名是 Book1。

3．创建工作簿时，Excel 将自动以 Book1、Book2、Book3、…的顺序给新的工作簿命名。

4．一般情况下，字符型数据默认的显示格式为右对齐。

5．退出 Excel 可使用 Alt+F4 组合键。

6．在某个单元格中输入公式“=SUM($A$1:$A$10)”或“=SUM(A1:A10)”，最后计算出的值是一样的。

7．在 Excel 中，工作表名默认是 Sheet1、Sheet2、…，用户可以重新命名。

8．在 Excel 中不仅能选定连续的单元格区域，还能选定不连续的单元格区域。

9．Excel 工作表中的列宽和行高是固定不变的，不可以进行调整。

10．比较运算符用以对两个数值进行比较，产生的结果为逻辑值 TRUE 或 FALSE。比较运算符为：＝、＞、＜、＞＝、＜＝、＜＞。

11．在一个单元格输入公式后，若相邻的单元格中需要进行同类型计算，可利用公式的自动填充。

12．要插入新的列，请在“开始”选项卡的“编辑”组下操作。

13．某人发送的一个 Excel 2010 文件，你在 Excel 2016 中打开了该文件，当处理后，如果不更改选项，文件将自动保存为 Excel 2016 格式。

14．自动保存可以完全代替正常的保存操作。

15．保存工作最好在工作有了阶段性的结果时就进行，并且在以后的工作中可以按 Ctrl+S 组合键随时进行保存，以免丢失工作结果。

16．移动单元格数据时，会将单元格中的格式、批注、公式及其结果一起移动。

17．使用组合键 Alt+Enter 换行对所有类型的数据有效。

18．对序列进行编辑和修改后，必须要重新添加才会生效，而且会替换原来的序列内容，并且不可以进行恢复。

19．如果同时选中多行，只需用鼠标拖曳其中任意一行的行高，则其余所有选中行的行高都会自动调节成相同的高度。

20．在数据清单中创建公式，当增加新记录时，Excel 可以自动进行计算。

21．在“排序”对话框中，最多可以设置 4 级排序。

22．高级筛选则适用于复杂筛选条件，筛选的结果可显示在原数据表格中，不符合条件的记录被隐藏；也可以在新位置显示筛选结果，不符合条件的记录同时保留在数据清单中而不会被隐藏，以便于数据对比。

23．在 Excel 2016 中，可以为同一个数据表添加多个具有不同汇总函数的分类汇总。

24．在 Excel 工作表的单元格中输入正确公式，按 Enter 键后，该单元格中显示的是该公式的运算结果。

25. 删除分类汇总时只是将汇总数据删除，并不影响原始数据。

26. 在创建图表时，一定要选择好图表的类型，因为一旦创建好图表后，其类型是不能被修改的。

27. 折线图用于分析数据随时间的变化趋势，将同一数据系列的数据点在图上用直线连接起来，通常用于分析数据的变化趋势。

28. 对于非相邻区域的数据可以按住 Ctrl 键选择不相邻的区域，再进行插入图表操作。

29. 在 Excel 编辑中，插入一个“图表”后可使用“撤销”命令撤销该操作。

30. 在设计数据透视表的布局时，一般将最关心的内容放在数据区中，再将与其相关的内容分别放在行字段或者列字段区域中。

31. 在输入公式过程中，不需要先输入“=”，否则单元格中将直接显示输入的内容。

32. 公式中括号的优先级最高，即在符号之前使用括号可以改变顺序，最先执行括号内的运算，再执行括号外的运算。

33. 假如一个函数可以使用多个参数，那么参数与参数之间只用半角句号进行分隔。

34. 已知 A1:D1 单元格区域中的数据分别为“88”、“78”、“65”、“91”，而 E1 中的公式为“=COUNTIF(A1:B1, ">=85")”，则 E1 单元格的值为“0”。

35. 在 Excel 工作表中，默认的表格线是打印不出来的，要打印表格线必须先设置表格框线。

36. 若 Excel 的公式中，引用了其他工作表中的数据，如“成绩表!$A$2”，则这种引用就叫做三维引用。

37. 迷你图是工作表单元格中的一个微型图表，用于显示数值系列中的趋势，可以直观地表示数据。

二、选择题

1. （　　）不是保存工作簿的正确操作。

A. 在“文件”选项卡中选择“保存”命令

B. 在快速启动工具栏中单击“保存”按钮

C. 按 Ctrl+S 组合键

D. 右键单击工作表区域，执行“保存”命令

2. 一个 Excel 的工作簿中所包含的工作表的个数是（　　）。

A. 只能是 1 个　　B. 可以超过 3 个工作表

C. 只能是 3 个　　D. 只能是 2 个

3. 在 Excel 中，B5:E7 单元格区域包含（　　）个单元格。

A. 2　　B. 3

C. 4　　D. 12

4. 在 Excel 工作表中进行复制操作时，可以只复制单元格的部分特性，如格式、公式等，这必须通过（　　）来实现。

A. 部分粘贴　　B. 部分复制

C. 选择性粘贴　　D. 选择性复制

5．一般情况下，Excel 默认的显示格式为右对齐的数据是（　　）。

A．数值型数据　　　　B．字符型数据

C．逻辑性数据　　　　D．不确定

6．Excel 的自动填充功能可以自动填充（　　）。

A．公式　　　　B．文本

C．日期　　　　D．以上几项均可

7．在 Excel 工作表中，用户可以按住（　　）键选择一个不连续的单元格区域。

A．Ctrl　　　　B．Shift

C．Alt　　　　D．Ctrl+Shift

8．在 Excel 工作表的一个单元格输入数据后，按 Enter 键可以使其（　　）单元格成为活动单元格。

A．下一个　　　　B．左侧

C．右侧　　　　D．上一个

9．在 Excel 中文字处理时，强迫换行的方法是在需要换行的位置按（　　）键。

A．Enter　　　　B．Tab

C．Alt+Enter　　　　D．Alt+Tab

10．工作表被删除后，下列说法中正确的是（　　）。

A．数据还保存在内存里，只不过是不再显示

B．数据被删除，可以用“撤销”命令来恢复

C．工作表进入了回收站，可以去回收站将工作表还原

D．数据被全部删除，而且不可用“撤销”命令来恢复

11．在 Excel 中，在单元格中输入日期 2002 年 11 月 25 日的正确形式是（　　）。

A．2002/11/25　　　　B．2002.11.25

C．2002\11\25　　　　D．20021125

12．在工作表的某个单元格中输入数字字符串“123”，正确的输入方式是（　　）。

A．123　　　　B．“123”

C．’123　　　　D．=123

13．在 Excel 中，想在单元格中输入数字字符串“0001”时，应输入（　　）。

A．'0001　　　　B．"0001

C．0001　　　　D．’0001

14．在单元格输入“4/5”，则 Excel 认为是（　　）。

A．分数　　　　B．日期

C．小数　　　　D．表达式

15．在 Excel 工作表的公式中，要输入真分数，应先输入（　　）再按空格键，然后依次输入“1/8”。

A.“0”　　　　B.“$”

C.“&”　　　　D.“￡”

16．在 Excel 中，A1 单元格设定其数字格式为整数，当输入“33.51”时，显示为（　　）。

A．33.51　　　　B．33

C．34　　　　　　　　　　　　　　　　D．ERROR

17．在 Excel 中，不正确的单元格地址是（　　）。

A．C$66　　　　　　　　　　　　　　　B．$c66

C．C6$6　　　　　　　　　　　　　　　D．$C$66

18．在 Excel 中，某工作簿中有 Sheet1、Sheet2、Sheet3、Sheet4 共 4 张工作表，现在需要在 Sheet1 表中某一单元格中计算从 Sheet2 表的 B2 至 D2 各单元格中的数值之和，正确的公式写法是（　　）。

A．=SUM(Sheet2!B2C2D2)　　　　　　　B．=SUM(Sheet2.B2:D2)

C．=SUM(Sheet2/B2:D2)　　　　　　　D．=SUM(Sheet2!B2:D2)

19．如果 A1 至 A5 单元格中的值分别为“10”、“7”、“9”、“27”和“2”，则（　　）是正确的。

A．MAX(A1:A5)等于 10　　　　　　　B．MAX(A1:A5, 30)等于 30

C．MAX(A1:A5, 30)等于 27　　　　　D．MAX(A1:A5, 25)等于 25

20．在 Excel 中，如果单元格 A4 的值为 9，单元格 A6 的值为 4，单元格 A8 为公式“=IF(A4/3>A6, "OK", "GOOD")”，则单元格 A8 的值应当是（　　）。

A．OK　　　　　　　　　　　　　　　B．GOOD

C．#REF　　　　　　　　　　　　　　D．以上都不是

21．若在 A2 单元格中输入“=56>=57”，则显示结果为（　　）。

A．56<57　　　　　　　　　　　　　B．=56<57

C．TRUE　　　　　　　　　　　　　D．FALSE

22．在 Excel 中，单元格 A1 的内容为 112，单元格 B2 的内容为 593，则在单元格 C2 中应输入（　　），使其显示 A1+B2 的和。

A．=A1+B2　　　　　　　　　　　　　B．"A1+B2"

C．"=A1+B2"　　　　　　　　　　　　D．=SUM(A1:B2)

23．工作表的 A1 单元格和 B1 单元格的值分别为“北京邮电大学”、“计算机学院”，要求在 C1 单元格显示“北京邮电大学计算机学院”，在 C1 单元格中应输入的正确公式为（　　）。

A．="北京邮电大学"+"计算机学院"　　　B．=A1$B1

C．=A1＋B1　　　　　　　　　　　　D．=A1&B1

24．如果某单元格输入“="计算机文化"&"Excel"”，其结果为（　　）。

A．计算机文化＆Excel　　　　　　　B．"计算机文化"＆"Excel"

C．计算机文化 Excel　　　　　　　　D．以上都不对

25．在 Excel 工作表中，设有如下所示的数据及公式，现将 A5 单元格中的内容复制到 C5 单元格中，C5 单元格中的内容为（　　）。

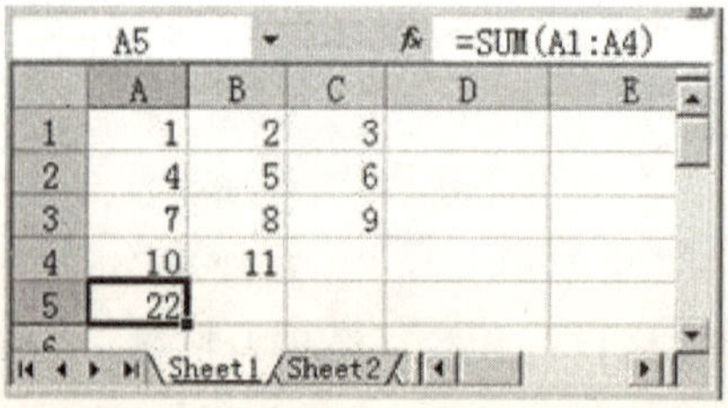

A5　　=SUM(A1:A4)

	A	B	C	D	E
1	1	2	3		
2	4	5	6		
3	7	8	9		
4	10	11			
5	22				

Sheet1 / Sheet2

A．18　　　　　　　　　　　　　　　B．22

C．24　　　　　　　　　　　　　　　D．#VALUE！

26．在单元格 F3 中输入公式“=SUM(F1:F2, F4:F6, C3:E3)”，如果将它复制到单元格 G5 中去，那么 G5 中的内容将是（　　）。

A．=SUM(F1:F2, F4:F6, C3:E3)　　　　B．=SUM(G1:G2, G4:G6, D3:F3)

C．=SUM(G3:G4, G6:G8, D5:F5)　　　　D．=SUM(G2:G3, G5:G7, D4:F4)

27．假设 A1 单元格中的数据为大写字母“ABCDEFGH”，B1 单元格的数据为大写字母“IJK”，C1 单元格的公式为“=MID(A1&B1, 9, LEN(B1))=B1”，则 C1 单元格的值为（　　）。

A．IJK　　　　　　　　　　　　　　B．0

C．False　　　　　　　　　　　　　D．True

28．假设 A1 单元格中的数据为大写字母“ABCDEF”，B1 单元格的数据为大写字母“DEF”，C1 单元格的公式为“=LEFT(A1, 3)=B1”，则 C1 单元格的值为（　　）。

A．DEF　　　　　　　　　　　　　　B．0

C．False　　　　　　　　　　　　　D．True

29．已知单元格 C1 中的值为“60”，单元格 D1 中的公式为“=IF(C1>=60, C1/10, C1*10)”，则单元格 D1 中的值为（　　）。

A．70　　　　　　　　　　　　　　B．1/7

C．6　　　　　　　　　　　　　　　D．700

30．在 A1:D1 单元格区域中依次输入了“1”、“2”、“3”和公式“=IF(MAX(A1:C1)^2>=9, 100,10)”，则单元格 D1 的值为（　　）。

A．100　　　　　　　　　　　　　　B．10

C．36　　　　　　　　　　　　　　D．4

31．在 A1:E1 单元格区域中依次输入了“1”、“2”、“3”、“AA”和公式“=COUNTIF(A1:D1, "<=3")”，则单元格 D1 的值为（　　）。

A．1　　　　　　　　　　　　　　　B．2

C．3　　　　　　　　　　　　　　　D．4

32．下面关于“删除”和“清除”的叙述中正确的是（　　）。

A．删除是指取消指定区域，清除只取消指定区域的内容

B．删除不可以恢复，清除可以恢复

C．进行删除操作时既可以选择“编辑/删除”，也可以按 Delete 键

D．删除某一单元时其他单元不移动，清除某一单元时其他单元要移动

33．如果将 B3 单元格中的公式“=C3+$D5”复制到同一工作表的 D7 单元格中，该单元格公式为（　　）。

A．= C3+$D5　　　　　　　　　　　B．= D7+$E9

C．= E7+$D9　　　　　　　　　　　D．= E7+$D5

34．设 B5 单元格中的公式为“SUM(B2:B4)”，将其复制到 D5 单元格后，公式变为（　　）。

A．SUM(B2:B4)　　　　　　　　　　B．SUM(B2:D5)

C．5UM(D5:B2)　　　　　　　　　　D．SUM(D2:D4)

35．调用 Excel 的无参数函数时，参数可以没有，但（　　）不可以没有。

A．逗号　　　　　　　　　　　　　B．分号

C．括号　　　　　　　　　　　　　　　　　D．冒号

36．若选中一个单元格后按 Delete 键，这是（　　）。

A．删除该单元格中的数据和格式　　　　　　B．删除该单元格

C．仅删除该单元格中的数据　　　　　　　　D．仅删除该单元格中的格式

37．为了取消分类汇总的操作，必须（　　）。

A．执行“开始”选项卡的“单元格”组中的“删除”命令

B．按 Delete 键

C．在分类汇总对话框中单击“全部删除”按钮

D．以上都不可以

38．当对建立的图表进行修改，下列叙述中正确的是（　　）。

A．先修改工作表的数据，再对图表做相应的修改

B．先修改图表中的数据点，再对工作表中相关数据进行修改

C．工作表的数据和相应的图表是关联的，用户只要对工作表的数据修改，图表就会相应更改

D．当在图表中删除了某个数据点时，则工作表中相关数据也被删除

39．在 Excel 中，产生图表的数据发生变化后，图表（　　）。

A．会发生相应的变化　　　　　　　　　　　B．会发生变化，但与数据无关

C．不会发生变化　　　　　　　　　　　　　D．必须进行编辑后才会发生变化。

40．选择表格中需要删除的数据区域，按 Delete 键即可（　　）。

A．删除工作表中的数据　　　　　　　　　　B．删除图表中的数据

C．删除工作表和图表中的数据　　　　　　　D．无任何变化

41．若要选定区域 A1:C5 和 D3:E5，应（　　）。

A．按鼠标左键从 A1 拖动到 C5，然后按鼠标左键从 D3 拖动到 E5

B．按鼠标左键从 A1 拖动到 C5，然后按住 Ctrl 键，并按鼠标左键从 D3 拖动到 E5

C．按鼠标左键从 A1 拖动到 C5，然后按住 Shift 键，并按鼠标左键从 D3 拖动到 E5

D．按鼠标左键从 A1 拖动到 C5，然后按住 Tab 键，并按鼠标左键从 D3 拖动到 E5

42．在单元格中输入“(123)”，则显示值为（　　）。

A．123　　　　　　　　　　　　　　　　　B．123

C．"123"　　　　　　　　　　　　　　　　D．(123)

43．在 Excel 中，双击列标右边界可以（　　）。

A．自动调整列宽　　　　　　　　　　　　　B．隐藏列

C．锁定列　　　　　　　　　　　　　　　　D．选中列

44．下列关于 Excel 中排序操作的叙述中，正确的是（　　）。

A．只能对数值型数据进行排序，不能对字符型数据进行排序

B．可以选择按数据值的升序或降序两种方式分别进行排序

C．只能按照一个“关键字”排序

D．一旦排序后就不能恢复原来的排列顺序

45．先单击第 1 张工作表标签，再按住 Ctrl 键后单击第 5 张工作表，则选中（　　）个工作表。

A．0　　　　B．1

C．2　　　　D．5

46．在 Excel 中，若要使用图片作为工作表的背景图案，可以选择（　　）选项卡来完成。

A．“插入”　　　　B．“页面布局”

C．“视图”　　　　D．“开始”

47．在 Excel 内置的 5 种条件规则中，（　　）规则可以帮助用户查看某个单元格相对于其他单元格的值。

A．数据条　　　　B．色阶

C．突出显示单元格　　　　D．图标集

48．在 Excel 中，要统计数值的总和，可以用下面的（　　）函数。

A．COUNT　　　　B．AVERAGE

C．MAX　　　　D．SUM

49．在 Excel 中，函数 COUNT("AB", "ABABGF", 1)的结果是（　　）。

A．0　　　　B．1

C．2　　　　D．#VALUE!

50．函数 AVERAGE(B1:B5)相当于求 B1:B5 单元格区域的（　　）。

A．平均值　　　　B．和

C．计数　　　　D．最大值

51．在 Excel 的工作表中，如果 B2、B3、B4、B5 单元格的内容分别为“4”、“3”、“5”、“=B2*B3-B4”，则 B5 单元格实际显示的内容是（　　）。

A．8　　　　B．7

C．5　　　　D．6

52．在公式中使用了（　　），那么无论如何改变公式的位置，其引用的单元格地址总是不变。

A．相对引用　　　　B．绝对引用

C．混合引用　　　　D．以上都不是

53．使用坐标$F$5 引用工作表 F 列第 5 行的单元格，称为对单元格坐标的（　　）。

A．绝对引用　　　　B．相对引用

C．混合引用　　　　D．交叉引用

54．Excel 中的文字连接符号为（　　）。

A．$　　　　B．&

C．%　　　　D．@

55．已知单元格 A1、B1、C1、A2、B2、C2 中分别存放数值“1”、“2”、“3”、“4”、“5”、“6”，单元格 D1 中存放着公式“=A1+$B$1+C1”，此时将单元格 D1 复制到 D2 中，则 D2 中的结果为（　　）。

A．6　　　　B．12

C．15　　　　D．#REF

56．用 Excel 可以创建各类图表，如条形图、柱形图等。为了显示数据系列中每一项占该系列数值总和的比例关系，应该选择（　　）图表。

A．条形图　　　　B．柱形图

C．饼图　　　　D．折线图

57．在 Excel 中，最适合用于显示随时间变化的趋势的图表类型是（　　）。

A．散点图　　　　B．折线图

C．柱形图　　　　D．饼图

58．用 Excel 可以创建各类图表，如条形图、柱形图等。为了描述特定时间内各项之间的差别情况，用于对各项进行比较，应该选择（　　）图表。

A．柱形图　　　　B．折线图

C．饼图　　　　D．面积图

59．用筛选条件“数学>60 分”或“总分>=248 分”对成绩数据进行筛选，则筛选结果为（　　）。

A．符合数学>60 分条件的数据

B．符合数学>60 分且总分>=248 分条件的数据

C．符合总分>248 分条件的数据

D．符合数学>60 分或总分>=248 分条件的数据

60．下列有关数据透视表的说法中，正确的是（　　）。

A．分类汇总之前必须先按关键项目排序，数据透视表也必须先按关键项目排序

B．分类汇总可同时计算多个数值型项目的小计数，数据透视表也可以同时计算多个数值型项目的小计数、总计数

C．分类汇总只能根据一个关键项目进行，数据透视表最多可以根据 3 个关键项目汇总

D．分类汇总的结果与原工作表在同一张工作表中，数据透视表也只能与原表混在一张表中，不能单独放在一张表中

61．在 Excel 中，关于分类汇总的错误叙述是（　　）。

A．分类汇总前数据必须按关键字段排序

B．分类汇总的关键字段只能是一个字段

C．汇总方式只能是求和

D．分类汇总可以删除

62．下列有关分类汇总的方法中，错误的是（　　）。

A．正如排序一样，分类汇总中分类字段可以为多个

B．分类汇总时，汇总方式最常见的是求和，除此之外还有计数、平均值、最大值、最小值等

C．分类汇总时选定汇总项一般要选择“数值型”项目，即“文本型”、“日期型”项目最好不选

D．分类汇总的结果可以与原表的数据在同一张工作表中，汇总结果数据也可以部分删除或全部删除

63．在 Excel 的数据库中，自动筛选是对（　　）进行条件选择的筛选。

A．记录　　　　B．字段

C．行号　　　　D．列号

64．已知某工作表中有“姓名”、“成绩”等字段名，现已对该工作表建立了自动筛选，下列说法中正确的是（　　）。

A．可以筛选出“成绩”为前 5 名或后 5 名的成绩

B．可以筛选出“姓名”的第二个字为“利”的所有名字

C．可以同时筛选出“成绩”在 90 分以上与 60 分以下的所有成绩

D．不可以筛选出“姓名”的第一个字为“张”，同时成绩为 80 分以上的成绩

65．在 Excel 2016 中，若要为工作表添加页眉和页脚，可以进行的操作是（　　）。

A．在“页面设置”对话框中选择“页边距”选项卡

B．在“页面设置”对话框中选择“页眉/页脚”选项卡

C．只能执行“打印→打印预览”命令，在预览窗口中进行

D．以上四项均不对

66．当工作簿中含有多张工作表，或工作表包含多页时，可以通过设置（　　），选择部分工作表或工作表的部分页面进行打印。

A．打印范围　　B．打印内容

C．打印份数　　D．打印机

67．（　　）是工作表中的小方格，它是工作表中的基本元素，也是 Excel 独立操作的最小单位。

A．单元格区域　　B．单元格

C．任务窗格　　D．工作表标签

68．以下方法中，无法退出 Excel 2016 的是（　　）。

A．双击 Excel 工作界面的标题栏

B．单击 Excel 2016“文件”选项卡中的“关闭”命令

C．单击 Excel 2016 操作界面中标题栏右侧的“关闭”按钮

D．按 Ctrl+F4 组合键

69．以下关于工作表的操作，叙述错误的是（　　）。

A．双击工作表标签，可以重命名工作表

B．可以将工作表移动至其他工作簿中

C．无法使用密码来保护工作表

D．可以修改工作表标签的颜色

70．在向单元格输入文字或数据时，出现一些单元格中显示的是一串“#”，而在编辑栏中却能看见对应单元格数据的情况，应（　　）解决。

A．设置对齐格式　　B．设置底纹

C．增大列宽　　D．减小列宽

71．以下关于 Excel 2016 中单元格样式的说法中，错误的是（　　）。

A．样式是字体、字号和缩进等格式设置特性的组合，应用样式时，将同时应用该样式中所有的格式设置指令

B．套用单元格样式前，先选择样式，再选择要套用样式的单元格

C．除了套用内置的单元格样式外，用户还可以创建自定义的样式

D．在单元格样式菜单中右键单击样式，在弹出的快捷菜单中选择“删除”命令，即可

删除该样式

72．若 A1 单元格中的数值为 22，B1 单元格中为 23，则 C1 单元格的公式为（　　）时，值为 FALSE。

A．A1<>B1　　　　B．A1<B1

C．A1=B1　　　　D．A1<=B1

73．下面关于公式的基本操作的叙述中，错误的是（　　）。

A．选择单元格后，可以在编辑栏中修改其中的公式

B．为了方便用户检查公式的正确性，可以设置在单元格中显示公式

C．复制公式与相对引用结合使用，可以提高输入公式的效率

D．在删除单元格中的公式后，无法保留已经计算好的结果

74．在设置分级显示功能时，需要使用 Excel 2016 的（　　）功能。

A．数据排序　　　　B．数据筛选

C．分类汇总　　　　D．分列

75．以下关于设置数据透视表选项的操作，描述错误的是（　　）。

A．在“值字段设置”对话框中可以设置字段的汇总方式

B．可以将数据透视表移动至同一工作簿的不同工作表中

C．设置数据透视表的设计、布局和格式的方法与普通图表相同

D．创建数据透视表后，无法修改外部数据源

76．筛选时将条件放置于一行中，表示条件的逻辑关系为（　　），即筛选两个条件全部满足的记录。

A．与　　　　B．或

C．等于　　　　D．以上都不是

77．在筛选时，如果同时对两个或两个以上的字段进行筛选，筛选结果将是（　　）的记录。

A．满足两个筛选条件　　　　B．满足两个以上筛选条件

C．同时满足所有筛选条件　　　　D．以上都不对

78．使用分类汇总功能，应单击“数据”选项卡中（　　）组的“分类汇总”按钮。

A．排序和筛选　　　　B．数据工具

C．分级显示　　　　D．以上都不是

79．合并计算只对（　　）数据有效。

A．日期和时间　　　　B．文本型

C．货币型　　　　D．数值型

80．选择图表的数据区域时，要注意所选数据区域中要包括（　　），以使生成的图表可以有效地标志数据。

A．上表头和左表头　　　　B．上表头和标题

C．标题和左表头　　　　D．以上都不对

81．数据透视表是一种对大量数据快速汇总和建立交叉列表的（　　）表格。

A．交互式　　　　B．汇总

C．明细　　　　D．统计

82．删除公式保留结果的操作如下：单击“开始”选项卡的“剪贴板”组中的“粘贴”的下拉按钮，从中选择“选择性粘贴”选项，弹出“选择性粘贴”对话框，在“粘贴”选项区中选择（　　）单选按钮。

A．公式　　B．数值

C．格式　　D．以上都不是

83．Excel 2016 会自动使用分页符分页，其位置取决于（　　）。

A．纸张大小　　B．页边距

C．打印比例　　D．以上都是

84．打印时可以选择的打印目标包括（　　）。

A．工作簿　　B．工作表

C．工作表某个区域　　D．以上都对

85．在 Excel 中，某个单元格显示为“#####”，其原因可能是（　　）。

A．公式中有被 0 除的内容　　B．与之有关的单元格数据被删除了

C．单元格行高或列宽不够　　D．输入的数据格式不对

86．在 Excel 中，某个单元格显示为“#DIV/0!”，其原因可能是（　　）。

A．公式中有被 0 除的内容　　B．与之有关的单元格数据被删除了

C．单元格行高或列宽不够　　D．输入的数据格式不对

87．在 Excel 中，某个单元格显示为“#REF!”，其原因可能是（　　）。

A．公式中有被 0 除的内容

B．与之有关的单元格数据被删除了

C．单元格行高或列宽不够

D．输入的数据格式不对

88．如果单元格 A1 中值为“6”，单元格 A2 中值为“计算机”，在单元格 A3 中输入公式“=A1+A2”，则 A3 返回值为（　　）。

A．#NAME?　　B．#VALUE!

C．#NUM!　　D．#N/A

三、填空题

1．新建 Excel 2016 的方法除了可以单击快速启动工具栏上的“新建”按钮外，还可以按______组合键。

2．Excel 2016 文件的扩展名为______，Excel 97-2003 工作簿的扩展名为______。

3．默认的 Excel 工作簿有______个工作表。

4．当启动 Excel 时，系统会自动创建一个工作簿，该工作簿的默认名称为______。

5．打开工作簿的方法，除了可以单击“文件”选项卡中的“打开”命令外，还可以按组合键______。

6．一次性关闭所有打开的工作簿的方法为：打开“文件”选项卡，执行______命令。

7. 在 Excel 工作表中输入当前日期应按组合键______，输入当前时间应按组合键______。

8．在 Excel 工作表中单击______可以选择整列，单击______可以选择整行。

9．在单元格中输入文本信息时，其默认的单元格对齐方式为______。

10．若在单元格中输入“14/5”，则在编辑栏中显示______。

11．函数 AVERAGE(A1:A3)相当于用户输入的______公式。

12．每个存储单元有一个地址，由______与______组成，如 F4 表示______列第______行的单元格。

13．若要输入真分数“1/3”，在单元格中应输入______。

14．COUNT (1, 2, "中国")的值为______。

15．求最大值的函数是______，求最小值的函数是______。

16．使用单元格地址创建公式时默认的引用类型是______。

17．要选定相邻的工作表，必须先单击想要选定的第一张工作表的标签，按住组合键______，然后单击最后一张工作表的标签即可。

18．若要选定不相邻的工作表，应该先单击想要选定的第一张工作表的标签，按住_____键，然后单击想要选定的不相邻的工作表即可。

19．在编辑 Excel 工作表时，利用______能够将某个单元格的格式应用到其他单元格或单元格区域中。

20．若希望利用功能区为单元格添加边框，可以在“开始”选项卡的______组中完成。

21．在“设置单元格格式”对话框中，可以通过______选项卡设置单元格的底纹效果。

22．当数字除以零时，将出现________错误信息；当公式或函数中使用了无效的数值时，将出现________错误信息。

23．在进行分类汇总之前，首先应对数据进行______。

24．______主要用于设置单元格中输入数据的权限范围，可以确保数据录入的正确性和完整性。

25．在进行页面设置时，用户可以选择使用的纸张方向有______和______两种。

26．_______是指打印工作表时，数据区域的边界与纸张上、下、左、右边缘的距离。

27．使用 Excel 的______功能可以在打印报表之前查看工作表的制作效果。

28．工作簿、工作表与单元格之间的关系是包含与被包含的关系，即_____由多个_____组成，而______又包含一个或多个______。

29．在工作表中插入行后，原位置的行会自动向______移动，插入列后，原位置列会自动向_____移动。

30．如要突出显示工作表中满足条件的单元格，则需要使用______功能。

31．当要引用的公式与包含公式的单元格的位置无关时，可以使用______引用方式。

32．使用高级筛选功能，必须先建立一个______，用来指定筛选的数据所满足的条件。

33．Excel 只能将______数据放置到合并单元格中，其他单元格中若含有数据，在合并单元格时将被删除。

34．在进入单元格的编辑状态后，也可以使用_______重新定位光标的位置。

35．可以使用“开始”选项卡的______组中的“对齐”按钮快速对齐文本和数字。

36．使用“自动换行”命令只对_______有效。

37. 自动筛选在筛选时将不满足筛选条件的数据________，只显示符合条件的数据。

38. 创建数据透视表，可以执行_______选项卡中的“数据透视表”命令。

39. 如果某个函数作为另一个函数的参数使用，则称为________。

40. ______逻辑函数用来检查两条或多条逻辑表达式是否全部都不满足条件。

41. 在 Excel 2016 中可以轻松计算某一指定日期是星期几，该函数是______。

42. 函数 NOW 可以显示______。

43. ______只能表现一个数据系列，而堆积饼图和圆环图则可以使用多个数据系列，用于描述多个数据系列的比例和构成信息。

四、简答题

1. 工作簿与工作表之间的关系如何？一个工作簿最多能包含多少个工作表？
2. 不连续的表格区域的选定是如何操作的？
3. 如何移动、复制、删除一个工作表？
4. 如何命名一个区域？
5. 如何删除单元格？
6. 如何清除一个单元格或多个单元格中的内容？
7. 清除与删除单元格有什么不同？
8. 如何隐藏行或列？如何取消隐藏？
9. 如何解决长数字输入问题？
10. 如何进行选择性输入？
11. 如何使用条件格式化单元格？
12. 如何设置工作表中的背景图？
13. Excel 中的公式引用类型有哪些？
14. 常见的公式错误有哪些？如何解决？
15. 常用的 Excel 函数有哪些？
16. 如何使用 IF 函数？
17. 为什么要使用冻结窗格功能？如何冻结窗格？
18. 如何重复打印标题？
19. 如何自动筛选数据？
20. 如何使用筛选功能批量删除空行？
21. 简述进行排序的步骤。
22. 简述进行分类汇总的步骤。
23. 简述图表的建立方法。
24. 图表类型有哪些？各种类型的图表分别适用于何种情况？
25. 如何更改图表类型？
26. 如何添加和删除图表中的数据系列？
27. 同一 Excel 数据源如何同时使用多种图表类型？
28. 如何为数据系列添加趋势线？
29. 如何创建数据透视表？

30．如何保护工作表中的数据？工作簿与工作表之间的关系如何？一个工作簿最多能包含多少个工作表？

31．不连续的表格区域的选定是如何操作的？

32．如何移动、复制、删除一个工作表？

33．如何命名一个区域？

34．如何删除单元格？

第 5 章　文稿演示软件 PowerPoint 2016

一、判断题

1. PowerPoint 2016 可以直接打开 PowerPoint 2003 制作的演示文稿。

2. PowerPoint 2016 的功能区中的命令不能进行增加和删除。

3. PowerPoint 2016 的功能区包括快速访问工具栏、选项卡和工具组。

4. 在 PowerPoint 2016 的审阅选项卡中可以进行拼写检查、语言翻译、中文简繁体转换等操作。

5. 在 PowerPoint 2016 中，“动画刷”工具可以快速设置相同的动画。

6. 在 PowerPoint 2016 的视图选项卡中，演示文稿视图有普通视图、幻灯片浏览、备注页和阅读模式四种模式。

7. 在 PowerPoint 2016 的“设计”选项卡中可以进行幻灯片页面设置、主题模板的选择和设计。

8. 在 PowerPoint 2016 中可以对插入的视频进行编辑。

9.“删除背景”工具是 PowerPoint 2016 中新增的图片编辑功能。

10. 在 PowerPoint 2016 中，可以将演示文稿保存为 Windows Media 视频格式。

11. 演示文稿广播时只能是纯文本，不包含音频和视频。

12. PowerPoint 提供的设计模板只包含预定义的各种格式，不包含实际文本内容。

13. PowerPoint 在放映幻灯片时，必须从第一张幻灯片开始放映。

14. 使用幻灯片母板的作用是进行全局设置和修改，并使该更改应用到演示文稿的所有幻灯片。

二、选择题

1. PowerPoint 2016 演示文稿的扩展名是（　　）。

A. .ppt　　B. .pptx

C. .xslx　　D. .docx

2. 要进行幻灯片页面设置、主题选择，可以在（　　）选项卡中操作。

A. 开始　　B. 插入

C. 视图　　D. 设计

3. 要对幻灯片母版进行设计和修改，应在（　　）选项卡中操作。

A. 设计　　B. 审阅

C. 插入　　D. 视图

4. 从当前幻灯片开始放映幻灯片的快捷键是（　　）。

A. Shift+F5　　B. Shift+F4

C. Shift+F3　　D. Shift+F2

5．从第一张幻灯片开始放映幻灯片的快捷键是（　　）。

A．F2　　B．F3

C．F4　　D．F5

6．要设置幻灯片中对象的动画效果以及动画的出现方式，应在（　　）选项卡中操作。

A．切换　　B．动画

C．设计　　D．审阅

7．要设置幻灯片的切换效果以及切换方式，应在（　　）选项卡中操作。

A．开始　　B．设计

C．切换　　D．动画

8．要对幻灯片进行保存、打开、新建、打印等操作，应在（　　）选项卡中操作。

A．文件　　B．开始

C．设计　　D．审阅

9．要在幻灯片中插入表格、图片、艺术字、视频、音频等元素，应在（　　）选项卡中操作。

A．文件　　B．开始

C．插入　　D．设计

10．要让 PowerPoint 2016 制作的演示文稿在 PowerPoint 2003 中放映，必须将演示文稿的保存类型设置为（　　）。

A．PowerPoint 演示文稿（*.pptx）　　B．PowerPoint 97-2003 演示文稿（*.ppt）

C．XPS 文档（*.xps）　　D．Windows Media 视频（*.wmv）

11．幻灯片的母版设置可以起到（　　）作用。

A．统一整套幻灯片的风格　　B．统一页码

C．统一图片内容　　D．统一标题内容

12．（　　）菜单项是 PowerPoint 特有的。

A．视图　　B．工具

C．幻灯片放映　　D．页面布局

13．要修改幻灯片中文本框中的内容，应该（　　）。

A．首先删除文本框，再重新插入一个文本框

B．选中该文本框中所要修改的内容，然后重新输入文字

C．重新选择带有文本框的版式，再向文本框内输入文字

D．用新插入的文本框覆盖原文本框

14．将鼠标指针指向幻灯片中的文本，（　　）可用于选择文本。

A．单击鼠标左键　　B．双击鼠标左键

C．单击鼠标右键　　D．双击鼠标右键

15．Microsoft Office Backstage 视图替换了 PowerPoint 97-2003 版的传统文件菜单，通过改进的功能区、快速访问常用命令，共享和发布演示文稿、（　　）等，可以充分体现使用者个性化的风格。

A．创建自定义选项卡　　B．保存文件

C．查找和替换文档内容　　D．提供动作路径

16．在 PowerPoint 2016 中，下列关于图片来源的说法中，错误的是（　　）。

A．来自文件的图片　　B．来自 SmartArt 图形

C．来自打印机的图片　　D．剪贴画中的图片

17．PowerPoint 2016 的占位符是（　　）。

A．一个用来制定特定幻灯片位置的书签　B．在备注页视图中用来存放图片的位置

C．在幻灯片上为各种对象指定的位置　　D．一个待完成的空白幻灯片

18．在下列方法中，（　　）方法不能实现制作 PowerPoint 2016 幻灯片模板操作。

A．使用样本模板　　B．使用“内容向导”建立模板

C．在空白的幻灯片中自己设计模板　　D．更改已经应用的设计模板并保存为新模板

19．PowerPoint 2016 演示文稿可包含音视频文件，如果用电子邮件发送该演示文稿，为了确保他人在收到后能成功播放，建议在发送前执行（　　）操作。

A．对音视频文件加密　　B．转换为 PDF 类型文件

C．转换为 Word 类型文件　　D．优化演示文稿中媒体的兼容性

20．在幻灯片间切换中，可以设置幻灯片切换的（　　）。

A．强调效果　　B．方向

C．退出效果　　D．换片方式

21．在联机广播放映幻灯片时，播放演示文稿的所有切换在浏览器中显示为（　　）。

A．擦除切换　　B．淡出切换

C．闪光切换　　D．切出切换

22．使用 PowerPoint 2016 中的“广播幻灯片”操作步骤是，使用前单击“广播幻灯片”，然后发“启动广播”命令，稍后 PowerPoint 将会自动分配给用户一个（　　），将其发送给其他接收者，以便能与主机同步观看正在播放的幻灯片，人们可以在浏览器中远程观看幻灯片，而不需要安装任何软件。

A．安装 SharePoint 序列号　　B．Windows Live ID 注册号

C．安装 PowerPoint 2016 序列号　　D．共享网址

23．在下列方法中，（　　）方法不能实现创建 PowerPoint 2016 演示文稿的操作。

A．利用模板　　B．利用“文件”菜单

C．利用母版　　D．利用空演示文稿

24．若要在打开的当前幻灯片上反映实际的日期和时间，可在“插入”选项卡上的“文本”组中，勾选“日期和时间”项，在弹出的页眉页脚对话框中后，应使用（　　）。

A．勾选“固定”项　　B．勾选“固定”项

C．取消勾选“日期和时间”项　　D．勾选“自动更新”项

25．PowerPoint 2016 在 SmartArt 图形中可为组织结构图添加动画效果，以突出每个框、每个分支或每个层次结构级别。例如，要达到同时显示同一级别的所有形状并逐步显示下一级别的形状的动画效果，可在“动画”选项卡上的“效果选项”中单击对话框启动器，在其 SmartArt 图形标签中的“组合图形”框内选中（　　）。

A．一次级别　　B．整批发送

C．成为一个对象　　D．逐个级别

26．在 PowerPoint 2016 中，要插入一个在各张幻灯片中相同位置显示的小图片，应进行

的设置是（　　）。

A．幻灯片切换　　B．自定义动画

C．配色方案　　D．幻灯片母版

27．为了使所有幻灯片有统一的、特有的外观风格，可通过设置（　　）操作实现。

A．母版　　B．幻灯片切换

C．幻灯片版式　　D．配色方案

28．除了微软默认的 PowerPoint 广播服务器以外，用户也可选择其他服务器来广播放映幻灯片，请在“添加广播服务”对话框中，输入（　　）地址。

A．提供服务的公司　　B．提供服务的 E-mail

C．提供服务的 URL　　D．提供服务的 FTP

29．在 PowerPoint 2016 中，下列说法中错误的是（　　）。

A．在文档中可以插入音乐（如 CD 乐曲）

B．在文档中可以插入声音（如掌声）

C．在文档中可以插入影片

D．在文档中插入多媒体内容后，放映时只能自动放映，不能手动放映

30．进入幻灯片母版的方法是（　　）。

A．在“文件”选项卡上选择“新建”命令项下的“样本模块”

B．在“视图”选项卡上单击“幻灯片母版”按钮

C．在“设计”选项卡上选择一种主题

D．在“视图”选项卡上单击“幻灯片浏览器视图”按钮

31．在 PowerPoint 的（　　）视图中，可以轻松地按顺序组织幻灯片，进行插入、删除、移动等操作。

A．备注页视图　　B．浏览视图

C．幻灯片视图　　D．黑白视图

32．PowerPoint 的“动画”菜单具有的功能是（　　）。

A．可以调整幻灯片顺序　　B．可以设置动画效果

C．可以设置声音　　D．以上都对

33．PowerPoint 2016 的“设置幻灯片放映方式”不可以设置（　　）。

A．动画效果　　B．时间和顺序

C．动作的循环播放　　D．多媒体设置

34．在 PowerPoint 文档中能添加下列哪些对象（　　）。

A．Excel 图表　　B．电影和声音

C．Flash 动画　　D．以上都对

35．超链接只有在（　　）中才能被激活。

A．幻灯片视图　　B．大纲视图

C．幻灯片浏览视图　　D．幻灯片放映视图

36．在幻灯片浏览视图中，（　　）操作无法进行。

A．插入幻灯片　　B．删除幻灯片

C．改变幻灯片的顺序　　D．编辑幻灯片中的占位符的位置

37. 在 PowerPoint 2016 中，从当前幻灯片开始放映的快捷键说法中正确的是（　　）。

A. F2　　B. F5

C. Shift+F5　　D. Ctrl+P

38. 在 PowerPoint 2016 中，使用格式刷，将格式传递给多处文本的正确方法是（　　）。

1. 双击“格式刷”按钮
2. 用格式刷选定想要应用格式的文本
3. 选定具备所需格式的文本

A. 123　　B. 321

C. 132　　D. 312

39. 当双击某文件夹的一个 PowerPoint 文档时，就直接启动该文档的播放模式，这说明（　　）。

A. 这是 PowerPoint 2016 的新增功能

B. 在操作系统中进行了某种设置操作

C. 该文档是 PPSX 类型，属于放映类型文档

D. 以上说法都对

40. 幻灯片的母版设置可以起到（　　）的作用。

A. 统一整套幻灯片的风格　　B. 统一标题内容

C. 统一图片内容　　D. 统一页码

41. PowerPoint 2016 中，在（　　）母版中插入徽标可以使其在每张幻灯片上的位置自动保持相同。

A. 讲义母版　　B. 幻灯片母版

C. 标题母版　　D. 备注母版

42. PowerPoint 2016 中的段落对齐有（　　）种。

A. 3　　B. 4

C. 5　　D. 6

43. 在 PowerPoint 2016 中，快速复制一张同样的幻灯片，快捷键是（　　）。

A. Ctrl+C　　B. Ctrl+X

C. Ctrl+V　　D. Ctrl+D

44. 在幻灯片视图窗格中，要删除选中的幻灯片，不能实现的操作是（　　）。

A. 按键盘上的 Del 键　　B. 按键盘上的 BackSpace 键

C. 右键菜单中的“隐藏幻灯片”命令　　D. 右键快捷菜单中的“删除幻灯片”命令

45. PowerPoint 2016 母版有（　　）种。

A. 3　　B. 4

C. 5　　D. 6

46. 在 PowerPoint 2016 中，如果一组幻灯片中的几张暂时不想让观众看见，最好使用（　　）方法。

A. 隐藏这些幻灯片　　B. 删除这些幻灯片

C. 新建一组不含这些幻灯片的演示文稿　　D. 自定义放映方式时，取消这些幻灯片

47. 讲义母版包含（　　）个占位符控制区。

A．3　　　　　　　　　　　　　　　　B．4

C．5　　　　　　　　　　　　　　　　D．6

48．关于 PowerPoint 2016 的母版，以下说法中错误的是（　　）。

A．可以自定义幻灯片母版的版式

B．可以对母版进行主题编辑

C．可以对母版进行背景设置

D．在母版中插入图片对象后，在幻灯片中可以根据需要进行编辑

49．以下说法中正确的是（　　）。

A．没有标题文字，只有图片或其他对象的幻灯片，在大纲中是不反映出来的

B．大纲视图窗格是可以用来编辑修改幻灯片中对象的位置

C．备注页视图中的幻灯片是一张图片，可以被拖动

D．对应于四种视图，PowerPoint 有四种母版

50．幻灯片中占位符的作用是（　　）。

A．表示文本的长度　　　　　　　　　B．限制插入对象的数量

C．表示图形的大小　　　　　　　　　D．为文本、图形预留位置

51．在 PowerPoint 2016 中，默认的视图模式是（　　）。

A．普通视图　　　　　　　　　　　　B．阅读视图

C．幻灯片浏览视图　　　　　　　　　D．备注视图

52．下列幻灯片元素中，（　　）无法打印输出。

A．幻灯片图片　　　　　　　　　　　B．幻灯片动画

C．母版设置的企业标记　　　　　　　D．幻灯片

53．在大纲视图窗格中输入演示文稿的标题时，执行（　　）操作，可以在幻灯片的大标题后面输入小标题。

A．快捷菜单中的“升级”　　　　　　B．快捷菜单中的“降级”

C．快捷菜单中的“上移”　　　　　　D．快捷菜单中的“下移”

54．某文字对象设置了超链接后，不正确的说法是（　　）。

A．在演示该页幻灯片时，当鼠标指针移到文字对象上会变成手形

B．在幻灯片视图窗格中，当鼠标指针移到文字对象上会变成手形

C．该文字对象的颜色会默认的主题效果显示

D．可以改变文字的超链接颜色

55．“横向分布”针对（　　）个及以上的对象。

A．2　　　　　　　　　　　　　　　　B．3

C．4　　　　　　　　　　　　　　　　D．5

56．关于 PowerPoint 的自定义动画功能，以下说法中错误的是（　　）。

A．各种对象均可设置动画　　　　　　B．动画设置后，先后顺序不可改变

C．同时可配置声音　　　　　　　　　D．可将对象设置成播放后隐藏

57．在 PowerPoint 2016 中，“自定义动画”的添加效果是（　　）。

A．进入，退出　　　　　　　　　　　B．进入，强调，退出

C．进入，强调，退出，动作路径　　　D．进入，退出，动作路径

58. 在 PowerPoint 2016 中，把文本从一个地方复制到另一个地方的顺序是（　　）。a. 单击“复制”按钮；b. 选定文本；c. 将光标置于目标位置；d. 单击“粘贴”按钮

A．abcd　　B．cbad

C．bacd　　D．bcad

59. 在 PowerPoint 2016 中，要将制作好的幻灯片打包，应在（　　）选项卡中操作。

A．开始　　B．插入

C．文件　　D．设计

60. 在创建的幻灯片中，带有虚线边框的文本框是（　　）。

A．占位符　　B．文本框

C．形状　　D．边界框

61. 在幻灯片中添加的批注在（　　）的时候不会显示出来。

A．编辑幻灯片　　B．复制幻灯片

C．幻灯片放映　　D．删除幻灯片

62. 在 PowerPoint 2016 中，复制幻灯片的方法有（　　）种。

A．9　　B．12

C．1　　D．3

63. 若要在调整图像时保持中心位置不变，可在拖动控制点的同时按住（　　）键。

A．Enter　　B．Ctrl

C．Del　　D．Tab

64. 在放映幻灯片时，用户可以通过（　　）键切换到下一张幻灯片。

A．Enter　　B．Ctrl

C．Shift　　D．AIt

65. 使用“在展台浏览（全屏幕时）”单选按钮放映类型时，可以让幻灯片自动循环放映，按（　　）键才终止放映。

A．Tab　　B．Del

C．Ctrl　　D．Esc

66. 在 PowerPoint 的幻灯片浏览视图下，按住 Ctrl 键并拖动某幻灯片，可以完成（　　）操作。

A．移动幻灯片　　B．选定幻灯片

C．删除幻灯片　　D．复制幻灯片

67. 在 PowerPoint 2016 中，没有的对齐方式是（　　）。

A．向上对齐　　B．右对齐

C．分散对齐　　D．两端对齐

68. 如要终止幻灯片的放映，可直接按（　　）键。

A．Esc　　B．Ctrl+F4

C．Ctrl+C　　D．End

69. 在 PowerPoint 2016 中，下列有关保存演示文稿的说法中正确的是（　　）。

A．只能保存为 .pptx 格式的演示文稿　　B．能够保存为 .docx 格式的文档文件

C．不能保存为 .gif 格式的图形文件　　D．能够保存为 .ppt 格式的演示文稿

70．在 PowerPoint 2016 中，执行了插入新幻灯片的操作，被插入的幻灯片将出现在（　　）。

A．当前幻灯片之后　　B．当前幻灯片之前

C．最后　　D．最前

71．在 PowerPoint 中，用文本框工具在幻灯片中添加文本，何时表示可添加文本（　　）。

A．状态栏出现可输入字样　　B．主程序发出音乐提示

C．在文本框中出现一个闪烁的竖线　　D．文本框变成高亮度

72．在 PowerPoint 中，如何插入表格（　　）。

A．将光标移到要插入表格处，单击“插入”选项卡的“表格”组，插入所需表格即可

B．将光标移到要插入表格处，单击“开始”选项卡的“表格”组，插入所需表格即可

C．将光标移到要插入表格处，单击“视图”选项卡的“表格”组，插入所需表格即可

D．将光标移到要插入表格处，单击“动画”选项卡的“表格”组，插入所需表格即可

73．在 PowerPoint 中，怎样在自选的图片上添加文本（　　）。

A．在图片上插入文本框，在其中插入文字即可

B．直接在图形上编辑

C．另存到图像编辑器编辑

D．选中图片，在右键菜单中选择添加文本

74．如何隐藏幻灯片（　　）。

A．在大纲窗格的幻灯片视图中，右键单击要隐藏的幻灯片，然后选择“隐藏幻灯片”

B．在“开始”选项卡中选择“隐藏幻灯片”

C．在“插入”选项卡中选择“隐藏幻灯片”

D．在“视图”选项卡中选择“隐藏幻灯片”

75．在 PowerPoint 中，用自选形状的图形（流程图中的矩形、箭头等）在幻灯片中添加文本时，从“（　　）”选项卡开始。

A．视图　　B．插入

C．格式　　D．动画

76．在 PowerPoint 中，选择幻灯片中的文本时，应该用鼠标怎样操作（　　）。

A．用鼠标选中文本框，再按复制

B．在编辑菜单栏中选择“全选”菜单

C．将鼠标点在所要选择的文本的前方，按住鼠标右键不放并拖动至所要位置

D．将鼠标点在所要选择的文本的前方，按住鼠标左键不放并拖动至所要位置

77．在 PowerPoint 中，加密演示文稿的方法是（　　）。

A．选择“文件”→“信息”→“保护演示文稿”→“用密码进行加密”

B．选择“文件”→“保存”→“保护演示文稿”→“用密码进行加密”

C．选择“开始”→“信息”→“保护演示文稿”→“用密码进行加密”

D．选择“插入”→“信息”→“保护演示文稿”→“用密码进行加密”

78．新建批注命令在“（　　）”选项卡中。

A．开始　　B．审阅

C．插入　　D．设计

79. 在 PowerPoint 中，如果要复制一个幻灯片的文字到另一个幻灯片，会（　　）。

A. 操作系统进入死锁状态　　B. 文本无法复制

C. 文本复制正常　　D. 文本会丢失

80. 在 PowerPoint 中，要将剪贴板上的文本插入到指定文本段落，下列操作中可以实现的是（　　）。

A. 将光标置于想要插入的文本位置，然后在“开始”选项卡中单击“粘贴”按钮

B. 将光标置于想要插入的文本位置，然后在“开始”选项卡中单击“插入”按钮

C. 将光标置于想要插入的文本位置，使用快捷键 Ctrl+C

D. 将光标置于想要插入的文本位置，使用快捷键 Ctrl+T

81. 在 PowerPoint 中，要将所选的文本存入剪贴板上，下列操作中无法实现的是（　　）。

A. 单击“开始”选项卡中的复制　　B. 右键选择复制按钮

C. 使用快捷键 Ctrl+C　　D. 使用快捷键 Ctrl+T

82. 在 PowerPoint 中，下列有关移动和复制文本的叙述中，不正确的是（　　）。

A. 文本在复制前，必须先选定　　B. 文本复制的快捷键是 Ctrl+C

C. 文本的剪切和复制没有区别　　D. 文本能在多张幻灯片间复制

83. 在 PowerPoint 中，设置文本的字体时，下列选项中不属于效果选项的是（　　）。

A. 下画线　　B. 闪烁

C. 加粗　　D. 文字阴影

84. 在 PowerPoint 中，设置文本的字体时，（　　）中文字体不常在列表中。

A. 宋体　　B. 黑体

C. 隶书　　D. 草书

85. 在 PowerPoint 中，下列关于设置文本的段落格式的叙述中，正确的是（　　）。

A. 图片不能作为项目符号

B. 设置文本的段落格式时，要从“插入”选项卡进入

C. 行距可以是任意值

D. 以上说法都不对

86. 在 PowerPoint 中，设置文本的段落格式的间距时，（　　）中的不属于间距内容。

A. 行距　　B. 段前

C. 段中　　D. 段后

87. 通过“背景样式”可对演示文稿进行背景的颜色的设置，打开“背景样式”选项的正确方法是（　　）。

A. 选中“插入”选项卡中的“背景样式”命令

B. 选中“设计”选项卡中的“背景样式”命令

C. 选中“动画”选项卡中的“背景样式”命令

D. 选中“开始”选项卡中的“背景样式”命令

88. 在 PowerPoint 中，需要插入数学公式时，应该（　　）。

A. 选择“视图”→“公式”　　B. 选择“插入”→“公式”

C. 选择“设计”→“公式”　　D. 选择“开始”→“公式”

89. 对某张幻灯片进行了隐藏设置后，则（　　）。

A．在备注页视图中，该张幻灯片被隐藏了

B．在普通视图中，该张幻灯片被隐藏了

C．在幻灯片浏览视图状态下，该张幻灯片被隐藏了

D．在幻灯片演示状态下，该张幻灯片被隐藏了

90．在 PowerPoint 中设置文本间的行距时，先选中文本，右键菜单中选择段落，在弹出的对话框中调整（　　）即可。

A．字体　　　　B．字体对齐方式

C．段落　　　　D．分行

91．在 PowerPoint 中，设置文本的段落格式的行距时，设置的行距值是指（　　）。

A．文本中行与行之间的距离用相对的数值表示其大小

B．行与行之间的实际距离，单位是毫米

C．行间距在显示时的像素个数

D．以上答案都不对

92．在 PowerPoint 的插入图片操作的叙述中，不正确的是（　　）。

A．在幻灯片浏览视图中，可直接复制图片到幻灯片中

B．PowerPoint 中，插入图片操作也可以从插入选项卡开始

C．插入图片的路径可以是本地也可以是网络驱动器

D．图片可直接复制到幻灯片中

93．在 PowerPoint 中，插入图片操作中，描入的图片必须满足一定的格式，下列选项中不属于图片格式的后缀是（　　）。

A．bmp　　　　B．gif

C．jpg　　　　D．mps

94．“排练计时”命令在（　　）选项卡中。

A．幻灯片放映　　　　B．插入

C．设计　　　　D．切换

95．若计算机没有接打印机，PowerPoint 将（　　）。

A．不能进行幻灯片的放映，不能打印

B．可以进行幻灯片的放映，不能打印

C．按文件类型，有的能进行幻灯片的放映，有的不能进行幻灯片的放映

D．按文件大小，有的能进行幻灯片的放映，有的不能进行幻灯片的放映

96．在 PowerPoint 中有关插入图片的叙述中，正确的有（　　）。

A．插入的图片格式必须是 PowerPoint 所支持的图片格式

B．插入的图片大小不可更改

C．图片插入后将无法修改

D．以上说法都正确

97．在 PowerPoint 中，插入图片操作是在功能区中选择“（　　）”选项卡。

A．视图　　　　B．插入

C．格式　　　　D．动画

98．在 PowerPoint 中，插入图片操作在“插入”选项卡中选择（　　）。

A．图片　　　　　　　　　　B．文本框
C．影片和声音　　　　　　　　D．表格

99．如果要将当前幻灯片的切换效果应用于全部幻灯片，则可执行“切换”选项卡中的（　　）命令。

A．剪切　　　　　　　　　　B．复制
C．全部应用　　　　　　　　D．粘贴

100．要想让作者名字出现在所有的幻灯片中，应将将其加入到（　　）中。

A．讲义母版　　　　　　　　B．幻灯片母版
C．备注母版　　　　　　　　D．普通母版

101．设置幻灯片放映时的动画效果应该在“（　　）”选项卡中进行。

A．动画　　　　　　　　　　B．设计
C．视图　　　　　　　　　　D．插入

102．PowerPoint 软件的工作界面由（　　）。

A．工作区、备注区、标题栏、编辑栏和功能区等组成
B．工作区、编码区、标题栏、状态栏和功能区等组成
C．数据区、备注区、标题栏、状态栏和功能区等组成
D．工作区、备注区、标题栏、状态栏和功能区等组成

103．超链接只有在（　　）中才能被激活。

A．普通视图　　　　　　　　B．备注页视图
C．幻灯片浏览视图　　　　　D．幻灯片放映视图

104．PowerPoint 2016 窗口中不包含（　　）选项卡。

A．开始　　　　　　　　　　B．插入
C．复制　　　　　　　　　　D．视图

105．在 PowerPoint 中，插入视频应从（　　）选项卡开始，再选择其中的视频按钮。

A．插入　　　　　　　　　　B．开始
C．视图　　　　　　　　　　D．动画

106．在幻灯片浏览视图模式下，不允许进行的操作是（　　）。

A．幻灯片移动　　　　　　　B．设置动画效果
C．幻灯片删除　　　　　　　D．幻灯片复制

107．在 PowerPoint 的放映过程中，打开“幻灯片放映帮助”窗口，需要按下的快捷键是（　　）。

A．F1　　　　　　　　　　　B．F2
C．F3　　　　　　　　　　　D．F4

108．在 PowerPoint 2016 中用来显示文件名的栏叫（　　）。

A．常用工具栏　　　　　　　B．菜单栏
C．标题栏　　　　　　　　　D．状态栏

109．要修改幻灯片中文本框中的内容，应该（　　）。

A．首先删除文本框，再重新插入一个文本框
B．选中该文本框中所要修改的内容，然后重新输入文字

C．重新选择带有文本框的版式，再向文本框内输入文字

D．用新插入的文本框覆盖原文本框

110．将鼠标指针指向幻灯片中的文本，（　　）可用于选择文本。

A．单击鼠标左键　　　　　　　　B．双击鼠标左键

C．单击鼠标右键　　　　　　　　D．双击鼠标右键

三、填空题

1．要在 PowerPoint 2016 中设置幻灯片动画，应在______选项卡中进行操作。

2．要在 PowerPoint 2016 显示标尺、网络线、参考线，以及对幻灯片模板进行修改，应该在______选项卡中进行操作。

3．在 PowerPoint 2016 中要用到拼写检查、语言翻译、中文简繁体转换等功能时，应在______选项卡中进行操作。

4．在 PowerPoint 2016 中对幻灯片进行页面设置时，应在______选项卡中操作。

5．要在 PowerPoint 2016 中设置幻灯片的切换效果以及切换方式，应在______选项卡中进行操作。

6．要在 PowerPoint 2016 中插入表格、图片、艺术字、视频、音频，应在______选项卡中进行操作。

7．在 PowerPoint 2016 中对幻灯片进行另存、新建、打印等操作时，应在______选项卡中进行操作。

8．在 PowerPoint 2016 中对幻灯片放映条件进行设置时，应在______选项卡中进行操作。

9．PPT 应用有______、______、______。

10．PPT 的制作流程有______、______、______。

11．在 PowerPoint 2016 中，如果要对幻灯片进行全局的设置和更改（如在每一页中增加 LOGO，更改一级文本的字体）可以使用______。

12．当在 PowerPoint 2016 中插入一张图片时，在选中该图片的情况下，在功能区中会出现一个______选项卡。

13．在“文本效果格式”对话框中包含“文本填充”、“______”、“______”、“轮廓样式”、______、“映像”、“______”、“三维格式”、“三维旋转”、和“______”等选项。

14．主题和模板是一组统一的设计元素，使用______、字体和______设置文档的外观。

15．主体颜色包含______种文本和背景颜色、______种强调文字颜色和两种超链接颜色。

16．放映幻灯片是将 PowerPoint 中所有的效果和功能在电子屏幕上进行演示，这些效果和功能包括幻灯片的切换 、______、影片、______声音等。

17．在页眉和页脚对话框中为备注和讲义设置的页眉和页脚，在______时不会显示在幻灯在幻灯片中。

第 6 章　图像处理软件 Photoshop

一、判断题

1．Photoshop 是矢量图像最常用的处理软件。
2．椭圆选框工具只能选取椭圆，不能选取正圆。
3．RGB 模式是指红、绿、蓝模式。
4．通过对“混合选项”的设置可以制作文字的特效。
5．背景图层不能进行混合模式设置。
6．模糊工具可降低相邻像素的对比度。
7．色阶调整 gamma 值可改变图像暗调的亮度值。
8．不同的颜色模式表示图像中像素点采用了不同的颜色描述方式。
9．灰度模式的图像包含 256 种颜色。
10．在图层上建立的蒙板只能是白色的。
11．Photoshop 中只有铅笔工具的选项栏中才有自动抹掉选项。
12．Photoshop 中从打开的文件上可以看出文件的分辨率。
13．Photoshop 中的“图像尺寸”命令可以将图像不成比例地缩放。
14．Photoshop 中的适量锐化会使图像更清晰。
15．Photoshop 中 CMYK 模式下的通道有 4 个。

二、选择题

1．Photoshop 默认的文件格式是（　　）。
A．JPG 格式　　B．PSD 格式
C．PDF 格式　　D．TIFF 格式
2．设置新文件的“颜色模式”一般采用（　　）模式。
A．CMYK 模式　　B．RGB 模式
C．Lab 模式　　D．灰度模式
3．位图图像组成的基本单位是（　　）。
A．像素　　B．点
C．英寸　　D．路径
4．色彩模式 CMKY 代表（　　）颜色。
A．青色、黄色和红色　　B．红色、黄色和绿色
C．青色、洋红、黄色和黑色　　D．青色、洋红、黄色和蓝色
5．使用（　　）工具形成的选区可以定义图案形状。
A．椭圆工具　　B．套索工具
C．魔棒工具　　D．矩形工具

6．使用仿制图章工具时，应该在图像中（　　）取样。

A．在取样位置按住 SHIFT 键的同时单击鼠标左键

B．在取样位置按住 ALT 键的同时单击鼠标左键

C．在取样位置按住 CTRL 键的同时单击鼠标左键

D．在取样位置单击鼠标左键

7．使用选框工具时需要添加选区时，应该按（　　）键进行操作。

A．Shift　　B．Alt

C．Ctrl　　D．Del

8．如果图像的色调太暗，需要提高亮度，应该使用（　　）命令来调整。

A．反相　　B．去色

C．曲线　　D．黑白

9．下列工具中，既可以降低饱和度又可以提高饱和度的是（　　）。

A．加深工具　　B．减淡工具

C．海绵工具　　D．涂抹工具

10．使用魔棒工具时需要对色彩分辨范围，应该设置的参数选项是（　　）。

A．容差　　B．羽化

C．锯齿　　D．扩展

11．背景橡皮擦可以用来擦除指定的（　　）。

A．背景色　　B．前景色

C．白色　　D．黑色

12．Photoshop 文件中默认的前景色是（　　）。

A．红色　　B．蓝色

C．白色　　D．黑色

13．图像分辨率的单位是（　　）。

A．dpi　　B．ppi

C．dpl　　D．dip

14．一张彩色相片要转换成黑白相片，应该把图像模式切换成（　　）。

A．灰度　　B．RGB

C．CMYK　　D．多通道

15．把所有图层合成一个图层，应该执行（　　）。

A．链接图层　　B．添加蒙板

C．合并图层　　D．删除图层

16．图像必须是（　　）模式，才能转换成位图模式。

A．灰度　　B．RGB

C．索引颜色　　D．双色调

17．创建新图层的按钮是灰色不可选的，原因是图像在（　　）模式。

A．灰度　　B．RGB

C．索引颜色　　D．双色调

18．如果需要进入快速蒙板状态，最佳方法是（　　）。

A. 创建一个选区

B. 改变图像模式

C. 选择一个 ALPHA 通道

D. 单击工具箱中的快速蒙板图标

19. 对文字图层添加滤镜效果时，需要（　　）。

A. 栅格化该文字图层

B. 直接添加滤镜命令

C. 为文字图层改变颜色

D. 对文字进行变形

20. 吸管工具的作用是（　　）。

A. 把图像中的颜色吸掉

B. 没有具体作用

C. 为图像上色

D. 获取图像中某个点的颜色值

21.（　　）可选择连续的相似颜色区域。

A. 选框工具

B. 魔棒工具

C. 套索工具

D. 渐变工具

22. 使用钢笔工具创建曲线转折点的方法是（　　）。

A. 用钢笔工具直接单击

B. 用钢笔工具单击并按住鼠标左键拖动

C. 用钢笔工具单击并按住鼠标右键拖动

D. 用钢笔工具直接双击

23. 不属于文字图层中抗锯齿类型的是（　　）。

A. 中度

B. 明晰

C. 强

D. 平滑

24. 不属于套索工具的是（　　）。

A. 多边形套索工具

B. 磁性套索工具

C. 套索工具

D. 椭圆套索工具

25. 使用钢笔工具可以绘制的最简单线条是（　　）。

A. 曲线

B. 直线

C. 双实线

D. 锚点

26. 不属于图层锁定功能的是（　　）。

A. 锁定不透明像素

B. 锁定图像像素

C. 锁定位置

D. 锁定全部

27.（　　）类型的图层可以将图像自动对齐和分布。

A. 调节图层

B. 填充图层

C. 链接图层

D. 背景图层

28. 下面不属于 Photoshop 面板的是（　　）。

A. 图层面板

B. 变换面板

C. 路径面板

D. 颜色面板

29. 在 RGB 模式的图像中添加一个新通道，是（　　）。

A. ALPHA 通道

B. 蓝色通道

C. 红色通道

D. 绿色通道

30. 前景色和背景色相互转换的快捷键是（　　）。

A. X 键

B. Z 键

C．A 键　　　　　　　　　　　　D．空格键

三、填空题

1．色彩的三个基本属性是______、______和______。

2．使用选框工具时，选择方式有 4 种：______、______、______和______。

3. 在 Photoshop 中新建一个文件，其分辨率默认为______像素/英寸，颜色模式是______。

4．色彩深度是指在一幅图像中______的数量。

5．图层合并方式有______、______和______。

6．文字工具包括：______、______、______和______。

第 7 章　网络基础及 Internet

一、判断题

1．接入 Internet 的计算机不一定都有 IP 地址。

2．如果以电话方式接入计算机，则需要安装调制解调器和网卡。

3．Internet 最初是因为战争的需要而设计的。

4．在浏览网页时输入 http://www.sina.com.cn 与输入 www.sina.com.cn 一样。

5．在 Internet 上可以用匿名访问的是某些 FTP 服务器。

6．在计算机网络中，MAN 是城域网的简称。

7．LAN 和 WAN 的主要区别是通信距离和传输速率。

8．防火墙是防止黑客入侵的最有效办法。

9．学校机房里的网络是广域网。

10．test@126.com 中的“test”表示主机名。

11．接入 Internet 的计算机的 IP 地址不唯一。

12．TCP 是可靠的传输层协议。

13．使用拨号方式访问 Internet 网需要调制解调器，而不需要电话线。

14．FTP 文件传送就是把文件从一台计算机转移到另一台计算机上。

15．URL 是 Internet 网上各种信息资源的地址。

16．对等网可以改名为客户/服务器。

17．在客户—服务器（C/S）体系结构中，网络操作系统的主要部分放在客户机上，服务器上只放和客户机通信的部分。

18．多台计算机相连，就形成了一个网络系统。

19．在 Internet 上，某台微机的 IP 地址、E-mail 地址都是唯一的。

20．电子计算机的发展已经经历了四代，第一代电子计算机都不是按照存储程序和程序控制原理设计的。

21．计算机通信协议中的 TCP 被称为传输控制协议。

22．使用 E-mail 可以同时将一封信发给多个收件人。

23．域名不分大小写。

24．IP 地址中网络号以 127 开头的表示本地软件回送测试。

25．WWW 服务器使用统一资源定位器 URL 编址机制。

26．局域网是将较小区域内的计算、通信设备连在一起的通信网络。

27．IP 地址是给连在 Internet 上的主机分配的一个 16 位地址。

28．任何接入局域网的计算机或服务器都相互通信时必须在主机上插入一块网卡。

29．音响线是计算机网络通信设备。

30．Internet 上有许多不同的复杂网络和许多不同类型的计算机，它们之间互相通信的基础是 TCP/IP。

二、选择题

1．关于网络协议，（　　）是正确的。

A．是网民们签订的合同

B．协议，简单地说就是为了网络信息传递，共同遵守的约定

C．TCP/IP 协议只能用于 Internet，不能用于局域网

D．拨号网络对应的协议是 IPX/SPX

2．下列说法中，（　　）是正确的。

A．网络中的计算机资源主要指服务器、路由器、通信线路与用户计算机

B．网络中的计算机资源主要指计算机操作系统、数据库与应用软件

C．网络中的计算机资源主要指计算机硬件、软件、数据

D．网络中的计算机资源主要指 Web 服务器、数据库服务器与文件服务器

3．FTP 服务器一般使用的端口号是（　　）。

A．21　　B．23　　C．80　　D．125

4．合法的 IP 地址是（　　）。

A．202:196:112:50　　B．202、196、112、50

C．202,196,112,50　　D．202.196.112.50

5．在 Internet 中，主机的 IP 地址与域名的关系是（　　）。

A．IP 地址是域名中部分信息的表示

B．域名是 IP 地址中部分信息的表示

C．IP 地址和域名是等价的

D．IP 地址和域名分别表达不同含义

6．计算机网络最突出的优点是（　　）。

A．运算速度快　　B．联网的计算机能够相互共享资源

C．计算精度高　　D．内存容量大

7．HTTP 是一种（　　）。

A．高级程序设计语言　　B．域名

C．超文本传输协议　　D．网址

8．关于 Internet，下列说法中不正确的是（　　）。

A．Internet 是全球性的国际网络　　B．Internet 起源于美国

C．通过 Internet 可以实现资源共享　　D．Internet 不存在网络安全问题

9．当前我国的（　　）主要以科研和教育为目的，从事非经营性的活动。

A．金桥信息网（GBNet）　　B．中国公用计算机网（ChinaNet）

C．中科院网络（CSTNet）　　D．中国教育和科研网（CERNET）

10．下列 IP 地址中，非法的 IP 地址组是（　　）。

A．259.197.184.2 与 202.197.184.144　　B．127.0.0.1 与 192.168.0.21

C．202.196.64.1 与 202.197.176.16　　D．255.255.255.0 与 10.10.3.1

11．传输控制协议/网际协议即（　　），属工业标准协议，是 Internet 采用的主要协议。

A．Telnet B．TCP/IP C．HTTP D．FTP

12．配置 TCP/IP 参数的操作主要包括三方面：（ ）、指定网关和域名服务器地址。

A．指定本地机的 IP 地址及子网掩码

B．指定本地机的主机名

C．指定代理服务器

D．指定服务器的 IP 地址

13．Internet 是由（ ）发展而来的。

A．局域网 B．ARPANET C．标准网 D．WAN

14．计算机网络按使用范围划分为（ ）和（ ）。

A．广域网　局域网 B．专用网　公用网

C．低速网　高速网 D．部门网　公用网

15．调制解调器 Modem 的功能是实现（ ）。

A．数字信号的编码 B．数字信号的整形

C．模拟信号的放大 D．模拟信号与数字信号的转换

16．LAN 通常是指（ ）。

A．广域网 B．局域网 C．子源子网 D．城域网

17．Internet 是全球最具影响力的计算机互联网，也是世界范围重要的（ ）。

A．信息资源网 B．多媒体网络 C．办公网络 D．销售网络

18．Internet 主要由四部分组成，其中包括路由器、主机、信息资源与（ ）。

A．数据库 B．管理员 C．销售商 D．通信线路

19．TCP/IP 协议是 Internet 中计算机之间通信所必须共同遵循的一种（ ）。

A．信息资源 B．通信规定 C．软件 D．硬件

20．IP 地址能唯一确定 Internet 上每台计算机与每个用户的（ ）。

A．距离 B．费用 C．位置 D．时间

21．www.zzu.edu.cn 是 Internet 中主机的（ ）。

A．硬件编码 B．密码 C．软件编码 D．域名

22．将文件从 FTP 服务器传输到客户机的过程称为（ ）。

A．上载 B．下载 C．浏览 D．计费

23．域名服务 DNS 的主要功能为（ ）。

A．通过请求及回答获取主机和网络相关信息

B．查询主机的 MAC 地址

C．为主机自动命名

D．合理分配 IP 地址

24．下列对 Internet 的叙述中正确的是（ ）。

A．Internet 就是 www

B．Internet 就是信息高速公路

C．Internet 是众多自治子网和终端用户机的互连

D．Internet 就是局域网互连

25．下列选项中属于 Internet 专有的特点为（ ）。

A．采用 TCP/IP 协议
B．采用 ISO/OSI7 层协议
C．用户和应用程序不必了解硬件连接的细节
D．采用 IEEE802 协议

26．中国的顶级域名是（　　）。

A．cn　　B．ch　　C．chn　　D．china

27．计算机网络可分为 3 类，它们是（　　）。

A．Internet、Intranet、Extranet
B．广播式网络、移动网络、点-点式网络
C．X.25、ATM、B.ISDN
D．LAN、MAN、WAN

28．用于解析域名的协议是（　　）。

A．HTTP　　B．DNS　　C．FTP　　D．SMTP

29．万维网（World Wide Web）又称为（　　），是 Internet 中应用最广泛的领域之一。

A．Internet　　B．全球信息网
C．城市网　　D．远程网

30．网站向网民提供信息服务，网络运营商向用户提供接入服务，因此分别称它们为（　　）。

A．ICP、IP　　B．ICP、ISP　　C．ISP、IP　　D．UDP、TCP

31．中国教育科研网的缩写为（　　）。

A．ChinaNet　　B．CERNET　　C．CNNIC　　D．ChinaEDU

32．IPv4 地址由（　　）位二进制数组成。

A．l6　　B．32　　C．64　　D．128

33．支持局域网与广域网互联的设备称为（　　）。

A．转发器　　B．以太网交换机　　C．路由器　　D．网桥

34．一般所说的拨号入网，是指通过（　　）与 Internet 服务器连接。

A．微波　　B．公用电话系统　　C．专用电缆　　D．电视线路

35．（　　）命令可以查看网卡的 MAC 地址。

A．ipconfig/release　　B．ipconfig/renew
C．ipconfig/all　　D．ipconfig/registerdns

36．下面（　　）命令用于测试网络是否连通。

A．telnet　　B．nslookup　　C．ping　　D．ftp

37．安装拨号网络的目的是为了（　　）。

A．使 Windows 完整化　　B．能够以拨号方式连入 Internet
C．与局域网中的其他终端互连　　D．管理共享资源

38．在拨号上网过程中，连接到通话框出现时，填入的用户名和密码应该是（　　）。

A．进入 Windows 时的用户名和密码　　B．管理员的账号和密码
C．ISP 提供的账号和密码　　D．邮箱的用户名和密码

39．TCP 协议称为（　　）。

A．网际协议　　B．传输控制协议
C．Network 内部协议　　D．中转控制协议
40．计算机网络的构成可分为（　　）、网络软件、网络拓扑结构和传输控制协议。
A．体系结构　　B．传输介质　　C．通信设计　　D．网络硬件
41．计算机网络的目标是（　　）。
A．提高计算机的安全性　　B．将多台计算机连接起来
C．提高计算机的可靠性　　D．共享软件、硬件和数据资源
42．网络中服务器是指（　　）。
A．带有大容量硬盘的计算机
B．32 位总线结构的高档微机
C．为网络提供资源，并对这些资源进行管理的计算机
D．具有通信功能的计算机
43．用联网电缆将文件服务器和工作站等设备在物理上连接起来的形式叫（　　）。
A．网络的拓扑结构　　B．网络的体系结构
C．网络的传输控制协议　　D．传输介质
44．计算机连接到一个中心节点，该节点负责组织和管理它们之间的通信的网络结构是（　　）。
A．总线结构　　B．环型结构　　C．星型结构　　D．以上皆对
45．通常局域网是由工作站、服务器通过（　　）连接在集线器上构成的。
A．网卡和网线　　B．调制解调器和网线
C．网卡和电话线　　D．调制解调器和电话线
46．一座办公大楼内各个办公室中的微机进行联网，这个网络属于（　　）。
A．WAN　　B．LAN　　C．MAN　　D．GAN
47．当个人计算机以拨号方式接入 Internet 时，必须使用的设备是（　　）。
A．调制解调器（Modem）　　B．网卡
C．电话机　　D．浏览器软件
48．Web 页包含（　　）和动画，以及其他各种形式的信息。
A．文本　　B．声音　　C．图像　　D．以上皆对
49．使用 Outlook Express 发送电子邮件时，邮件将首先放置在（　　）中。
A．“草稿”文件夹　　B．“已发送”文件夹
C．“发件箱”文件夹　　D．“收件箱”文件夹
50．下面的（　　）是搜索网站的网址。
A．gbchinese.yahoo.com　　B．www.cctv.com
C．www.263.com　　D．www.swun.edu.cn
51．Internet 中的 IP 地址是（　　）。
A．IP 地址就是连网主机的网络号　　B．IP 地址可由用户任意指定
C．IP 地址是由主机名和域名组成　　D．IP 地址由 32 个二进制位组成
52．Internet 提供的主要功能包括（　　）。
A．文件删除　　B.WWW　　C．远程登录　　D．电子邮件

53．网络的拓扑分为（　　）。

A．星型、环型、树型和路径型　　B．星型、环型、路径型和总线型

C．星型、环型、局域型和广域型　　D．星型、环型、树型和总线型

54．调制解调器是（　　）设备。

A．广域网　　B．局域网　　C．城域网　　D．电话线上网

55．在网络 DNS 中，属于教育机构的最高层次域名是（　　）。

A．edu　　B．com　　C．gov　　D．net

56．在浏览网页时，可按（　　）键转到网页末尾。

A．Home　　B．Ctrl　　C．End　　D．Page Down

57．Outlook Express 不提供的服务是（　　）。

A．邮件　　B．新闻　　C．目录　　D．传真

58．Internet 上采用的通信协议是（　　）。

A．TCP/IP　　B．IPX/SPX　　C．NetBIOS　　D．网际协议

59．下面 4 个 IP 地址中，正确的是（　　）。

A．255.38.64.4　　B．210.45.233.90

C．101.3.305.77　　D．115.123.20

60．为网络提供共享资源并对这些资源进行管理的计算机被称为（　　）。

A．网卡　　B．服务器　　C．工作站　　D．网桥

61．HTTP 是一种（　　）。

A．域名　　B．协议　　C．网址　　D．一种高级语言名称

62．下列选项中，不属于 Internet（因特网）基本功能的是（　　）。

A．电子邮件　　B．文件传输

C．远程登录　　D．实时监测控制

63．网络中的任何一台计算机必须有一个地址，而且（　　）。

A．不同网络中的两台计算机的地址不允许重复

B．同一个网络中的两台计算机的地址不允许重复

C．同一个网络中的两台计算机的地址允许重复

D．两台不在同一个城市的计算机的地址允许重复

64．主机的 IP 地址和主机的域名的关系是（　　）。

A．两者完全是一回事　　B．一一对应

C．一个 IP 地址对多个域名　　D．一个域名对多个 IP 地址

65．为了节省上网费用和时间，可以把经常访问的站点放入（　　），然后脱机浏览。

A．历史记录　　B．收藏夹

C．文件夹　　D．搜索栏

66．若把雅虎（www.yahoo.com）设为主页，应该（　　）。

A．在 IE 属性主页地址栏中输入“www.yahoo.com”

B．在雅虎网站中申请

C．在 IE 窗口中单击主页按钮

D．将雅虎添加到收藏夹

67．如果无法显示当前网页，可以尝试（　　）。

A．单击“后退”按钮　　　　B．单击“停止”按钮

C．单击“刷新”按钮　　　　D．单击“搜索”按钮

68．正在浏览的 Web 页面文档的扩展名为（　　）。

A．txt　　　　B．wav

C．mpeg　　　　D．htm

69．以下（　　）协议是目前最完整、最广泛被支持的协议。

A．NetBEUI　　　　B．TCP/IP

C．IPX　　　　D．NWLink

70．网络中任何一个工作站发生故障，都有可能导致整个网络停止工作，这种网络的拓扑结构为（　　）结构。

A．星型　　　　D．环型

C．总线型　　　　D．树型

71．在 Internet 中，用来唯一标志主机的一串由字母组成的符号串是（　　）。

A．主页　　　　B．域名

C．IP 地址　　　　D．主机地址

72．目前，网络传输介质中传输速率最高的是（　　）。

A．双绞线　　　　B．同轴电缆

C．光缆　　　　D．电话线

73．一座大楼内的一个计算机网络系统，属于（　　）。

A．PAN　　　　B．LAN

C．MAN　　　　D．WAN

74．个人计算机使用拨号方式接入 Internet 后，该机（　　）。

A．拥有 Internet 服务商主机的 IP 地址

B．拥有独立的 IP 地址

C．拥有固定的 IP 地址

D．没有自己的 IP 地址

75．决定局域网与城域网特性的三个主要技术要素是（　　）。

A．应用软件、通信机制与安全机制

B．协议类型、层次结构与传输速率

C．网络拓扑、传输介质与介质访问控制方法

D．传输速率、误码率与覆盖范围

76．IP 地址 10.29.124.9 属于（　　）IP 地址。

A．A 类　　　　B．B 类

C．C 类　　　　D．D 类

77．一个校园网与城域网连接，它应该选用的互连设备为（　　）。

A．交换机　　　　B．网桥

C．路由器　　　　D．网关

78．下面不是 URL 的是（　　）。

A．boozhang@sdb.ac.cn　　B．http://www.sdb.ac.cn

C．ftp://ftp.ustc.edu.cn　　D．news//:rec.arts.theatre

79．在 WWW 中，不在客户端使用的是（　　）。

A．WWW 服务器　　B．WWW 浏览器

C．Netscape Navigator　　D．Internet Explorer

80．主机域名 public.km.yn.cn 由 4 个子域组成，其中（　　）表示主机名。

A．public　　B．km　　C．yn　　D．cn

81．1965 年，科学家提出了超文本概念，超文本的核心是（　　）。

A．链接　　B．网络　　C．图像　　D．声音

82．在地址栏中输入 http://zjhk.school.com，其中的 zjhk.school.com 是一个（　　）。

A．域名　　B．文件　　C．邮箱　　D．国家

83．通常，ADSL 是指（　　）。

A．上网方式　　B．计算机品牌　　C．网络服务商　　D．网页制作技术

84．（　　）表示电子邮件地址。

A．ks@183.net　　B．192.168.0.1　　C．www.gov.cn　　D．www.cctv.com

85．在浏览网页过程中，当鼠标移动到已设置了超链接的区域时，鼠标指针形状一般变为（　　）。

A．小手形状　　B．双向箭头　　C．禁止图案　　D．下拉箭头

86．下列四项中表示域名的是（　　）。

A．www.cctv.com　　B．hk@zj.school.com

C．zjwww@china.com　　D．202.96.68.1234

87．下列软件中可以查看 WWW 信息的是（　　）。

A．游戏软件　　B．财务软件　　C．杀毒软件　　D．浏览器软件

88．电子邮件地址 stu@zjschool.com 中的 zjschool.com 是代表（　　）。

A．用户名　　B．学校名　　C．学生姓名　　D．邮件服务器名称

89．设置文件夹共享属性时，可以选择的 3 种访问类型为完全控制、更改和（　　）。

A．共享　　B．只读　　C．不完全　　D．不共享

90．计算机网络最突出的特点是（　　）。

A．资源共享　　B．运算精度高　　C．运算速度快　　D．内存容量大

91．E-mail 地址的格式是（　　）。

A．www.zjschool.cn　　B．网址•用户名

C．账号@邮件服务器名称　　D．用户名•邮件服务器名称

92．为了使自己的文件让其他同学浏览，又不想让他们修改文件，一般可将包含该文件的文件夹共享属性的访问类型设置为（　　）。

A．隐藏　　B．完全　　C．只读　　D．不共享

93．Internet Explorer(IE)浏览器的收藏夹的主要作用是收藏（　　）。

A.图片　　B．邮件　　C．网址　　D．文档

94．域名 www.pku.edu.cn 中的 cn 表示（　　）。

A．英国　　B．美国　　C．日本　　D．中国

95．在因特网上专门用于传输文件的协议是（　　）。

A．FTP　　B．HTTP　　C．NEWS　　D．Word

96．www.163.com 是指（　　）。

A．域名　　B．程序语句　　C．电子邮件地址　　D．超文本传输协议

97．下列四项中主要用于在 Internet 上交流信息的是（　　）。

A．BBS　　B．DOS　　C．Word　　D．Excel

98．电子邮件地址格式为 username@hostname，其中 hostname 为（　　）。

A．用户地址名　　B．ISP 某台主机的域名　C．某国家名　　D．某公司名

99．下列四项中主要用于在 Internet 上交流信息的是（　　）。

A．DOS　　B．Word　　C．Excel　　D．E-mail

100．地址 ftp://218.0.0.123 中的 ftp 是指（　　）。

A．协议　　B．网址　　C．新闻组　　D．邮件信箱

三、填空题

1．计算机网络是________和________相结合的产物。

2．计算机网络由 4 部分组成，即________、________、________和________。

3．按照网络覆盖的地理范围的大小，可以把计算机网络分为________、________和________3 种类型。

4．常用的________拓扑结构有________、________、________和________。

5．IP 地址由________位二进制数组成，可分为________和________，DNS 是________。

6．接入 Internet 常用的方式是________、________、________和________。

7．商业站点地址以________结尾，政府站点地址以________结尾。

8．WWW 使用的协议是________，互联网（Internet）使用的协议是________。

9．目前在 WWW 环境中使用最多的浏览器主要有两个：Netscape 公司的________和 Microsoft 公司的________。

10．拨号连接是指通过电话线路在计算机之间建立的________；专线连接是指通过数据专线在计算机之间建立的________。

11．计算机联网的主要目的是互相通信和________。

12．与 Internet 相连的任何一台计算机，都被称为________。

13．属于集中控制方式的网络拓扑结构是________。

14．局域网中的计算机为了相互通信，必须安装________。

15．Internet 是全球最大的计算机网络，它的基础协议是________。

16．Internet 的核心协议是________协议。

17．互联网络上的每台主机都有自己的 IP 地址，IP 地址是一个________的地址。

18．一个 IP 地址由网络地址和________两部分组成。

19．域名管理系统的缩写是________。

20．从理论上来说，一台机器拥有的域名可以是________个。

21．Internet 的域名结构是树状的，地理性顶级域名不包括________。

22．http://www.China-stone.com 是一个________机构。

23．在域名中，不同的机构可以用不同的字母组合来表示，网络机构是用________来表示的。

24．Internet 上有许多应用，其中用来收发信件的是________。

25．如果想成为 Internet 用户，你必须要找一家能为你提供 Internet 服务的公司，它的英文缩写是________。

26．个人用户上网需要有计算机、电话线、用户账号和口令，以及________。

27．调制解调器是一种通信设备，其作用是在模拟通信信道上传输________。

28．一台计算机远程连接到另一台计算机上，并可以运行远程计算机上的各种程序。Internet 的这种服务称之为________。

29．个人计算机拨号上网不可缺少的一种设备是________。

30．李晓鹏初次上网，希望通过因特网来给朋友发一封电子邮件，他首先应该申请________。

31．上网用户获取电子邮箱有两种方式，一是向 ISP 申请，另一种更为常用是方式是在线申请________。

32．使用电子邮件应该有一个电子邮件地址，它的格式是固定的，其中必不可少的一个是________。

33．________是目前 Internet 为人们提供的最主要的服务项目，使人们可以在 Internet 各站点之间漫游，浏览从文本、图形到声音，乃至动态图像等不同形式的信息。

34．HTML 是指________。

35．如果说 E-mail 是 Internet 用户的实用通信工具，那么________扮演的就是运输大王的角色，它不辞劳苦地按用户的需要传输各种文件。

36．把数据从本地计算机传到远程主机上叫做________。

37．从远程主机上复制文字、图片、声音等信息或者软件到本地硬盘上叫做________。

38．FTP 服务器通常提供________和________两种服务形式。

39．________是 Windows 10 自带的网站浏览器，在默认情况下，Internet Explorer 的起始页是微软公司主页。

40．Windows 10 提供用于网络诊断的实用程序是________。

四、简答题

1．什么是计算机网络？说出计算机网络连接的对象与连接介质。

2．计算机网络由哪些元素构成？

3．局域网的主要组件有哪些？

4．计算机网络的主要功能有什么？

5．Internet 的主要功能是什么？

6．什么是域名地址？为什么要使用域名地址？

7．什么是 WWW 服务器？

8．加速浏览 WWW 有哪些方法？如何设置脱机浏览？如何保存网页？

9．什么是邮件服务器？

10．从 Internet 上下载文件主要有哪 3 种方式？

第 8 章　搜索引擎

一、判断题

1．搜索引擎是一种网络信息资源检索工具，是以各种网络信息资源为检索对象的查询系统。

2．在百度和谷歌这两个搜索引擎中，都用空格表示逻辑“或”操作。

3．百度快照是百度搜索引擎提前预览各网站，拍下网页的快照，为用户存储大量的应急网页。

4．谷歌搜索中不区分英文字母大小写。

二、选择题

1．搜索引擎是人们获取网络信息资源的主要工具，在常用的检索功能中不包括（　　）。

A．语音搜索　　　　B．词组检索

C．布尔逻辑检索　　D．截词检索

2．关于搜索引擎的描述中，错误的是（　　）。

A．搜索引擎是 Internet 上的一个 WWW 服务器

B．搜索引擎只能搜索本服务期内的内容

C．用户可以利用搜索引擎在网页中输入关键字来查询信息

D．搜索引擎提供了指向相关资源的链接

3．在 Internet 中，搜索引擎其实也是一个（　　）。

A．网站　　　　B．操作系统

C．域名服务器　D．硬件设备

4．下列关于搜索引擎结果的叙述中，正确的是（　　）。

A．搜索的关键字越长，搜索的结果越多

B．搜索的关键字越简单，搜索到的内容越少

C．要想快速达到搜索目的，搜索的关键字尽可能具体

D．搜索的类型对搜索的结果没有影响

5．在搜索引擎中，处理返回结果太多的方法中，错误的是（　　）。

A．用更特定的词汇

B．尽可能将搜索范围限制在特定的领域中

C．加上一些同义词，用“OR”连接

D．用“AND”或“NOT”增加限制性词汇

6．在中文搜索引擎中，关键字之间加空格，作用与（　　）相同。

A．AND　　B．OR　　C．NOT　　D．TATLE

7．搜索某一特定文件类型的文件，应使用（　　）。

A．filetype　　B．site　　C．intitle　　D．inurl

8．搜索范围限定在网页标题中，应使用（　　）。

A．filetype　　B．site　　C．intitle　　D．inurl

9．搜索范围限定在某一站点中，应使用（　　）。

A．filetype　　B．site　　C．intitle　　D．inurl

10．（　　）不是布尔逻辑算符。

A．NOT　　B．OR　　C．AND　　D．NEAR

11．在谷歌中，可以通过（　　）来搜索短语。这一方法在查找名言警句或专有名词、搜索文章时显得格外有用。

A．空格　　B．引号　　C．书名号　　D．OR

12．检索有关“飞机”、“车辆”、“轮船”等的文献，从理论上说要用（　　）为主题词。

A．“交通工具”　　B．“飞机”、“车辆”、“轮船”任意一个

C．“飞机”、“车辆”、“轮船”三者　　D．这三个词的任意一个加上“交通工具”

三、填空题

1．百度和谷歌这两个搜索引擎中，以________表示逻辑“与”。

2．在百度搜索引擎中，查找关于网络技术的课件，可用检索式________。

3．在谷歌搜索过程中，单击________，将自动进入查询到的第一个网页。

4．百度和谷歌这两个搜索引擎中，都用符号________表示逻辑“非”操作。

5．在百度搜索中，查找在网页标题中有“电子工业出版社”的报道，可用检索式______。

6．在百度搜索中查找《陆犯焉识》小说，在搜索框中应输入________。

7．要搜索《陆犯焉识》但不希望有电影方面的网页，在搜索框中应输入________。

8．在中国知网的专业检索中，要求检索“李四”在北京大学或中山大学时发表的文章，检索式应为________。

四、简答题

1．什么是搜索引擎？

2．搜索引擎的作用是什么？

3．搜索引擎分为哪几类？

4．什么是全文搜索引擎？

5．说出几个常用的搜索引擎。

6．百度网站能提供什么功能？

7．如何使用百度搜索 Word 文档？

8．如何使用百度在天空软件站中搜索“SPlayer”软件？

9．谷歌网站提供什么功能？

10．如何使用谷歌搜索标题中包含“FIF 世界杯”的报道？

11．在百度中要搜索“神雕侠侣”，希望得到的是关于武侠小说方面的内容，却发现很多关于电视剧方面的网页，这时应该如何查询？

12．搜索一首歌曲，分别使用百度和谷歌搜索。